U0358720

全国科学技术名词审定委员会

科学技术名词·工程技术卷（全藏版）

11

海峡两岸测绘学名词

海峡两岸测绘学名词工作委员会

国家自然科学基金资助项目

科学出版社

北京

内 容 简 介

本书是由海峡两岸测绘学界专家会审的海峡两岸测绘学名词对照本，是在海峡两岸各自公布名词的基础上加以增补修订而成。内容包括总类、大地测量学、摄影测量与遥感学、地图学、工程测量、海洋测绘、测绘仪器等，共收词 7061 条。本书供海峡两岸测绘学界和相关领域的人士使用。

图书在版编目(CIP)数据

科学技术名词. 工程技术卷：全藏版 / 全国科学技术名词审定委员会审定. —北京：科学出版社，2016.01

ISBN 978-7-03-046873-4

I. ①科… II. ①全… III. ①科学技术–名词术语 ②工程技术–名词术语 IV. ①N-61 ②TB-61

中国版本图书馆 CIP 数据核字(2015)第 307218 号

责任编辑：李玉英 / 责任校对：陈玉凤

责任印制：张 伟 / 封面设计：铭轩堂

科学出版社出版

北京东黄城根北街 16 号

邮政编码：100717

http://www.sciencep.com

北京厚诚则铭印刷科技有限公司印刷

科学出版社发行 各地新华书店经销

*

2016 年 1 月第 一 版 开本：787×1092 1/16

2016 年 1 月第一次印刷 印张：24 3/4

字数：566 000

定价：7800.00 元(全 44 册)

(如有印装质量问题，我社负责调换)

海峡两岸测绘学名词工作委员会委员名单

召 集 人：杨　凯

委　　员（按姓氏笔画为序）：

万幼川	马聪丽	王家耀	叶银虎	宁津生
李玉英	李朋德	李德仁	杨　凯	何平安
陈　克	陈永奇	陈俊勇	陈德祥	洪立波
胥燕婴	贾广业	高　俊	程鹏飞	翟国君

召 集 人：張芝生

委　　員（按姓氏筆劃為序）：

王明志	石慶得	朱子緯	邱仲銘	林水沼
林思源	林譽方	陳俊哲	孫福生	張芝生
曾正雄	闐祝達	薛憲文		

序

科学技术名词作为科技交流和知识传播的载体，在科技发展和社会进步中起着重要作用。规范和统一科技名词，对于一个国家的科技发展和文化传承是一项重要的基础性工作和长期性任务，是实现科技现代化的一项支撑性系统工程。没有这样一个系统的规范化的基础条件，不仅现代科技的协调发展将遇到困难，而且，在科技广泛渗入人们生活各个方面、各个环节的今天，还将会给教育、传播、交流等方面带来困难。

科技名词浩如烟海，门类繁多，规范和统一科技名词是一项十分繁复和困难的工作，而海峡两岸的科技名词要想取得一致更需两岸同仁作出坚韧不拔的努力。由于历史的原因，海峡两岸分隔逾50年。这期间正是现代科技大发展时期，两岸对于科技新名词各自按照自己的理解和方式定名，因此，科技名词，尤其是新兴学科的名词，海峡两岸存在着比较严重的不一致。同文同种，却一国两词，一物多名。这里称“软件”，那里叫“软体”；这里称“导弹”，那里叫“飞弹”；这里写“空间”，那里写“太空”；如果这些还可以沟通的话，这里称“等离子体”，那里称“电浆”；这里称“信息”，那里称“资讯”，相互间就不知所云而难以交流了。“一国两词”较之“一国两字”造成的后果更为严峻。“一国两字”无非是两岸有用简体字的，有用繁体字的，但读音是一样的，看不懂，还可以听懂。而“一国两词”、“一物多名”就使对方既看不明白，也听不懂了。台湾清华大学的一位教授前几年曾给时任中国科学院院长周光召院士写过一封信，信中说：“1993年底两岸电子显微学专家在台北举办两岸电子显微学研讨会，会上两岸专家是以台湾国语、大陆普通话和英语三种语言进行的。”这说明两岸在汉语科技名词上存在着差异和障碍，不得不借助英语来判断对方所说的概念。这种状况已经影响两岸科技、经贸、文教方面的交流和发展。

海峡两岸各界对两岸名词不一致所造成的语言障碍有着深刻的认识和感受。具有历史意义的“汪辜会谈”把探讨海峡两岸科技名词的统一列入了共同协议之中，此举顺应两岸民意，尤其反映了科技界的愿望。两岸科技名词要取得统一，首先是需要了解对方。而了解对方的一种好的方式就是编订名词对照本，在编订过程中以及编订后，经过多次的研讨，逐步取得一致。

全国科学技术名词审定委员会（简称全国科技名词委）根据自己的宗旨和任务，始终把海峡两岸科技名词的对照统一工作作为责无旁贷的历史性任务。近些年一直本着积极推进，增进了解；择优选用，统一为上；求同存异，逐步一致的精神来开展这项工作。先后接待和安排了许多台湾同仁来访，也组织了多批专家赴台参加有关学科的名词对照研讨会。工作中，按照先急后缓、先易后难的精神来安排。对于那些与“三通”

有关的学科，以及名词混乱现象严重的学科和条件成熟、容易开展的学科先行开展名词对照。

在两岸科技名词对照统一工作中，全国科技名词委采取了“老词老办法，新词新办法”，即对于两岸已各自公布、约定俗成的科技名词以对照为主，逐步取得统一，编订两岸名词对照本即属此例。而对于新产生的名词，则争取及早在协商的基础上共同定名，避免以后再行对照。例如 101～109 号元素，从 9 个元素的定名到 9 个汉字的创造，都是在两岸专家的及时沟通、协商的基础上达成共识和一致，两岸同时分别公布的。这是两岸科技名词统一工作的一个很好的范例。

海峡两岸科技名词对照统一是一项长期的工作，只要我们坚持不懈地开展下去，两岸的科技名词必将能够逐步取得一致。这项工作对两岸的科技、经贸、文教的交流与发展，对中华民族的团结和兴旺，对祖国的和平统一与繁荣富强有着不可替代的价值和意义。这里，我代表全国科技名词委，向所有参与这项工作的专家们致以崇高的敬意和衷心的感谢！

值此两岸科技名词对照本问世之际，写了以上这些，权当作序。

2002 年 3 月 6 日

前　言

随着海峡两岸测绘科技交流的不断增强，两岸测绘学界专家普遍感到科技名词在交流中具有不可忽视的基础地位，因此有必要将两岸测绘学名词进行对照，以利于两岸所用的测绘学名词得到恰当理解和运用，进而促进两岸测绘科学技术的交流与发展。有鉴于此，在全国科学技术名词审定委员会的倡导下，在中国测绘学会和台湾“中华地图学会”等相关学会的组织和推动下，海峡两岸测绘学界专家合作研究、编制了本《海峡两岸测绘学名词》（对照本），前后经历十余年时间。

1995 年，中国测绘学会测绘学名词审定委员会开始着手收词工作，并以全国科学技术名词审定委员会（原全国自然科学名词审定委员会）1990 年公布、科学出版社同年出版的《测绘学名词》为基础，参照台湾 1989 年出版的《测量学名词》和 1995 年出版的《台湾大陆测绘学名词对照索编》，于 1997 年形成了《海峡两岸测绘学名词》初稿。

2001 年 11 月，在“海峡两岸第三届测绘发展研讨会（香港）”上，来自两岸三地的测绘学界专家建议进一步扩大收词范围，增加部分新词。2002 年，进一步对初稿进行填补修改后，完成了对初稿的审查，形成讨论稿，共收录测绘科技名词 7019 条。

2003 年 12 月，通过海峡两岸测绘学界人士的共同努力，第一次海峡两岸测绘学名词对照研讨会暨编审委员会会议在台北召开。会议确认了由两岸专家联合组成的“海峡两岸测绘学名词工作委员会”，并以讨论稿中 400 余条名词为例进行了重点研讨后，对工作任务、收词范围、基本原则、工作方式及未来新词定名原则问题等形成了共识；并交换了全国科学技术名词审定委员会公布的《测绘学名词》（第二版）及台湾“国立编译馆”出版的《测绘学辞典》，为后期双方填补修改工作提供了可靠基础。

2004 年 8 月，第二次海峡两岸测绘学名词对照会议在长春召开，会议听取了关于《海峡两岸测绘学名词》的工作报告，审议通过了《海峡两岸测绘学名词》送审稿。会议在热烈、融洽的气氛中通过了会议纪要，确定了编辑、出版等事宜。

至 2006 年 10 月，经过两岸专家进一步核对、增删，对涵义不清的名词进行了修改处理，《海峡两岸测绘学名词》终于定稿。全书共收录测绘科技名词 7061 条。

出版《海峡两岸测绘学名词》是一件承前启后、福荫子孙的好事，凝聚了两岸测绘学界专家的心血和智慧。随着两岸测绘学的不断交流与发展，这批名词必将显现出重要的基础作用和支撑作用。

由于我们的学识、能力有限，本书的疏漏和不妥在所难免，还望同仁们指正。

海峡两岸测绘学名词工作委员会

2007 年 12 月

编 排 说 明

一、本书是海峡两岸测绘学名词对照本。

二、本书分正篇和副篇两部分。正篇按汉语拼音顺序编排;副篇按英文的字母顺序编排。

三、本书[ ]中的字使用时可以省略。

正篇

四、本书中祖国大陆和台湾地区使用的科技名词以“大陆名”和“台湾名”分栏列出。

五、本书正名和异名分别排序,并在异名处用(=)注明正名。

六、本书收录名词的对应英文名为多个时(包括缩写词)用“,”分隔。

副篇

七、英文名对应多个相同概念的汉文名时用“,”分隔,不同概念的用① ② ③分别注明。

八、英文名的同义词用(=)注明。

九、英文缩写词排在全称后的( )内。

目　录

序
前言
编排说明

正篇 ………… 1
副篇 ………… 185

正　篇

A

大　陆　名	台　湾　名	英　文　名
阿贝比长原理	亞貝比長原理	Abbe comparator principle
阿贝聚光镜	亞貝聚光透鏡	Abbe condenser
阿贝投影	亞爾勃斯投影	Albers' projection
阿波罗测图摄影机系统	阿波羅製圖攝影機系統	Apollo mapping camera system
阿波罗全景摄影机(=阿波罗全景照相机)		
阿波罗全景照相机,阿波罗全景摄影机	阿波羅全景攝影機	Apollo panoramic camera
阿伯尼水准仪	阿伯尼水準儀	Abney level
阿达马变换	哈達馬變換	Hadamard transformation
埃佛勒斯椭球	埃弗爾士橢球體	Everest spheroid(1830), Everest ellipsoid (1830)
埃克特第四投影	艾克特第四投影	Eckert's IV projection
艾里地壳均衡理论	愛黎地殼均衡理論	Airy's theory of isostasy, Airy's hypothesis of isostasy
艾里-海斯卡宁重力改正	愛黎-海斯卡寧重力改正	Airy-Heiskanen gravity correction
艾里-海斯卡宁重力化算	愛黎-海斯堪寧重力化算	Airy-Heiskanen gravity reduction
艾里悬浮理论	愛黎托浮理論	Airy floating theory
安片框	裝片框	backing frame
安平精度	定平精度	setting accuracy
安全净空	安全上方淨空	safe overhead clearance
安氏求积仪	安氏求積儀	Amsler planimeter
氨水法	氨氣法	ammonia process
岸线(=海岸线)		
岸线测量(=海岸线测		

大陆名	台湾名	英文名
量)		
岸线前移	岸線前移	advance of a shoreline
岸线图	岸線圖	shoreline map
暗调原稿	暗調原稿	low-key copy
暗反应	黑暗反應	dark reaction
暗礁	暗礁	reef
暗室	暗室	dark room
暗匣	底片暗匣	dark slide
凹版印刷法	凹版印刷法	copper printing process
凹透镜	凹透鏡	concave lens
凹凸透镜	凹凸透鏡	concave-convex lens
凹凸印刷	壓凹凸	embossing
奥米伽海图	奥米伽海圖	Omega chart
奥斯特	奥斯特	oersted

B

大陆名	台湾名	英文名
八分仪	八分儀	octant
巴尔-斯特劳德双像符合测距仪	巴斯特雙像符合測距儀	Barr & Stroud double image coincidence range finder
靶道工程测量	靶道工程測量	target road engineering survey
坝址勘查	壩址勘查	dam site investigation
白炽灯	白熱電燈	incandescent lamp
白油墨	白墨	white ink
百叶窗式快门	百葉窗式快門	venetian blind shutter
摆,垂摆	擺,垂擺, 惰性擺	pendulum
摆动中心	擺動中心	center of oscillation of pendulum
摆动周期	擺動週期	pendulum period
摆幅周期弧改正	擺幅週期弧改正	arc correction to pendulum period
摆仪架弯曲	彎曲擺	flexure of pendulum
板块构造	板塊構造	plate tectonics
板块运动	板塊運動	plate movement
版本注释	版本附註	edition note
版次	版次,發行版次	edition code, issue number
版面滚墨	提墨	rolling up
版权	版權	copyright
半潮	半潮	half tide

大 陆 名	台 湾 名	英 文 名
半潮面	半潮位	half tide level
半导体激光器	半導體雷射器	semiconductor laser
半导线法	半導線法	semi-traverse method
半解析空中三角测量	半解析空中三角測量	semi-analytical aerial triangulation
半距等高线(=间曲线)		
半控制像片镶嵌图	半控制像片鑲嵌圖	semi-controlled photograph mosaic
半模型	半模型	half model
半年[周期]潮	半年潮	semiannual tide
半日潮	半日潮	semi-diurnal tide
半日潮港	半日潮港	semi-diurnal tidal harbor
半日潮流	半日潮流	semi-diurnal current
半色调	半色調	halftone
半色调屏	半色調網目屏	halftone screen
半色调网点	半色調網點	half tone dot
半挖半填斜坡	半挖半填斜坡	cut and fill slop
包装印刷	包裝印刷	package printing
薄透镜	薄透鏡	thin lens
饱和度	飽和度	saturation
[保]护桩	護樁	guard stake
保留征收	保留徵收	reserved for land expropriation
报表轮转印刷机	電腦報表輪轉機	form press
报水深	報水深	calling the soundings
鲍伊三角平差法	鮑威平差法	Bowie method of triangulation adjustment
鲍伊效应	鮑威效應	Bowie effect
曝光	曝光	exposure
曝光过度	曝光過量	over exposure
曝光计	曝光計	exposure calculator
曝光间隔	曝光間隔	exposure interval
曝光密度曲线	曝光密度曲線	density exposure curve
北极	北極	north pole
北极距	北極距	north polar distance
北极圈	北極圈	arctic circle
北极星	北極星	polaris, north star, polar star
北极星测量仪	北極星測量儀	polastrodial
北极星任意时角法	北極星任意時角法	method by hour angle of Polaris
北极仪	北極儀	polar attachment
北向	向北縱坐標	northing

大　陆　名	台　湾　名	英　文　名
北向点	北向點	north point
贝克-纳恩摄影机	貝克能攝影機	Baker-Nunn camera
贝塞尔大地主题解算公式	白塞爾大地主題解算公式	Bessel formula for solution of geodetic problem
贝塞尔法	白塞爾法	Bessel method
贝塞尔根数	白塞爾基數	Besselian elements
贝塞尔公式	白塞爾公式	Bessel's formula
贝塞尔恒星常数	白塞爾恆星常數	Besselian star constant
贝塞尔内插公式	白塞爾内插法公式	Bessel's interpolation formula
贝塞尔内插系数	白塞爾内插係數	Besselian interpolation coefficients
贝塞尔年	白塞爾年	Besselian year
贝塞尔日数	白塞爾日數	Besselian day number
贝塞尔椭球	白塞爾橢球體	Bessel ellipsoid
贝塞尔星数	白塞爾恆星數	Besselian star number
贝叶斯分类	貝葉斯分類	Bayesian classification
背面影像地图	背面像片圖	back-up photomap
背斜轴	背斜軸	anticlinal axis
倍潮	頻潮因素	overtide
倍角复测法	倍角測量	doubling an angle
倍经[横]距法	倍經[橫]距法	method of double meridian distance
倍平行距(=倍纬距)		
倍纬距,倍平行距	倍緯距	double parallel distance
倍子午距	倍子午距	double meridian distance
被动雷达校准器	被動雷達校準器	passive radar calibrator
被动[式]传感器	被動感測器	passive sensor
被动式遥感	被動式遙測	passive remote sensing
被动卫星(=无能源卫星)		
本初子午线	[本初]子午線	prime meridian
苯胺油墨	苯胺印墨	aniline ink
比较地图学	比較地圖學	comparative cartography
比较观察镜	比較觀察鏡	comparison viewer
比例尺	比例尺	scale
比例量表	比例量表	ratio scaling
比例误差	比例誤差	proportional error
比例因子,尺度因子	比例因數,尺度因數	scale factor
比例增强	比值增強	ratio enhancement
比曼视距弧	貝門視距弧	Beaman's stadia arc

大　陆　名	台　湾　名	英　文　名
比色计	比色計	colorimeter
比耶对切透镜	比勒對切透鏡	Billet split lens
比值变换	比值變換	ratio transformation
笔头差	筆頭差	pen equation
毕氏钢标	畢爾貝鋼標	Bilby steel tower
闭合差	閉合差	closing error, closure
闭合导线	閉合導線,閉合支[導]線	closed traverse, cut-off line
闭合点	閉合點	closing station
闭合方位角	閉合方位角	closing azimuth
闭合角	閉合角	concluded angle
闭合水准环线	閉合水準環線	level loop, level circuit
闭合水准路线	閉合水準路線	closed leveling line
闭合线	閉合線	closing line
边长中误差	邊長中誤差	mean square error of side length
边方程式	邊方程式	side equation
边方程式检核	邊方程式檢核	side equation tests
边交会法	邊交會法	linear intersection
边角测量(=三角三边测量)		
边角交会法	邊角交會法	linear-angular intersection
边角网	三角三邊網	triangulateration network
边界测量	經界測量,鑑界測量	boundary survey
边坡	邊坡	side slope
边坡稳定性观测	邊坡穩定性觀測	observation of slope stability
边坡桩	邊坡樁	slope stake
边缘	邊緣	limb
边缘海	緣海	marginal sea
边缘检测	邊緣檢測	edge detection
边缘土地	邊際土地	marginal land
边缘增强	邊緣增強	edge enhancement
边桩	邊樁	border pile
编队测深	編隊測深	formation sounding
编稿地图	編稿底圖	map base
编稿图	編稿圖	compilation manuscript
编绘	編纂	compilation
编绘流程图	編圖流程表	compilation flow chart
编绘图	編纂圖	compiled map

大 陆 名	台 湾 名	英 文 名
编绘图板	編纂圖版	compilation board
编绘原图	編繪原圖,編審原圖,編製原圖	compiled original
编码经纬仪	編碼經緯儀	code theodolite
编图比例尺	編纂比例尺	compilation scale
编图程序	編圖程式	compilation process
编图资料示意图	圖料精度表	reliability diagram
扁率	扁率,地球扁率	oblateness, flattening
扁椭球	扁橢圓球體	oblate spheroid, oblate ellipsoid
便携式自动验潮仪	輕便自動驗潮計	portable automatic tide gauge
变比例投影	變比例投影	varioscale projection
变换光束测图	仿射測圖	affine plotting
变焦镜头	變焦鏡頭	convertible lens
变焦立体镜	縮放立體鏡	zoom stereoscope
变焦透镜系统	可變焦距透鏡組	zoom lens system
变焦系统	變焦系統	zoom system
变焦转绘仪	縮放轉繪儀	zoom transferscope
变色海水	變色水	discolored water
变线仪	變線儀	variomat
变形	變形	deformation
变形观测	變形觀測	deformation observation
变形观测控制网	變形觀測控制網	control network for deformation observation
变形光学系统	光學變像系統	anamorphotic optical system
变形椭圆	變形橢圓	indicatrix ellipse
标称精度	公稱精度	nominal accuracy
标尺改正	標尺改正	rod correction
标尺水准器	標尺水準器	rod level
标尺游标	標尺游標	rod vernier
标尺圆水准器	標尺圓水準器	circular rod level
标船	標船	mark boat
标杆	標桿	range pole, staff
标高差改正	標高差改正	correction for skew normals
标界,分界	定界,分界	demarcation
标界测量	標界測量	survey for marking of boundary
标位无线电信标	標位無線電標桿	marker radiobeacon
标位信标	標位標桿	marker beacon
标志灯	回照燈	signal lamp
标志杆	識別桿	identification post

大　陆　名	台　湾　名	英　文　名
标准差	標準中誤差,標準偏向	standard deviation
标准符号	標準圖例	standard symbol
标准轨距	標準軌距	standard gauge
标准卷尺	標準捲尺,基準捲尺	standard tape, reference tape
标准米尺	標準公尺	prototype meter
标准配置点	標準配置點	Gruber point
标准深度	標準深度	standard depth
标准图幅	標準圖幅	map of standard format
标准纬线	標準緯線	standard parallel
标准误差	標準誤差	standard error
表层声道	折音層	surface duct
表差	錶差	chronometer error
表面粗糙度	表面粗糙度	surface roughness
裱糊地图	裱背地圖	linen-backed map
滨	海濱	shore, seaboard
滨面	濱前	shore face
滨外坝	濱外沙洲	offshore bar
冰岸水道	冰岸水道	shore lead
冰斗	冰斗	cirque, glacial cirque
冰分布图	冰圖	ice chart
冰盖(=冰冠)		
冰冠,冰盖	冰冠	ice cap
冰后回弹	冰後回彈	post glacial rebound
冰架	冰棚	ice shelf
冰界	冰界	ice limit
冰原	冰原	ice field
兵要地志图	兵要地誌圖	military geography map
波长	波長	wavelength
波成阶地	波成階地	wave-built terrace
波茨坦重力标准	波茨坦標準重力	Potsdam standard of gravity
波茨坦重力系统	波茨坦系統	Potsdam absolute gravimetric system
波带板	波帶板	zone plate
波度比重计	波梅比重計	baume hydrometer
波浪补偿	起伏補償	heave compensation, compensation of undulation
波浪补偿器	波浪補償器	heave compensator
波罗-科普原理	波桑-柯培原理	Porro-Koppe principle
波罗望远镜	波柔式望遠鏡	Porro telescope

大陆名	台湾名	英文名
波谱集群	波譜集群	spectrum cluster
波谱特征空间	波譜特徵空間	spectrum feature space
波谱特征曲线	波譜特徵曲線	spectrum character curve
波谱响应曲线	波譜回應曲線	spectrum response curve
波束角	波束角	wave beam angle, beam angle
波束宽度	波束寬度,音鼓束寬	beam width
波斯特尔投影	波斯特投影	Postel's projection
玻璃网目屏	玻璃網屏	glass screen
剥纸	剝紙	picking
泊松方程	布桑方程式	Poisson's equation
泊位	航席,停船位置	berth
柏拉图年	柏拉圖年	Platonic year
博斯星表	鮑氏星表	Boss's catalog of stars
补偿大地水准面,调整大地水准面	補償大地水準面,補助大地水準面	compensated geoid, cogeoid
补偿滤色镜	補正濾光片	compensating filter
补偿器	補正器	compensator
补偿器补偿误差	補償器補償誤差	compensating error of compensator
补充曝光	輔助曝光	supplementary exposure
补角	補角	supplement of angle
不符值,偏差	不符值,偏差	discrepancy
不均匀收缩	伸縮差	differential shrinkage
不良锚地	不良泊位	foul berth
不完全方向观测	不完全方向觀測	incomplete set of direction observation
不稳型重力仪(=无定向重力仪)		
不晕放大镜	彗差放大鏡	aplanatic magnifier
不晕透镜(=消球差透镜)		
布标点	佈標點	signalized point
布格改正	布格改正	Bouguer correction
布格校正	布格化算	Bouguer reduction, Bouguer gravity reduction
布格平板	布格平板	Bouguer plate
布格异常	布格異常	Bouguer anomaly
布格重力	布格重力	Bouguer gravity
布隆斯方程	布隆斯方程式	Bruns equation
布隆斯公式	布隆斯公式	Bruns formula

大　陆　名	台　湾　名	英　文　名
布隆斯项	布隆斯項	Bruns term
布伦顿袖珍罗盘	布倫頓羅盤	Brunton pocket compass
布耶哈马问题	布耶哈馬問題	Bjerhammar problem
步测	步測	pacing
步程计(=计步器)		

C

大　陆　名	台　湾　名	英　文　名
裁切线	裁切線	cutting marks
采剥工程断面图	采剝工程斷面圖	striping and mining engineering profile
采剥工程综合平面图	采剝工程綜合平面圖	synthetic plan of striping and mining
采场测量	礦場測量	stope survey
采掘工程平面图	採掘工程平面圖	mining engineering plan
采区测量	礦區測量	survey in mining panel
采区联系测量	礦區聯繫測量	connection survey in mining panel
采样	採樣	sampling
采样间隔	採樣間隔	sample interval
彩色编码	彩色編碼	color coding
彩色变换	彩色變換	color transformation
彩色复制	彩色複製	color reproduction
彩色感光材料	彩色感光材料	color sensitive material
彩色红外片	彩色紅外片	color infrared film
彩色校样	多色打樣	color proof
彩色蒙片法	修色片	color masking
彩色喷墨绘图仪	彩色噴墨繪圖機	color ink-jet spray plotter
彩色片	彩色軟片	color film
彩色摄影	彩色攝影	color photography
彩色凸版印刷	彩色凸版印刷	chromotype
彩色线划校样	彩色線劃校樣	dye line proof
彩色相片	彩色相片	color photograph
彩色样图	彩色樣圖	color manuscript
彩色样张	彩色樣張	color proof sheet
彩色印刷	彩色印刷	color printing
彩色增强	彩色增強	color enhancement
彩色正片	彩色正片	positive chrome
彩色坐标系	彩色坐標系	color coordinate system
蔡司平行四边形	蔡司平行四邊形	Zeiss parallelogram

大 陆 名	台 湾 名	英 文 名
[蔡司]平行四边形控制器	平行四邊形控制器	parallelogram inverter
参考标石	參考標石	witness monument, witness mark, witness corner
参考椭球	參考橢球體	reference ellipsoid
参考椭球定位	參考橢球定位	orientation of reference ellipsoid
参考站	參考站	reference station
参考桩	參考樁	reference stake
参考子午线	參考子午線	guide meridians
参数方程式	參數方程式	parametric equation
参数平差	參數平差	parameter adjustment
参照方格	參考方格	gird of reference
参照数据	參照資料	reference data
参照效应	參照效應	reference effect
残差	剩餘誤差,改正數	residual error, remainder error
残留膜层	殘膜	residual coating
槽孔模片辐射三角测量	槽孔模片輻射三角測量	slotted template radial triangulation
草测(=踏勘)		
草图	草圖	sketch map
侧方观测	側方觀測	flank observation
侧方交会	側方交會	side intersection
侧方交会观测	側方交會觀測	axial lateral observation
侧航法	側航法	crabbing
侧扫声呐	側掃聲納	side scan sonar
侧扫声呐镶嵌图	側掃聲納鑲嵌圖	side scan sonar mosaic
侧视机载雷达	空載側視雷達	side-looking airborne radar
侧视雷达	空中側視雷達	side-looking radar, SLR
侧视声呐	側視聲納	side-looking sonar
侧向重叠	側向重疊	sidle
侧向扫描系统	側向掃描系統	side-scanning system
侧向像片	側翼像片	wing photograph
测标	測標	[measuring] mark
测锤	鉛錘	plummet body
测锤脂	測錘填料	arming
测段	[水準測量]鎖部	link, section
测高计(=沸点气压计)		
测高学	測高術	altimetry

大　陆　名	台　湾　名	英　文　名
测高仪	測高儀	altimeter
测光计	測光計	actinometer
测[光]轴计	測軸計	axometer
测回	測回	observation set, set
测绘标准	測繪標準	standards of surveying and mapping
测绘学	測繪學	geomatics, surveying and mapping, SM
测绘仪器	測繪儀器	instrument of surveying and mapping
测角精度	測角精度	angular accuracy
测角游标	測角游標	angular vernier
测角中误差	測角中誤差	mean square error of angle observation
测距觇标	測距覘標	range signal
测距定位系统	測距定位系統	range positioning system
测距光楔	測距光楔	distance measuring wedge
测距经纬仪	測距經緯儀	distance theodolite, range transit
测距雷达	測距雷達	range-only radar
测距盲区	測距盲區	range hole
测距误差	測距誤差	distance-measuring error
测距仪	測距儀	distance measuring instrument, rangefinder
测链	測鎖,測鏈	chain
测链丈量	測鏈測量	chain survey
测量标志	測量標誌,測量覘標	survey mark, survey signal
测量觇标	測量覘標	observation target
测量船	測量船	survey vessel
测量底片	測量軟片	topographic base film
测量规范	測量規範	specifications of surveys
测量基点桩	測量基點樁	survey datum monument
测量控制网	測量控制網	surveying control network
测量平差	測量值平差	survey adjustment
测量误差配赋	測量配賦	balancing a survey
测量学	測量學	surveying
测量仪定向	測量儀定位	orientation of surveying instrument
测流	水流觀測	current surveying
测流杆(=浮杆)		
测旗	測量旗	fanion, flag
测钎	測針	chaining pin
测设(=放样)		
测深标志	測深標	sounding mark
测深锤,水铊	測深錘,水鉈	sounding lead

大 陆 名	台 湾 名	英 文 名
测深法	測深法	sounding method
测深改正	測深修正	correction of depth
测深杆	測深杆,涉水標尺	sounding pole
测深管	測深管	sounding tube
测深机	測深機	sounding machine
测深基准面	深度化歸基準面	datum for sounding reduction
测深记录	測深記錄	sounding record
测深间隔	測點間距	sounding interval
测深绞车	測深絞車	sounding winch
测深校准	水深點調整	alignment of sounding
测深精度	測深精度	total accuracy of sounding
测深密度	測深密度	frequency of soundings
测深绳,测深线	測深繩,測錘繩,測深線	lead line, sounding line
测深绳改正	測深繩改正	lead line correction
测深手簿	水深記錄簿	sounding book
测深数据	水深資料	bathymetric data
测深索	測深鋼索	sounding wire
测深台	測深台	sounding chair
测深图板	測深圖板	sounding board
测深线(=测深绳)		
测深学	測深學	bathymetry
测深仪	測深儀	depth sounder
测深仪读数精度	測深儀讀數精度	reading accuracy of sounder
测深仪发射线	測深儀發射線	transmiting line of sounder
测深仪回波信号	測深儀回波信號	echo signal of sounder
测深仪记录纸	測深儀記錄紙	recording paper of sounder
测深仪器	測深儀器	sounding apparatus
测绳	測程繩	log line
测试线,辅助测线	試測線	random line
测速板	測速板	log-chip
测速标	測速標	marks for measuring velocity
测图	製圖測量	cartographical surveying
测图版	描繪紙	plotting sheet
测图底片	測圖軟片	topographic base film
测图卫星	測圖衛星	mapping satellite
测图相机	製圖攝影機	mapping camera
测微鼓	測微鼓	micrometer drum

大　陆　名	台　湾　名	英　文　名
测微密度计	微點感測器	microdensitometer
测微目镜	測微目鏡	micrometer eyepiece
测微器	測微器	micrometer
测微器行差	測微器行差	run of micrometer
测线	測線	survey line
测斜罗经	測斜羅盤儀	clinometer compass
测斜照准仪	測斜照準儀	sight vane alidade
测银比重计	測銀比重計	argentometer
测站	測站	survey station, instrumental station
测站点归心	測站歸心	reduction of eccentric station
测站归心	測站歸心	station centring
测站水平角闭合差	測站水平角閉合差	closing the horizon
层间改正	層間改正	plate correction
插图	插圖	inset
差分[法]定位	差分定位	differentiation positioning
差分全球定位系统	差分全球定位系統	differential GPS
差分吸收激光雷达	差分吸收雷射雷達	differential-absorption ladar
差异阈	差異界檻值	difference threshold
拆卸式觇标	拆卸式覘標	knockdown target
觇板罗盘仪	覘板羅盤儀	circumferentor
觇板式标尺	覘板式標尺	target rod
觇孔	覘孔	peep hole, bore hole
觇孔罗盘仪	覘孔羅盤儀	peep-sight compass
觇孔照准仪	覘孔照準儀	peep-sight alidade
觇牌	目標,覘標	target
长版活	長版	long run
长程航空图	長程航空圖	long-range air navigation chart
长度标准检定场	長度標準檢定場	standard field of length
长度不符值	長度閉合差	linear discrepancy
长度方程(=基线方程)		
长度改正	長度改正	length correction
长弧法	長弧法	long-arc method
长期变化	長期變化	secular variation
长期磁变	長期磁變	secular magnetic variation
长期光行差	長期光行差	secular aberration
长期摄动	長期攝動	secular perturbation
长期视差	長期視差	secular parallax
长期岁差	長期歲差	secular precession

大　陆　名	台　湾　名	英　文　名
常水位	常水位	normal water level, ordinary water level
厂址测量	廠址測量	surveying for site selection
场镜	場鏡	field lens
场阑	視野限度	field stop
场曲	像場彎曲	curvature of the image field
超潮波	超潮波	transtidal wave
超导重力仪	超導重力儀	superconductor gravimeter
超额征收	超額徵收	excess condemnation
超高空	超高空	superhigh altitude
超高曲线	超高曲線	raised curve
超光谱遥感	超光譜遙測	ultraspectral remote sensing
超广角航空摄影机,特宽角航摄相机	超廣角航空攝影機,特寬角航空攝影機	super-wide angle aerial camera, ultra-wide angle aerial camera
超广角镜头	超廣角鏡頭	extrawide angle lens
超焦点距离	超焦點距離	hyperfocal distance
超近摄影测量	超近攝影測量	macrophotogrammetry
超立体感	超高立體	hyperstereoscopy
超前巷道	導坑	pilot drift, advance heading, pilot tunnel
潮波	潮汐波	tidal wave
潮差	潮差,潮汐差	tidal range, tidal difference
潮高	潮高	height of tide
潮痕	潮線	tidemark
潮间带	潮間帶	intertidal zone, littoral zone
潮间地	海埔地	tidal land
潮间沙洲	潮間沙洲	intertidal bar
潮阶	潮階	tidal terrace
潮龄	潮齡	tide age
潮流	潮流	tidal current, tidal stream
潮流表	潮流表	current table, tidal current table
潮流差	潮流差	current difference
潮流矢量图	潮流時距曲線	tidal hodograph
潮流图	潮流圖	tidal current chart
潮坪(=潮滩)		
潮升	潮升	tidal rise, rise of tide
潮时提前	潮期提前	priming of the tide
潮时滞后	潮期延遲	lagging of the tide
潮滩,潮坪	潮埔	tidal flat
潮坞	潮塢	tidal basin

大　陆　名	台　湾　名	英　文　名
潮汐表	潮汐表	tide table
潮汐常数	潮汐常數	tidal constant
潮汐非调和常数	潮汐非調和常數	tidal nonharmonic constants
潮汐非调和分析	潮汐非調和分析	tidal nonharmonic analysis
潮汐分析	潮汐分析	tidal analysis
潮汐改正	潮汐改正數	tide reducer
潮汐基准面	潮汐基準面	tidal datum
潮汐理论	潮汐說	tidal theory
潮汐摩擦	潮汐摩擦	tidal friction
潮汐平衡理论	潮汐平衡說	tidal equilibrium theory
潮汐日	潮汐日	tidal day
潮汐摄动	潮汐攝動	tidal perturbation
潮汐调和常数	潮汐調和常數	tidal harmonic constants
潮汐调和分析	潮汐調和分析	tidal harmonic analysis
潮汐推算	潮汐推算,潮信推算	tide prediction
潮汐推算仪	潮汐推算機	tide predicting machine
潮汐信号	潮汐信號	tide signal
潮汐信号灯	潮汐燈號	tidal light
潮汐学	潮汐學	tidology
潮汐延时	潮遲率	daily retardation
潮汐因子	潮汐因數	tidal factor
潮汐预报	潮汐推算	tidal prediction
潮汐预报基准面	潮汐預報基準面	datum of tide prediction
潮汐运动	潮汐運動	tidal movement
潮汐重力	潮汐重力	tidal gravitation force
潮汐重力改正	潮汐重力改正	tidal gravity correction
潮汐周期	潮汐週期	tidal cycle
潮信表	潮信表	tidal information panel
潮序	潮序	sequence of tide
车载水准测量	機動水準測量	motorized leveling
沉船	沉船	wreck
沉降观测	沉降觀測,沉陷觀測	settlement observation
成果误差(=真[误]差)		
成像光谱仪	成像光譜儀	imaging spectrometer
成像雷达	成像雷達	imaging radar
成像仪	成像器	imager
成型机	成型機,立體壓模機	forming machine, cure oven

大　陆　名	台　湾　名	英　文　名
城市测量	都市測量	urban survey
城市测量数据库	城市測量資料庫	data base for urban survey
城市地形测量	城市地形測量	urban topographic survey
城市地形图	城市地形圖	topographic map of urban area
城市规划	城市規劃,都市計劃	urban planning, city layout
城市规划桩	都市計劃樁	urban planning stake
城市基础地理信息系统	城市基礎地理資訊系統	urban geographical information system, UGIS
城市控制测量	城市控制測量	urban control survey
城市区域	城市區域	city region
城市全景图	城市全景圖	city panorama
城市图	城市圖	city map
城市制图	城市製圖	urban mapping
城镇规划	市鎮計劃	town plan
城镇真形	城鎮真形	town shape
乘常数	乘常數	multiplication constant
程序跟踪	程式追蹤	program tracking
吃水	吃水	draft
吃水标志	吃水標記	draft mark
尺长改正	尺長改正	correction for tape length
尺垫	尺墊	rod support, pedal disc
尺度变形	尺度變形	scale deterioration, scale variation
尺度参数	尺度參數	scale parameter
尺度点	尺度點	scale point
尺度因子(=比例因子)		
尺夹	尺夾	tape clip
尺台	標尺台	foot plate, turning plate
尺桩	水準尺樁	foot pin
赤道	赤道	Equator
赤道半径	赤道半徑	equatorial radius
赤道潮	赤道潮	equatorial tide
赤道地平视差	赤道地平視差	equatorial horizontal parallax
赤道平面	赤道平面	equatorial plane
赤道圈	赤道圈	equatorial circle
赤道卫星	赤道衛星	equatorial satellite
赤道星	赤道星體	equatorial stars
赤道星距	赤道星距	equatorial intervals
赤道仪	赤道儀	equatorial

大 陆 名	台 湾 名	英 文 名
赤道仪望远镜	赤道儀望遠鏡	equatorial telescope
赤道轴	赤道軸	equatorial axis
赤道坐标系	赤道坐標系	equinoctial coordinate system
赤经	赤經	right ascension
赤经岁差	赤經歲差	precession in right ascension
赤经章动	赤經章動	nutation in right ascension
赤纬	赤緯	declination
赤纬圈	赤緯圈	parallel of declination, declination circle
赤纬岁差	赤緯歲差	precession in declination
冲	衝位	opposition
冲积扇	沖積扇	alluvial fan
冲胶片	沖片	processing film
重采样	重採樣	resampling
重叠	重疊	overlap
重叠调整器	重疊調整器	overlap regulator
重复读数	重複讀定	double reading
重影(=双影)		
抽象符号	抽象符號	abstract symbol
臭氧[观测]雷达系统	臭氧雷達系統	ladar system for ozone
出版说明	出版說明,信託附註	credit legend, credit note
出版原图	出版原圖	final original
出边(=破图廓)		
出射窗	出射視野	exit window
出射顶点	發射頂點	emergent vertex
出射光瞳	出射瞳孔	exit pupil
出射节点	發射節點	emergent nodal point
初测	初測	preliminary survey
初算(=概算)		
触觉地图	觸覺地圖	tactual map
传感器	感測器	sensor
传距角(=求距角)		
传送	轉壓法	transferring
传真版	傳真版	facsimile edition
船台	機動站	mobile station
船载声呐	船載聲納	shipboard sonar
垂摆(=摆)		
垂摆水准仪	垂擺水準儀	pendulum level
垂摆照准仪	垂擺照準儀	pendulum alidade

大　陆　名	台　湾　名	英　文　名
垂核面	垂核面	vertical epipolar plane
垂核线	垂核線	vertical epipolar line
垂球	垂球	plumb bob
垂球挂钩	垂球掛鉤	plumb hook
垂球架	垂球架	plumb bob holder
垂曲改正	下垂改正	correction for sag
垂丝水准器	垂絲水準器	plumb-line level
垂线	垂線	vertical
垂线偏差	垂線偏差	deflection of the vertical
垂线偏差分量	垂線偏差分量	deflection component
垂线偏差改正	垂線偏差改正	correction for deflection of the vertical
垂线偏差异常	異常偏差	deflection anomaly
垂直变形(=垂直扭曲)		
垂直草图测绘仪	垂直像片草圖測繪儀	vertical sketch master
垂直度盘	垂直度盤	vertical circle
垂直方程式	垂直方程式	perpendicular equation
垂直放大,垂直扩大	垂直放大	vertical exaggeration
垂直杆	垂直桿	cut of cylinder
垂直极化(=垂直偏振)		
垂直间隙(=垂直净空)		
垂直角,竖直角	垂直角,縱角,高程角	vertical angle
垂直净空,垂直间隙	垂直淨空	vertical clearance
垂直控制	高程控制	level control, vertical control
垂直扩大(=垂直放大)		
垂直扭曲,垂直变形	垂直扭曲	vertical deformation
垂直偏振,垂直极化	垂直偏極化	vertical polarization
垂直圈	垂直圈	vertical circle
垂直运动,上下运动	垂直動作	vertical motion
垂直折光差	垂直折光差	vertical refraction error
垂直折光系数	垂直折光係數	vertical refraction coefficient
垂直轴	垂直軸	vertical axis
垂直坐标	垂直坐標	vertical coordinates
垂准等高仪	垂擺等高儀	pendulum astrolabe
垂准仪	錘准器	plumb aligner
锤测法	錘測法	plummet method
锤测航行区	錘測航行區	on soundings
锤测深法	鉛錘測深法	leading method
锤测员	錘測手	leadsman

大　陆　名	台　湾　名	英　文　名
锤球	測錘	plummet, plumb
春分潮	春分大潮	vernal equinoctial tide
春分点	春分點	first point of Aries, vernal equinox, spring equinox
春分点时间	分點時間	equinox of date
纯重力异常	純重力異常	pure gravity anomaly
磁棒	磁棒	bar magnet
磁暴	磁爆	magnetic storm
磁北	磁北	magnetic north
磁变仪	磁變儀	variometer
磁测深	磁測深	magnetic sounding
磁测深仪	磁測深儀	magnetic sounder
磁测站	磁力站	magnetic station
磁常变	磁常變	magnetic secular change
磁场	磁場	magnetic field
磁场强度	磁場強度	magnetic field intensity
磁赤道	磁赤道	magnetic equator, aclinic line, dip equator
磁方位角	磁方位	magnetic azimuth
磁化	磁化	magnetization
磁极	磁極,磁傾極	magnetic pole
磁矩	磁力矩	magnetic moment
磁力	磁力	magnetic force
磁力测量	磁力測量	magnetic observation, magnetic survey
磁力点	磁力點	magnetic point
磁力扫海测量	磁力掃海測量	magnetic sweeping
磁力图	磁力圖,地球磁偏圖	magnetic chart
磁力线	磁力線	magnetic line of force
磁力仪	磁力計	magnetometer
磁力异常区	磁力異常區	magnetic anomaly area
[磁]罗经航向	[磁]羅經航向	compass course
磁罗盘误差	磁羅盤誤差	error of magnetic compass
磁偏计	磁偏計	declinometer
磁偏角弧	磁偏角弧	declination arc
磁偏转	磁變	magnetic deflection
磁倾角	地磁傾角,磁傾角	magnetic dip
磁倾仪	磁傾度盤	magnetic dip circle, dip circle
磁倾针	磁傾計	dip needle
磁扰	磁擾	magnetic disturbance

大　陆　名	台　湾　名	英　文　名
磁日变	磁日變	magnetic daily variation, magnetic diurnal variation
磁通[量]	磁通量	magnetic flux
磁通门磁力仪	磁閘式地磁儀	flux-gate magnetometer
磁纬	磁緯	magnetic latitude
磁象限角	磁方向	magnetic bearing
磁元素	磁元素	magnetic elements
磁月日变	磁月球日變	magnetic lunar daily variation
磁针	磁針	magnetic needle
磁针偏角	磁針偏角	declination of the needle
磁周年差	磁年差	magnetic annual variation
磁轴	磁軸	magnetic axis
磁子午线	磁子午線	magnetic meridian
刺点	刺點	prick point
刺点器	刺點器	point marker
刺针	針筆	pricker
凑整误差	化整誤差	round-off error
粗差	錯誤	gross error
粗差检测	錯誤檢測	gross error detection
粗结构地形	粗大地形	coarse texture topography
粗码(=C/A 码)		
醋酸盐胶片	醋酸鹽膠片	acetate film

D

大　陆　名	台　湾　名	英　文　名
打孔定位系统	打孔定位系統	punch register system
打孔套印法	打孔套印法	pre-punch register system
打样	打樣	proofing
打样图	打樣圖	layout drawing
大比例尺地图	大比例尺地圖	large-scale map
大比例尺地形图	大比例尺地形圖	large-scale topographical map
大比例尺图测量	大比例尺測量	large-scale survey
大潮	大潮	spring tide
大潮差	大潮差	spring range
大潮低潮	大潮低潮	spring low water
大潮低潮基准面	大潮低潮基準面	low water springs datum
大潮高潮	大潮高潮	spring high water

大 陆 名	台 湾 名	英 文 名
大潮高潮面	大潮高潮面	spring high water
大潮升	大潮升	spring rise
大城市地区	都會區域	metropolitan area
大地测量	大地測量	geodetic survey
大地测量边值问题	大地測量邊值問題	geodetic boundary value problem
大地测量参考系	大地參考系統	geodetic reference system
大地测量平差	大地測量平差	geodetic adjustment
大地测量数据库	大地測量資料庫	geodetic database
大地测量学	大地測量學	geodesy
大地测量仪器	大地測量儀器	geodetic instrument
大地赤道	大地赤道	geodetic equator
大地反算问题	大地反算問題	inverse geodetic problem
大地方位标	大地方位標	geodetic azimuth mark
大地方位角	大地方位角,指角	geodetic azimuth
大地高,椭球面高	橢球面高	geodetic height, ellipsoidal height
大地基准	大地基準,大地基準點	geodetic datum
大地基准定位参数	大地基準定位參數	datum position parameter
大地计算	大地計算	geodetic computation
大地经度	大地經度	geodetic longitude
大地控制点	大地控制點	geodetic control
大地平行圈	大地平行圈	geodetic parallel
大地三角形	大地三角形	geodetic triangle
大地摄影测量	大地攝影測量	geodetic photogrammetry
大地水准测量	大地水準測量	geodetic leveling
大地水准面	大地水準面,大地平均面	geoid
大地水准面差距(=大地水准面起伏)		
大地水准面等高线	大地水準面等高線	geoid contour
大地水准面高	大地水準面高	geoidal height
大地水准面起伏,大地水准面差距	大地水準面起伏	geoidal undulation, warping of geoid
大地天顶	大地天頂	geodetic zenith
大地天顶延迟	大地天頂延遲	atmosphere zenith delay
大地天文点	大地天文點	astrogeodetic point
大地天文法	大地天文法	astrogeodetic method
大地天文学	大地天文學	geodetic astronomy
大地网	大地網	geodetic network

大 陆 名	台 湾 名	英 文 名
大地纬度	大地緯度	geodetic latitude
大地位单位	重力位元單位	geopotential unit, gpu
大地位高	重力位高度	geopotential altitude
大地位面	重力等位面	geopotential surface, geop
大地位置	大地位置	geodetic position
大地位置反算	大地位置反算	inverse position computation, back solution
大地线	大地線	geodesic
大地线微分方程	大地線微分方程	differential equation of geodesic
大地原点	大地原點	geodetic origin
大地圆	大地圓	geodetic circle
大地主题反解	大地反算問題	inverse solution of geodetic problem
大地主题正解	大地主題正解	direct solution of geodetic problem
大地主题正算	大地位置正算,大地位置正算問題	direct position computation, direct geodetic problem
大地子午圈(=大地子午线)		
大地子午线,大地子午圈	大地子午線,大地子午圈	geodetic meridian
大地坐标	大地坐標	geodetic coordinates
大地坐标系	大地坐標系	geodetic coordinate system
大回归潮差	回歸潮差	tropic range
大距(=距角)		
大陆边缘	大陸邊緣	continental margin
大陆架	大陸棚	continental shelf
大陆架地形测量	大陸棚地形測量	continental shelf topographic survey
大陆漂移	大地漂移	continental drift
大陆漂移说	大陸漂移說	continental drift theory
大陆坡	大陸斜坡	continental slope
大年	大年	great year
大气层	大氣層	atmosphere
大气传输特性	大氣傳輸特性	characteristics of atmospheric transmission
大气窗	大氣窗	atmospheric window
大气改正	大氣改正	atmospheric correction
大气能见度	大氣能見度	meteorological visibility
大气透过率	大氣透過率	atmospheric transmissivity
大气现象	大氣現象	meteor
大气噪声	大氣噪音	atmospheric noise
大气阻力	大氣阻力	atmospheric drag

大　陆　名	台　湾　名	英　文　名
大气阻力摄动	大氣阻力攝動	atmospheric drag perturbation
大倾斜角像片	平傾斜像片	high oblique photograph
大椭圆	大橢圓	great ellipse
大像幅摄影机	大像幅攝影機	large format camera, LFC
大行星	大行星	major planets
[大型]城市	都會	conurbation
大型自动导航浮标	大型自動導航浮標	large automatic navigation buoy, LANBY
大洋潮汐	大洋潮汐	oceanic tide
大洋地势图	大洋地勢圖	general bathymetric chart of the oceans, GEBCO
大洋环流	大洋環流	gyre
大洋水	大洋海水	ocean water
大洋水深图	大洋水深圖	ocean sounding chart
大圆	大圓	great circle
大圆海图,日晷海图	日晷圖	gnomonic chart
大圆航法	大圈航法	great circle sailing
大圆航迹	大圈航跡	great circle track
大圆航线	大圓航線,大圈航線	rothodrome
大圆航线图	大圓圈航行圖,大圓海圖	great circle sailing chart
大圆航线终航向	終程大圈航向	final great circle course
大圆航向	大圈航向	great circle course
大圆弧线	大圓弧線	orthodromic line, great circle line
带尺显微镜	分微尺顯微鏡	estimation microscope
带宽	頻寬	bandwidth
带谱	帶光譜	band spectrum
带通滤光片	帶通濾光片	bandpass filter
带谐函数	帶諧函數	zonal harmonic, sectorial ormonics
带谐系数	帶諧係數	coefficient of zonal harmonics
带状基线尺	帶狀基線尺	base measuring tape
带状平面图	帶狀平面圖	zone plan
带阻滤光片	波段外濾光片	band-stop filter
单摆	單擺	simple pendulum
单差相位观测	單差相位觀測	single difference phase observation
单程水准测量路线	單程水準線	single-run level line
单点定位	單點定位	point positioning
单点目标	單點目標	pin-point target
单独法相对定向	獨立像對定向	independent relative orientation

大 陆 名	台 湾 名	英 文 名
单独像对相对定向法	旋像定向法	swing-swing method of relative orientation
单航线摄影	單航帶攝影	single-strip photography
单基线法气压测高	單基準氣壓測高法	single-base method of barometric altimetry
单节曝光	單節曝光	one stop exposure
单镜头多光谱摄影机	單鏡多光譜攝影機	single-lens multiband camera
单镜头摄影	單物鏡攝影	single-lens photography
单镜头摄影机	單物鏡攝影機	single-lens camera
单面山	單面山	cuesta
单片坐标量测仪	單像坐標量測儀	monocomparator
单频道扫描仪	單頻道掃描器	single channel scanner
单曲线	單曲線	simple curve
单色色度计	單色色度計	monochromatic colormeter
单色透明正片	單色透明正片	monochrome
单通道热红外扫描仪	單頻道熱掃描器	single channel thermal scanner
单筒手持水准仪	單眼手持水準儀	monocular hand level
单投影器法	單投影器定位法	single-projector method
单位权	單位權	unit weight
单位权方差	單位權方差	variance of unit weight
单向观测	單向觀測	nonreciprocal observation
单像测图仪	單像測圖儀	single-photo plotter
单像摄影测量	單像攝影測量	single-image photogrammetry, monoscopic photogrammetry
单旋转法	單旋轉定位法	single-swing method
单游标	單游標	single vernier
弹道	彈道	trajectory
弹道测量	彈道測量	trajectory measurement
弹道摄影测量	彈道攝影測量	ballistic photogrammetry
弹道摄影机	彈道攝影機	ballistic camera
蛋白制版法	蛋白製版法	albumin process
当地平均海面	當地平均海面	local mean sea level
挡土墙	擋土牆	retaining wall
档差改正	檔差改正	correction of scale difference
导标	定向標	leading beacon
导弹定向测量	導彈定向測量	missile orientation survey
导弹试验场工程测量	導彈試驗場工程測量	engineering survey of missile test site
导航台定位测量	導航台定位測量	navigation station location survey
导航图	航行圖	navigation chart
导航系统	導航系統	navigation system

大 陆 名	台 湾 名	英 文 名
导入高程测量	導入高程測量	induction height survey
导线	導線	traverse, polygonal course, course of traverse
导线闭合差	導線閉合差	traverse error of closure
导线边	導線邊	traverse leg
导线测量	導線測量	traverse survey
导线测量用表,坐标增量表	導線計算表	traverse tables
导线点	導線點	traverse point
导线横向误差	導線横向誤差	lateral error of traverse
导线角度闭合差	導線角度閉合差	angle closing error of traverse
导线角度配赋	導線角度配賦	balancing the traverse angle
导线结点	導線結點	junction point of traverses
导线平差计算	導線平差計算	computation and adjustment of traverse
导线曲折系数	導線曲折係數	meandering coefficient of traverse
导线全长闭合差	導線全長閉合差	total length closing error of traverse
导线网	導線網	traverse network
导线相对闭合差	導線相對閉合差	relative length closing error of traverse
导线站	導線站	traverse station
导线折角	導線角	traverse angle
导线纵向误差	導線縱向誤差	longitudinal error of traverse
岛架	島棚	insular shelf
岛陆联测	島陸聯測	island-mainland connection survey
岛屿测量	島嶼測量	island survey
岛屿图	島嶼圖	island chart
倒摆	可倒擺	reversible pendulum
倒锤[线]观测	倒錘[線]觀測	inverse plummet observation
倒镜	倒鏡	reversed telescope, face right
倒镜读数	倒鏡讀數	reversed reading
倒像	倒像	inverted image
道路标线	道路標線	delineater
道路定桩	路權樁釘定	layout of right-of-way stake
道路工程测量	公路工程測量	road engineering survey
道路绘制器	道路繪製器	road gauge
道路勘测	路線勘測	route reconnaissance
道路勘察	道路勘察	road reconnaissance
道路填方	道路填土	road fill
道路图	道路圖	road map

大 陆 名	台 湾 名	英 文 名
道路中心线	道路中心線	road center line
道路中心桩	道路中心樁	road centerline stake
道威棱镜	杜夫稜鏡	Dove prism
德诺耶半椭圆投影	德諾葉半橢圓投影	Denoyer's semilliptical projection
灯标	燈標	light beacon
灯船	燈船	light vessel, light ship
灯浮标	燈浮	light buoy
灯高	燈高	height of light
灯光节奏	燈光節奏	flashing rhythm of light
灯光射程	燈光射程	light range
灯[光性]质	燈質	characteristic of light
灯光周期	燈光週期	light period
灯色	燈色	light color
灯塔	燈塔	lighthouse
登高观测	等高觀測	equal-altitude observation
等比线	等角水平線,等比線	isometric parallel
等变形线	等變形線	distortion isograms
等潮差线	等潮差線	co-range line
等潮流图	等潮流圖	cotidal current chart
等潮时	等潮時	cotidal hour
等潮时线	等潮時線	cotidal line
等磁力线	等磁強線	isodynamic lines
等磁偏图	等磁偏線圖	isogonic chart
等磁偏线	等磁偏線	isogonic lines
等磁倾	等磁傾	isoclinal
等磁倾图	等磁傾線圖	isoclinal chart
等磁倾线	等磁傾線	isoclinal lines
等分法,双定心法	分中法	bisecting method, double centering
等高点法	等高點法	trace contour method
等高法	等高法	equal altitudes
等高距	等高線間隔	contour interval
等高距注记	等高距註記	contour interval note
等高棱镜	等高稜鏡	contour prism
等高圈	高度圈	circle of equal altitude
等高线	水平曲線	contour
等高线版	等高線版	separation of contour line
等高线法	等高線[土方計算]法	contour method
等高线内插法	等高線插繪法	interpolation of contours

大陆名	台湾名	英文名
等高线图	等高線圖	contour map
等高线晕渲表示法	等高線暈渲表示法	line-and-half toning
等高仪	等高儀	astrolabe
等积投影	等積投影	equivalent projection
等级感	等級感	ordered perception
等级结构	等級結構	hierarchical organization
等角点	等角點	isocenter
等角点辐射三角测量	等角點輻射三角測量	isocenter radial triangulation
等角定位格网	等角定位格網	equiangular positioning grid
等角航线(=恒向线)		
等角仪	等角儀	equiangulator
等精度[曲线]图	等精度[曲線]圖	equiaccuracy chart
等距量表	等距量表	interval scaling
等距投影	等距投影	equidistant projection
等距圆弧格网	等距圓弧網格	equilong circle arc grid
等距圆柱投影	等距圓柱投影	cylindrical equidistant projection
等距圆锥投影	等距圓錐投影	conical equidistant projection
等量	等量	isometric
等量纬度	等量緯度	isometric latitude
等密度线影像地图	多色像片圖	pictomap
等偏角	等磁偏角	isogonal
等偏摄影	等偏攝影	parallel-averted photography
等倾摄影	等傾攝影	equally tilted photography
等权代替法	等權代替法	method of equal-weight substitution
等深线	等深線	depth contour
等势面	等勢面,等位面	equipotential surface
等视差面	等視差面	surface of equal parallax
等水位线	等水位線	contour of water table
等天顶距测经法	等天頂距定經度	equal-zenith-distance method longitude determination
等温线	等溫線	isotherm
等压线	等壓線	isobar
等值灰度尺	等值灰度尺	equal value gray scale
等值焦距	等值焦距	equivalent focal length
等值区域图	分級著色圖	choropleth map
等值区域线	等值區域線	choroisopleth
等值线地图	等值線地圖	isoline map
等值线法	等值線法	isoline method

大 陆 名	台 湾 名	英 文 名
等值线图	等值線圖,等值圖	map of isolines
低岸线	低海岸線	low shoreline
低潮	低潮	low tide, low water, LW
低潮岸线	低潮岸線	low-tide shoreline
低潮标志(=低水位线)		
低潮不等	低潮不等	low water inequality
低潮基准面	低潮基準面	low water datum
低潮间隙	低潮間隔	low water interval
低潮面	低潮面	low water level
低潮憩流	低潮憩流	low tide slack water
低潮停潮	低潮憩潮	low water stand
低潮线	低潮線	low water line
低低潮	較低低潮	lower low water, LLW
低低潮基准面	較低低潮基準面	lower low water datum
低低潮间隙	較低低潮間隔	lower low water interval
低反差像纸	低反差像紙	low contrast paper
低分辨率	低解析度	low resolution
低高潮	低高潮,較低高潮	lower high water, LHW
低高潮间隙	較低高潮間隔	lower high water interval
低空	低空	low altitude
低水位线,低潮标志	低水位線,低潮標誌	low-water mark
低通滤光片	低通濾光片	lowpass filter
堤	堤	barrier
堤岸测量	堤岸測量	bank survey
堤岸线	堤岸線	berm line
笛卡儿直角坐标系	笛卡兒直角坐標系	rectangular Cartesian coordinate system
笛卡儿坐标	笛卡兒坐標	Cartesian coordinates
笛卡儿坐标系	笛卡兒坐標系	Cartesian coordinate system
底板测点	底板測點	floor station
底点辐射三角测量(=天底点辐射三角测量)		
底点纬度	底點緯度	latitude of pedal
底盘	底盤	pillar-plate
底片滤光镜组合	底片濾光鏡組合	film-filter combinations
底色	底色	base color
底色去除	底色去除	under color removal
底色增益	底色增益	under color addition
底质	底質	quality of the bottom, bottom characteristic

大　陆　名	台　湾　名	英　文　名
底质采样	底質採樣	bottom characteristics sampling
底质调查	底質調查	bottom characteristics exploration
底质分布图	底質分佈圖	bottom sediment chart
底座	整置座	mounting
抵费地	抵費地	cost equivalent land
抵价地	抵價地	compensation equivalent land
地标导航	地標航行	terrestrial navigation
地表移动观测站	地表移動觀測站	observation station of surface movement
地产界测量	界址測量	property boundary survey
地磁	地磁	earth magnetism
地磁北极	地磁北極	north magnetic pole
地磁变化	地磁變化	geomagnetic variation
地磁测量	地磁測量	geomagnetic survey
地磁场	地磁場	geomagnetic field
地磁场漂移	地磁場漂移	geomagnetic field drift
地磁赤道	地磁赤道	geomagnetic equator
地磁感应器	地磁感應器	earth inductor
地磁活动	地磁效應	geomagnetic activity
地磁极	地磁極	geomagnetic pole
地磁经纬仪	地磁經緯儀	magnetism theodolite
地磁年代学	地磁編年學	geomagnetic chronology
地磁扰动	地磁擾動	geomagnetic disturbance
地磁图	地磁圖	magnetic map
地磁纬度	地磁緯度	geomagnetic latitude
地磁穴	地磁穴	geomagnetic cavity
地磁学	地磁學	geomagnetism
地磁异常	地磁異常	geomagnetic anomaly
地磁元素	地磁元素	geomagnetic element
地磁轴	地磁軸	geomagnetic axis
地磁坐标系	地磁坐標系	geomagnetic coordinate system
地底点	地底點	ground nadir point
地段图	地段圖	pracellary plan
地方恒星时	地方恆星時	local sidereal time
地方基准	地方基準點	local datum
地方平时	地方平時	local mean time
地方时	地方時	local time
地方时角	地方時角	local hour angle
地方视时	地方視時	local apparent time

大　陆　名	台　湾　名	英　文　名
地方月时	地方月時	local lunar time
地方子午线	地方子午線	local meridian
地方坐标系	地方坐標系統	local coordinate system
地固坐标系	地固坐標系,地球固定坐標系統	body-fixed coordinate system, earth-fixed coordinate system
地基系统	地基系統	ground-based system
地极坐标系	地極坐標系	coordinate system of the pole
地籍	地籍	cadastre
地籍簿	土地登記簿	land register
地籍册	地籍冊	cadastral lists
地籍测量	地籍測量	cadastral survey
地籍调查	地籍調查	cadastral inventory
地籍更新	地籍更新	renewal of the cadastre
地籍管理	地籍管理	cadastral management
地籍控制测量	地籍控制測量	cadastral control survey
地籍区段	地籍區段	cadastral district
地籍图	地籍圖	cadastral map
地籍图重测	地籍圖重測	resurvey of cadastral map
地籍图幅	地籍圖幅	cadastral sheet
地籍图系列	地籍圖系列	cadastral map series
地籍修测	地籍圖複丈	cadastral revision
地籍制图	地籍圖測製	cadastral mapping
地价	地價	land value
地界变更	經界變更,地域變更	change of boundary
地界测量	地界測量	land boundary survey
地界图测制	地界圖測製	parcellary mapping
地块	土地測量地塊	land survey section
地块编号	編地號	numbering of land parcel
地块测量	戶地測量	parcel survey
地块模拟器	地形模擬器	land-mass simulator
地类	地目	land category
地类变更	地目變更	change in land category
地类界	地類界	classification land boundary
地类界图	地類界圖	land boundary map
地理北,真北	地理北	geographical north
地理北极	地理北極	north geographical pole
地理调查	地理調查	geographic survey
地理格网	地理方格	geographic grid

大　陆　名	台　湾　名	英　文　名
地理经度	地理經度	geographic longitude
地理区域	地文區	physiographic province
地理视距	地理視距	geographical viewing distance
地理数据	地理資料	geographic data
地理数据库	地理資料庫	geographic data base
地理通名	地名通名	geographical general name
地理图	地理圖	geographical map
地理纬度	地理緯度	geographic latitude
地理位置	地理位置	geographic position, geographical location
地理信息传输	地理資訊傳輸	geographic information communication
地理信息系统	地理資訊系統	geographic information system, GIS
地理要素	地理要素	geographic element
地理中心	地理中心	geographic center
地理坐标	地理坐標	geographic coordinates
地理坐标参考系	地理坐標參考系統	geographical reference system
地理坐标网	地理網格	graticule
地幔	地涵	mantle
地貌	地貌	relief
地貌表示法	測高學	hypsography
地貌彩色晕渲	地貌彩色暈渲	landform coloration
地貌类型图	地貌類型圖	geomorphic map
地貌碎部	地貌細部	hypsographic detail
地貌图	地形學圖,地貌學圖	geomorphological map
地貌形态示量图	地貌形態示量圖	morphometric map
地貌形态图	地貌形態圖	choromorphographic map
地貌晕渲	地貌暈渲	wash drawing, tinted [hill] shading
地貌晕渲法	地貌暈渲法	hill toning
地貌晕渲图	地貌暈渲圖	wash-off relief map
地面侧向增幅	地面側向增幅	ground gained sideways
地面导线测量	地面導線測量	ground polygonometry
地面反射变化	地面反射	ground swing
地面分辨率	地面解像力	ground resolution
地面辐射	地面輻射	terrestrial radiation
地面覆盖	地面涵蓋	ground coverage
地面高程	地面高	ground elevation, ground height, ground level
地面接收半径	地面接收半徑	ground receiving radius
地面接收站	地面接收站	ground receiving station

大　陆　名	台　湾　名	英　文　名
地面距离	地面距離	ground distance
地面控制	地面控制	ground control
地面控制点	地面控制點	ground control point
地面立体测图仪	地面立體測圖儀	terrestrial stereoplotter
地面量距	地面測距	surface-taping
地面剖面记录仪	地面縱斷面記錄儀	terrain profile recorder
地面前向增幅	地面前向增幅	ground gained forward
地面摄谱仪	地面攝譜儀	terrestrial spectrograph
地面摄影测量	地面攝影測量	terrestrial photogrammetry
地面摄影机	地面攝影機	terrestrial camera
地面摄影三角测量	地面攝影三角測量	terrestrial phototriangulation
地面实况	地面真像	ground truth
地面站	地面站	ground station
地面照度	地面照度	illuminance of ground
地面折射	地面折射	terrestrial refraction
地面锥形法	地面角錐體	ground pyramid
地名	地名	geographical name, place name
地名标准化	地名標準化	place-name standardization
地名结构	地名結構	construction of geographical names
地名录	地名辭彙	gazetteer
地名术语	地名術語	terminology of geographical names
地名数据库	地名資料庫	place-name database
地名索引	地名索引	geographical name index
地名学	地名學	toponomastics, toponymy
地名正名	地名正名	orthography of geographical name
地名转写	地名譯註	geographical name transcription, geographical name transliteration
地平合线	地平遁線	vanishing ground
地平俯角	地平俯角	dip of horizon
地平经纬仪,高度方位仪	地平經緯儀,高度方位儀	altazimuth
地平圈	地平圈	horizon
地平纬圈	地平緯圈	altitude circle
地平线(=水平线)		
地平线摄影机	地平線攝影機	horizon camera
地平线像片	地平線像片	horizon photograph
地平坐标系	地平坐標系	horizontal coordinate system
地壳均衡补偿	地殼均衡補償	isostatic compensation

大 陆 名	台 湾 名	英 文 名
地壳均衡补偿深度	地殼均衡補償深度	depth of isostatic compensation
地壳均衡[说]	地殼均衡理論	isostasy
地壳均衡调整	地殼均衡調整	isostatic adjustment
地壳均衡改正	地殼均衡糾正	isostatic correction
地壳形变观测	地殼變動觀測	crust deformation measurement
地壳运动	地殼變動	movement of earth's crust
地倾斜观测	地傾斜觀測	ground tilt measurement
地球	地球	globe
地球半径	地球半徑	earth radius
地球扁率	地球扁平率	flattening of the earth, compression of the earth
地球定向参数	地球定向參數	earth orientation parameter, EOP
地球动力扁率	地球動力扁率	dynamic ellipticity of the earth
地球动力学	地球力學	geodynamics
地球动力因子	地球動力因數	dynamic factor of the earth
地球静止轨道	地球靜止軌道	geostationary orbit
地球静止卫星	地球靜止衛星	geostationary satellite
地球空间信息学	地球空間資訊學	geomatics
地球模型	地球模式	earth model
地球曲率	地球曲率	curvature of earth
地球曲率与折光差	地球曲度差與折光差,兩差	error due to curvature and refraction
地球三轴说	地球三軸說	theory of triaxial earth
地球摄动	地球擾動	terrestrial perturbations
地球同步轨道	地球同步軌道	earth-synchronous orbit
地球同步卫星	地球同步衛星	geo-synchronous satellite
地球椭球	地球橢球體	earth ellipsoid
地球外摄影	地球外攝影	extra terrestrial photography
地球卫星	地球衛星	earth satellite
地球位	重力位	geopotential
地球位数	重力位數	geopotential number
地球位系数	地球位係數	potential coefficient of the earth
地球物理学	地球物理學	geophysics
地球形状	地球形狀,地球原子	earth shape, figure of the earth
地球仪	地球儀	globe
地球引力摄动	地球引力攝動	terrestrial gravitational perturbation
地球有效半径	地球有效半徑	effective radius of the earth
[地球]正常等位面	地球正常重力位面	earth-spherop

大 陆 名	台 湾 名	英 文 名
地球重力场模型	地球重力場模型	earth gravity model
地球资源观测卫星	地球資源觀測衛星	earth resources observation satellite
地球子午线	地球子午線	terrestrial meridian
地球自转参数	地球自轉參數	earth rotation parameter, ERP
地球自转角速度	地球自轉角速度	rotational angular velocity of the earth
地热遥感	地熱遙測	geo-thermal remote sensing
地势图	高程地圖	hypsometric map
地速	地速	ground speed
地图	地圖	map
地图比例尺分类	地圖比例尺分類	classes of map scale
地图编辑	地圖編輯	map editing
地图编辑大纲	地圖編輯大綱	map editorial policy
地图编制	地圖編纂	map compilation
地图表示法	地圖表示法	cartographic presentation
地图传输	地圖傳輸	cartographic communication
地图叠置分析	地圖疊置分析	map overlay analysis
地图发行量	地圖發行數	map run
地图分幅系统	地圖分幅系統	sheet line system
地图分类	地圖分類	cartographic classification
地图分色	地圖分色	map color separation
地图分析	地圖分析	cartographic analysis
地图符号库	地圖符號庫	map symbols bank
地图符号学	地圖符號學	cartographic semiology
地图负载量	地圖負載量	map load
地图复杂性	地圖複雜性	map complexity
地图复制	地圖複製	map reproduction
地图感受	地圖感受	map perception
地图格网	地圖網格	map grid
地图更新,地图修订	地圖修測,地圖修正	map revision
地图规范	地圖規格	map specification
地图绘图员	地圖繪圖員	cartographic draftsman, cartographic draughtsman
地图集	地圖集	atlas
地图集格网	地圖集方格	atlas grid
地图集类型	地圖集類型	atlas type
地图集浏览	地圖集遊覽	atlas touring
地图集信息系统	地圖集資訊系統	atlas information system
地图集制图学	地圖集地圖學	atlas cartography

大 陆 名	台 湾 名	英 文 名
地图检查	地圖檢查	map test
地图接边	地圖校正	map adjustment
地图接图表	地圖圖表	map index
地图精度	地圖精度	map accuracy
地图利用	地圖利用	map use
地图量算	地圖量算	cartometry
地图模型	地圖模型	cartographic model
地图目录	地圖目錄,地圖書目	map catalog, carto-bibliography
地图内容结构	地圖內容結構	cartographic organization
地图判读	地圖判讀	map interpretation
地图评价	地圖評價	cartographic evaluation
地图潜信息	地圖潛資訊	cartographic potential information
地图清晰性	地圖清晰性	map clarity
地图扫描仪	地圖掃描儀	cartographic scanner
地图色标	演色表	color chart, map color standard
地图色谱	地圖色譜	map color atlas
地图设计	地圖設計	map design
地图数据磁带	製圖磁帶	carto-tape
地图数据结构	地圖資料結構	map data structure
地图数据库	地圖資料庫	cartographic database
地图数字化	地圖數值化	map digitizing
地图投影	地圖投影	map projection
地图投影变形	地圖投影變形	map projection distortion
地图投影学(=数学地图学)		
地图图符编号	地圖代號	map reference code
地图图幅	地圖圖幅	map sheet, chart sheet
地图显示	地圖顯示	map display
地图信息	地圖資訊	cartographic information
地图信息系统	地圖資訊系統	cartographic information system, CIS
地图修订(=地图更新)		
地图序列号	圖組號	map series number
地图学	製圖學	cartography
地图学者	地圖學者	cartographer
地图研究法	地圖研究法	cartographic methodology
地图要素	地圖地物	cartographic feature
地图易读性	地圖易讀性	map legibility
地图印刷	地圖製印	map printing

大 陆 名	台 湾 名	英 文 名
地图语法	地圖語法	cartographic syntactics
地图语言	地圖語言	cartographic language
地图语义	地圖語義	cartographic semantics
地图语用	地圖語用	cartographic pragmatics
地图阅读	地圖閱讀	map reading
地图整饰	地圖整飾	map decoration
地图纸	地圖紙	geography paper
地图制图	製圖	map making
地图制图软件	地圖製圖軟體	cartographic software
地图制图员,制图员	地圖製圖員,製圖員	cartographer
地图制图专业	地圖製圖科	cartography department
地图注记	地圖註記	map lettering
地图准确度规范	地圖精度規格	map accuracy specification
地图作者	地圖作者	map author
地文单元(=自然地理单元)		
地文学(=自然地理学)		
地物	地物	feature
地物波谱特性	地物波譜特性	object spectrum characteristics
地物测绘	地物測繪	topographic planimetry
地物密度	地物密度	density of detail
地下导线	地下導線	underground traverse
地下管线测量	地下管線測量	underground pipeline survey
地下街	地下街	underground street
地下铁道测量	地下鐵道測量	subway survey, underground railway survey
地下油库测量	地下油庫測量	underground oil depot survey
地下中心线标定	地下中心線標定	alignment of underground center-line
地心	地心	center of earth, centrosphere
地心大地基准	地心大地基準	geocentric geodetic datum
地心基准	地心基準	geocentric datum
地心经度	地心經度	geocentric longitude
地心距	地心距	geocentric distance
地心视差	地心視差	geocentric parallax
地心天顶	地心天頂	geocentric zenith
地心椭球体	地心橢球體	earth-centered ellipsoid
地心纬度	地心緯度	geocentric latitude
地心引力常数	地心引力常數	geocentric gravitational constant
地心坐标	地心坐標	geocentric coordinates

大 陆 名	台 湾 名	英 文 名
地心坐标系	地心坐標系統	geocentric coordinate system
地形	地形	relief
地形标志物	地形標	topographic signal
地形测量	地形測量	topographic survey
地形测量学	地形測量學	topography
地形成熟期	地形壯年期	topographic maturity
地形垂线偏差	地形偏差	topographic deflection, topographic deflection of the vertical
地形底图	基本地形圖	base map of topography
地形点	地形點	ground point
地形改正	地形改正	topographic correction
地形绘图	地形繪製	topographic plot
地形老年期	地形老年期	topographic old age
地形轮回	地形輪迴	geomorphic cycle, topographic cycle
地形剖面图	地形縱斷面圖	topographic profile
地形区域	地形區域	topographic region
地形数据库	地形資料庫	topographic database
地形透视图	地形透視圖	perspective of the ground
地形图	地形圖	topographic map
地形图更新	地形圖更新	revision of topographic map
地形图图式	地形圖圖式	topographic map symbols
地形学	地形學	geomorphology
地形幼年期	地形幼年期	topographic infancy
地形质量	地形質量	topographic mass
地形重力改正	地形重力改正	topographic gravity correction
地形重力归算	地形重力歸算	topographic gravity reduction
地形重力异常	地形重力異常	topographic gravity anomaly
地震波	地震波	seismic wave, earthquake wave
地震台精密测量	地震台精密測量	precise survey at seismic station
地震图	地震圖	seismic map
地志	地誌	chorography
地质测量	地質調查	geological survey
地质点测量	地質點測量	geological point survey
地质略图	地質略圖	geological scheme
地质剖面测量	地質剖面測量	geological profile survey
地质剖面图	地質剖面圖	geological section map
地质图	地質圖	geological map
地质学	地質學	geology

大 陆 名	台 湾 名	英 文 名
地质遥感	地質遙測	geological remote sensing
地轴	地軸	earth axis
地主点	地面主點	ground principal point
地转参数	地轉參數	geostrophic parameter
地转流	地轉流	geostrophic flow
地转平衡	地轉平衡	geostrophic equilibrium
第二节点	第二節點	second nodal point
第一节点	第一節點	first nodal point
颠倒温度表	顛倒溫度計	reversing thermometer
典型图形平差	典型圖形平差	adjustment of typical figures
点方式	點方式	point mode
点目标	點目標	point target
点位成果表	點位成果表	point position data
点位浮标	位置浮	station buoy
点位数据资料	點位資料	position data, position reference
点位系统	點位系統	point position system
点位中误差	中誤差	mean square error of a point
点下对中	點下對中	centring under point
点之记	點之記	description of station
点值法	點圓法	dot method
点值法地图	點描法地圖	dot [distribution] map
点状符号	點狀符號	point symbol
电磁波测距	電磁測距	electromagnetic distance measurement
电磁波测距法	無線電聲波測距法	radio acoustic ranging
电磁波测距仪	電磁波測距儀	electromagnetic distance measuring instrument
电磁波传播[时延]改正	電磁波傳播[時延]改正	correction for radio wave propagation of time signal
电磁波探测系统	無線電聲波探測系統	radio acoustic sounding system
电磁海流计	地磁測流器	geomagnetic electrokinetograph, GEK
电镀版	電鍍版	electroplate
电荷耦合器件	電荷耦合器件	charge-coupled device, CCD
电荷耦合摄影机	電荷耦合攝影機	charge-coupled device camera, CCD camera
电离层	電離層	ionosphere
电离层改正	電離層改正	ionospheric correction
电离层折射改正	電離層折射改正	ionospheric refraction correction
电视地图	電視地圖	television map

大 陆 名	台 湾 名	英 文 名
电铸版	電鍍凸版	electrotyping
电子笔	電子筆	electronic pen
电子彩色修版	電子彩色修整	electronic color retouching
电子测距	電子測距	electronic distance measurement, EDM
电子测距尺	電子測距尺	electrotape
电子测距系统	電子測距系統	electronic ranging system
电子测距仪	電子測距儀	electronic distance measuring instrument, EDMI
电子出版系统	電子出版系統	electronic publishing system
电子地图	電子地圖	electronic map
电子地图集	電子地圖集	electronic atlas
电子雕刻凹版印刷	電子雕刻凹版	electronic engraved gravure
电子分色机	電子分色機	color scanner
电子挂网	電子過網	electronic screening
电子海图	電子海圖	electronic chart
电子海图数据库	電子海圖資料庫	electronic chart database, ECDB
电子海图显示与信息系统	電子海圖顯示及資訊系統	electronic chart display and information system, ECDIS
电子航海图	電子航圖	Electronic Navigational Chart, ENC
电子经纬仪	電子經緯儀	electronic theodolite
电子刻版法	電子刻版法	electrography
电子平板仪	電子平板儀	electronic planetable
电子求积仪	電子求積儀	electronic planimeter
电子扫描	電子掃描	electronic scanning
电子闪光装置	電子閃光燈	electronic flash equipment
电子手簿	電子手簿	data recorder
电子数字经纬仪	電子數值經緯儀	electronic digitized theodolite
电子水准仪	電子水準儀	electronic level
电子速测仪	電子速測儀	electronic tacheometer
电子透镜	電子透鏡	electron lens
电子图像相关器	電子影像關聯器	electronic image correlator
电子网点发生器	電子網點產生器	electronic dot generation
电子显微摄影测量	電子顯微攝影測量	nanophotogrammetry
电子相关	電子相關	electron correlation
电子印刷	電子印刷	electronographic printing
电子印像机	電子曬像機	electronic printer
电子制版	電子製版,電鑄版	electronic platemaking, electro-forming
电子组页系统	電子組頁系統	electronic page-makeup system, EPMS

大 陆 名	台 湾 名	英 文 名
垫圈	襯墊	cushion
叼口(=咬口)		
雕刻版	雕版	engraving plate
雕刻铜版	雕刻凹銅版	engraved copper plate
掉头区	迴船池	turning basin, maneuvering basin
叠栅条纹图	疊柵條紋圖	moiré topography
叠印	套印,加印	overprint
顶板测点	頂板測點	roof station
顶底位移	頂底位移	layover
顶点	頂點	vertex
顶端标志	頂端標誌	top mark
顶副镜	頂副鏡	top telescope
定边坡	定邊坡	layout of side slope
定测	定測	location survey
定长三脚架	定長三腳架	straight-leg tripod
定点法	定點法	controlling point method
定点器(=求心器)		
定方位(=定向)		
定界,划定境界	定限,劃定境界	delimitation
定界区	劃界區	delimited area
定镜照准仪	定鏡照準儀	fixed tube alidade
定量地图	定量地圖	quantitative map
定量判读	定量判讀	quantitative interpretation
定期修测	定期修測	cyclic revision
定曲线	定曲線	alignment curve
定深器	定深器	depressor
定深扫海	定深掃海	sweeping at definite depth
定时控制器,时间间隔计	時間間隔器	intervalometer
定丝法	定絲法[視距測量]	fixed hair method
定位	定位	orientation
定位标记	定位標記	positioning mark
定位标石	定位標石	location monument
定位点间距	定位點間距	positioning space
定位格网	港防網格	harbor defence grid
定位检索	定位檢索	retrieval by window
定位摄影机	定位攝影機	positioning camera
定位统计图表法	定位統計圖表法	positioning diagram method

大　陆　名	台　湾　名	英　文　名
定线测量	定線測量	alignment survey
定线工程师	定線工程師	locating engineer
定线桩	定線樁	alignment stake
定向,定方位	定向,定方位	orientation
定向点	定位標點	orientation point
定向改正,方位改正	方位改正	orientation correction
定向经纬仪	定向經緯儀	jig transit
定向连接测量	定向連接測量	orientation connection survey
定向连接点	定向連接點	connection point for orientation, connection point
定向天线	定向天線	directional antenna
定向运动	定向運動	orienteering
定向运动地图	定向運動地圖	orienteering map
定心	定心	centering
定心杆	定心桿	plumbing bar
定性地图	定性地圖	qualitative map
定性检索	定性檢索	retrieval by header
定性判读	定性判讀	qualitative interpretation
定影	定影	fixing
定影液指示剂	定影液指示劑	hypo indicator
定制图比例	按比展繪	cartographic scalling
定桩测量	定樁測量	staking survey
东大距(=东距角)		
东距角,东大距	東距角	eastern elongation
东偏	東偏	eastern declination
冬至	冬至	winter solstice, December solstice
动感	動感	autokinetic effect
动画引导	動畫引導	animated steering
动画制图	動畫地圖製作	animated mapping
动力大地测量学	動力大地測量學	dynamic geodesy
动力卫星大地测量	衛星大地測量動力法	dynamic satellite geodesy
动力形状因子	動力扁率	dynamical form factor
动力学扁率	力學扁率	dynamical ellipticity
动丝法[视距测量]	動絲法[視距測量]	movable hair method
动态变量	動態變數	dynamic variables
动态地景仿真	動態景觀模擬	dynamic landscape simulation
动态地图	動態圖	dynamic map
动态定位	動態定位	kenamatic positioning

大 陆 名	台 湾 名	英 文 名
动态遥感器	動態遙感器	dynamic sensor
都市	都會區	metropolis
读数镜	讀數鏡	reading glass
读数显微镜	讀數顯微鏡	reading microscope
读数线	讀數線	reading line
独立潮	獨立潮	independent tide
独立交会高程点	獨立交會高程點	elevation point by independent intersection
独立模型法空中三角测量	獨立模型立體空中三角測量	independent model aerial triangulation
独立日数	獨立日數	independent day number
独立坐标系	獨立坐標系	independent coordinate system
杜德森常数	杜德森常數	Doodson constant
度量摄影测量	量度攝影測量學	metrical photogrammetry
度盘	度盘	circle
度盘变换	度盤設定	circle setting
度盘变换钮	對零螺旋	circle setting knob
度盘偏心,度盘偏心差	度盤偏心,度盤之離心誤差	eccentricity of circle
度盘偏心差(=度盘偏心)		
度盘水准仪	度盤水準器	plate level
度盘位置	度盤位置	position of circle
镀膜机	流佈機	coating machine
镀膜透镜	鍍膜透鏡	coated lens
短弧法	短弧法	short-arc method
短丝绺	短絲流	short grain
短周期分潮	短週期分潮	short-period constituents
段名	段名	section name of land
断层	斷層	fault
断裂谷	斷裂谷	rift valley
断面检测	斷面檢查法	cross section test
断面面积	橫斷面面積	cross sectional area
断面仪	斷面儀	profiler
断面照准仪	斷面照準儀	sectional alidade, sectioning alidade
堆墨	堆墨	ink pilling
对半校正	半半改正	half and half adjustment
对称点	對稱點	point of symmetry
对称竖直曲线	對稱暨曲線	symmetric vertical curve

大陆名	台湾名	英文名
对地航向	越地航向	course over ground, COG
对点器	對點器	centering device
对角目镜	對角目鏡,折軸目鏡	diagonal eyepiece
对景图	對景圖	front view
对流层折射改正	對流層折射改正	tropospheric refraction correction
对数尺	對數分度,對數比例尺	logarithmic scale
对向方向角法	對向方向角法	method by reciprocal bearings
对向观测	對向觀測	reciprocal observation
对向水准测量	對向水準測量	reciprocal leveling
对中杆	對中桿,對點桿	centering rod
对中三脚架	求心三腳架	centering tripod
对中误差,偏心误差	定心誤差	centering error
多倍投影测图仪	多倍投影測圖儀	multiplex aeroprojector
多倍投影器	多倍投影器	multiplex projector
多倍仪	多倍測圖儀,多倍投影繪圖儀	multiplex plotter, multiplex
多倍仪测绘台	多倍儀測標台	multiplex tracing table
多倍仪加密	多倍投影控制擴展	multiplex extension
多倍仪加密控制	多倍儀控制	multiplex control
多倍仪空中三角测量	多倍儀三角測量	multiplex triangulation
多边形地图	多邊形地圖	polygonal map
多边形结构	多邊形結構	polygon structure
多边形平差法	多邊形平差法	adjustment by method of polygon
多波束测深	多波束測深	multibeam echo sounding
多波束测深系统	多波束測深系統	multibeam sounding system
多波束测深仪	多音束測深儀	multibeam echo sounder
多层结构	多層結構	multi layer organization
多重回声	複回聲	multiple echo
多重目的摄影概念	像片多用途概念	multi-purpose photo concept
多重透视圆柱投影	雙重透視圓柱投影	multiple perspective cylindrical projection
多点水准断面法	多點水準斷面法	multilevel cross section
多光谱摄影,多谱段摄影	多光譜攝影	multiband photography, multispectral photography
多光谱摄影机	多光譜攝影機	multiband camera, multispectral camera
多光谱图像	多譜段影像	multispectral image
多级纠正	多級糾正,多步驟糾正	multistage rectification, multiple-stage rectification
多级摄影概念	多層航高攝影概念	multi-level photography concept

大　陆　名	台　湾　名	英　文　名
多焦点投影	多焦點投影	polyfocal projection
多镜头摄影机	多物鏡攝影機	multiple-lens camera
多里斯系统	多里斯系統	Doppler Orbitograph and Radio Positioning Intergrated by Satellite, DORIS
多利棱镜	多利稜鏡	Doli prism
多路径误差	多路徑誤差	multipath error
多路径效应	多路徑效應	multipath effect
多媒体地图	多媒體地圖,媒體地圖	multimedia map, media map
多面旋转棱镜	多面旋轉稜鏡	multifacet rotating prism
多年平均海面	多年平均海面	multi-year mean sea level
多频率水位	常現水位	most frequent water level
多普勒单点定位	都卜勒單點定位	Doppler point positioning
多普勒导航系统	都卜勒導航系統	Doppler navigation system
多普勒定位系统	都卜勒定位系統	Doppler positioning system
多普勒短弧法定位	都卜勒短弧法定位	Doppler positioning by the short arc method
多普勒计数	都卜勒計數	Doppler count
多普勒雷达	都卜勒雷達	Doppler radar
多普勒联测定位	都卜勒聯測定位	Doppler translocation
多普勒频率	都卜勒頻率	Doppler frequency
多普勒频移	都卜勒位移	Doppler shift
多普勒声呐	都卜勒聲納	Doppler sonar
多普勒效应	都卜勒效應	Doppler effect
多谱段扫描仪	多光譜掃描器	multispectral scanner, MSS
多谱段摄影(=多光谱摄影)		
多谱段摄影机	多光譜攝影機	multispectral camera
多谱段遥感	多光譜遙測	multispectral remote sensing
多期摄影	多時期攝影	multi-date photography
多色印刷	多色印刷	polycolor printing
多摄影机系统	多攝影機系統,多像機系統	multiple-camera system, multi-camera system
多时相分析	多時相分析	multi-temporal analysis
多时相遥感	多時相遙感	multi-temporal remote sensing
多视技术	多視技術	multi-look technique
多物镜摄影像片	多物鏡攝影像片	multiple-lens photograph
多相机组合	多像機組合	multiple-camera assembly
多项式改正	多項式校正法	polynomial correction

大 陆 名	台 湾 名	英 文 名
多星等高法	多星等高法	equal-altitude method of multi-star
多用途地籍	多目標地籍	multi-purpose cadastre
多用途地籍测量	多目標地籍測量	multi purpose cadastral survey
多余观测	多餘觀測	redundant observation
多圆锥投影	多圓錐投影	polyconic projection

E

大 陆 名	台 湾 名	英 文 名
额定光力射程	公稱光程	nominal range
额外前视	額外前視	extra foresight
厄特沃什效应	厄特沃什效應	Eötvös effect
二倍照准部互差	二倍照準部互差	discrepancy between twice collimation error
二次符合读数	二次符合讀數	double coincidence reading
二次色,间色	二次色	second color
二等导线	二等導線	second order traverse
二等三角测量	二等三角測量	second order triangulation
二等水准测量	二等水準測量	second order leveling
二分差	分點差	equation of the equinoxes
二分点	分點	equinox
二分圈	分點圈	equinoctial colure
二值图像	二值圖像	binary image
二至圈	二至圈	solsticial colure

F

大 陆 名	台 湾 名	英 文 名
发电机学说	發電機學說	dynamo theory
发光二极管	發光二極體	light-emittig diode, LED
发光强度	發光強度	luminous intensity
发光油墨	發光油墨	fluorescence ink
发光作用	發光作用	ablaze
发泡油墨	發泡印墨	blister ink
发散透镜	發散透鏡	diverging lens
法方程	法方程式	normal equation
法截面	法截面	normal section
法截面方位角	法截面方位角	normal section azimuth

大陆名	台湾名	英文名
法截线	法截線	normal section line
法伊改正	法伊改正	Faye correction
法伊异常	空間變異	Faye anomaly
法制米尺	法制公尺	French legal meter
翻印	翻印片	repromat
反差	反差,對比	contrast
反差控制	反差控制	contrast control
反差系数	反差係數	contrast coefficient
反差增强	反差增強,反差擴展	contrast enhancement, contrast stretch
反潮	反潮	counter tide
反方位角	反方位角	back azimuth
反方向角	反方向角	back bearing
反光罗经	反光羅盤儀	mirror compass
反光晒印[相片]	反射原稿	reflection copy
反立体模型	反立體模型	pseudoscopic model
反立体像	反立體像	pseudoscopic image
反立体效应	反立體觀察	pseudoscopic effect
反曲点	反曲點	point of reverse curvature
反射波谱	反射波譜	reflectance spectrum
反射定律	反射定律	law of reflection
反射光	反射光	catoptric light
反射棱镜	反射稜鏡	reflecting prism
反射立体镜	反光立體鏡	reflecting telescope
反射投影器	反射投影器	reflecting projector
反射望远镜	反射望遠鏡	catoptric telescope, reflecting telescope
反射系统	反射系統	catoptric system
反时针方向读数(=逆时针方向读数)		
反束光导管摄影机	回訊攝影機	return beam vidicon camera
反向曲线	反向曲線	reverse curve
反像	反像	wrong-reading, mirror reverse
反照率	反照率	albedo
反照率计	反照率計	albedometer
反转负片	翻轉負片	inverted negative
反转片	反轉片	reversal film
泛滥平原	氾濫平原	flood plain
范围法	範圍法	area method
方差	方差	variance

大　陆　名	台　湾　名	英　文　名
方差-协方差传播律	方差-協方差傳播律	variance-covariance propagation law
方差-协方差矩阵	方差-協方差矩陣	variance-covariance matrix
方格法[水准]	方格法[水準]	square method, checkerboard method
方块地形图	方塊地形圖	topographic quadrangle
方框罗针	方框羅針	trough compass, box compass
方里网	方里網	kilometer grid
方山(=平顶山)		
方位方向	方位方向	azimuth direction
方位改正(=定向改正)		
方位角	方位角,天體方位角	azimuth, azimuth angle
方位角闭合差	方位角閉合差	error of closure in azimuth
方位角表	方位角表	azimuth table
方位角导线	方位角導線	azimuth traverse
方位角法	方位角法	azimuth method
方位角法导线测量	方位角法導線測量	running traverse by azimuth
方位角方程式	方位角方程式	azimuth equation
方位角误差	方位角誤差	azimuth error
方位角中误差	方位角中誤差	mean square error of azimuth
方位圈	羅盤分劃圖	compass rose
方位投影	方位投影,正方位投影	azimuthal projection
方位图	方位圖	orientation diagram
方位元素	方位元素	orientation data
方向闭合	方向閉合	closing direction
方向分辨率	方向解析率	resolution in bearing
方向附合导线	方向附合導線	direction-annexed traverse
方向改正器	方向改正器	rectoblique plotter
方向观测法	方向法	method of direction observation, method by series
方向观测组	方向觀測組	sets of direction observation
方向角	方向角	bearing
方向角法导线测量	方向角法導線測量	running traverse by bearing
方向经纬仪	方向經緯儀	direction theodolite instrument
方向星	方向星	azimuth star
方向桩	方向樁	bearing picket
方照高潮	矩像高潮	quadrature high water
防波堤,海堤	防波堤,海堤	breakwater, sea wall
防反印喷雾器	防反印噴霧器	anti-offset spray
防光晕层	防光暈層	anti-halation layer

大　陆　名	台　湾　名	英　文　名
防护区	海上設施保護區	safety zone
防静电喷雾器	防靜電噴霧器	anti-static spray
防蚀处理	抗氧處理	cronak treatment
防水地图	防水地圖	water-proof map
防水纸	防水紙	water repellent paper
房地产地籍	房地產地籍	real estates cadastre
仿射变形	仿射變形	affine deformation
仿射纠正	仿射轉換	affine rectification
仿射立体测图	仿射立體測圖儀	affine stereoplotter
仿射收缩	仿射收縮	affine shrinkage
仿射投影	仿射投影	affine projection
放大	放大	blow up
放大倍率	放大倍率	magnifying power
放大反光立体镜	放大反光立體鏡	magnifying mirror stereoscope
放大机	放大機	enlarger
放大透镜	放大透鏡	amplifying lens
放样,测设	放樣,測設,釘樁	layout, setting out laying off
放样测量	放樣測量	layout survey, setting-out survey
飞点扫描像机	光點掃描攝影機	scanning-spot camera
飞点扫描仪	飛點掃描器	flying spot scanner
非潮流	非潮流	nontidal current
非锤测航行区	非錘測航行區	off soundings
非地形摄影测量	非地形攝影測量	non-topographic photogrammetry
非监督分类	非監督式分類	unsupervised classification
非聚焦合成天线	非聚焦合成天線	unfocused synthetic antenna
非量测摄影机	非測量攝影機	non-metric camera
非倾斜负片架纠正仪	非傾斜底片架糾正儀	nontilting-negative-plane rectifier
非倾斜透镜纠正仪	非傾斜透鏡糾正儀	nontilting-lens rectifier
非球面透镜	非球面透鏡	aspheric lens
非自记水位计	普通水位計	nonrecording gauge
菲列罗公式	菲列羅公式	Ferrero's formula
沸点气压测高	沸點氣壓測高法	barometric hypsometry
沸点气压计,测高计	沸點氣壓計,測高計	hypsometer
费罗子午线	斐洛子午線	Ferro meridian
费宁-梅内斯公式	維寧-莫尼茲公式	Vening-Meinesz formula
费宁-梅内斯均衡重力归算	維寧-莫尼茲重力歸算	Vening-Meinesz gravity reduction
分版原图	分版原圖,分色原稿	flaps, separate manuscript

大 陆 名	台 湾 名	英 文 名
分瓣投影	分瓣投影	interrupted projection
分辨单元	解像單元	resolution cell
分辨率	解像力	resolution
分辨率检验砧板	解像力檢驗標	resolution power target
分辨能力	解像力	resolving power
分辨像元	解像像元	resolution pixel
分布目标	分佈目標	distributed target
分层	分層	layer
分层潮	分層潮	stratified currents
分层设色	分層設色	elevation tints, hypsometric tinting
分层设色表	分層色表	graduation of tints
分层设色法	分層設色法	hypsometric layer, layer system
分层设色高度表	分層設色高度表	altitude-tint legend
分潮	因數潮,潮因數	constituent, tidal constituent
分潮迟角	分潮遲角	epoch of partial tide
分潮振幅	潮差幅	amplitude of partial tide
分带纠正	分帶糾正	zonal rectification
分带子午线	分帶子午線	zone dividing meridian
分点潮	二分點潮	equinoctial tide
分点大潮	二分點大潮	equinoctial spring
分点岁差	分點歲差	precession of the equinoxes
分段式水尺	分段式水尺	sectional staff gauge
分段丈量	分段丈量	freaking tape
分工法测图,微分法测图	分工法測圖,微分法測圖	differential method of photogrammetric mapping
分光光度计	光譜光度計	spectrophotometer
分光镜	分光鏡	beam splitter
分级统计图法	分級統計圖法	choropleth technique
分界(=标界)		
分类器	分類器	classifier
分类误差	分類誤差	error of commission
分类影像	分類影像	classified image
分区和平差	區域聯組及平差	block formation and adjustment
分区密度地图	區域密度圖	dasymetric map
分区统计图表法	分區統計圖表法	chorisogram method, cartodiagram method
分区统计图法	分區著色圖法,分區統計圖法	cartogram method, choroplethic method
分色	分色	color separation

大陆名	台湾名	英文名
分色参考图	分色參考圖	color separation
分色清绘,分涂	分色清繪	separate drawing
分色样张	逐色樣張	progressive proof
分色原图	分色原圖	keyed original ground
分数比例尺	分數比例尺	representative fraction, RF, fractional scale
分水岭	分水嶺,分水線	stream divide, watershed divide
分涂(=分色清绘)		
分析地图	分析地圖	analytical map
分至月	分至月	tropical month
分组平差	分組平差	adjustment in groups
风暴潮	風暴潮,風暴激浪	storm tide, storm surge
风暴高潮	風暴高潮	storm high water
风花(=风频率图)		
风化	風化作用	weathering
风玫瑰图(=风频率图)		
风频率图,风花,风玫瑰图	風頻圖, 風花圖	wind rose
风蚀脊	白龍堆	yardang
风向	風向	wind direction
风讯信号杆	風訊信號桿	wind signal pole
封面	封面	first cover
扶尺员	標尺手	rodman
浮标	浮標,浮筒	buoy
浮标测流法	浮標測流法	float run
浮标控制法	浮標控制法	buoy-control method
浮标系统	浮標系統	buoyage system
浮雕式地貌立体表示法	浮雕式地貌表示法	orthographical relief method
浮雕影像地图	浮雕影像地圖	picto-line map
浮动测标	浮動測標	floating mark
浮动立标	浮立標桿	buoyant beacon
浮杆,漂流杆,测流杆	浮桿,測流漂桿	float rod, drifting pole
浮式防波堤	浮式防波堤	floating breakwater
浮子验潮仪	浮動驗潮計,浮筒式驗潮計	float gauge
符号化	符號化	symbolization
符号盘	符號盤	multi-symbol disc
符合气泡	符合氣泡	split bubble

大　陆　名	台　湾　名	英　文　名
辐射	輻射	radiation
辐射测绘	輻射測繪	radial plot
辐射测量	輻射測量法	survey by radiation
辐射度量学	輻射測量術	radiometry
辐射法,光线法	輻射法,光線法	radiation
辐射计	輻射計	radiometer
辐射校正	輻射校正	radiant correction, radiometric correction
辐射平衡	輻射平衡	radiation budget
辐射平面测绘仪	輻射平面測繪儀	radial planimetric plotter
辐射三角测量	輻射三角測量	radial triangulation
辐射线测量仪	輻射線測繪儀	radial line plotter
辐射线格网	輻射線格網	radial positioning grid
辐射压摄动	輻射壓攝動	radiation pressure perturbation
辐射遥感器	輻射遙感器	radiation sensor
辐射中心	輻射中心	radial center
辐射状水系	輻射狀水系	radial drainage
俯角	俯角	angle of depression
俯仰角	俯仰角	pitch
辅点	補點	subsidiary station, supplementary station
辅正求积仪	補正求積儀	compensating planimeter
辅助标准纬圈	輔助標準緯線	auxiliary standard parallel
辅助测线(=测试线)		
辅助测站	輔助測站	auxiliary station
辅助反射镜	輔助反光鏡	auxiliary reflector
辅助控制测量	補點控制測量	supplementary control survey
辅助控制点	補助控制點	supplemental control point
辅助水准点	輔助水準點	supplementary bench mark
辅助水准器	輔助水準器	auxiliary level
辅助望远镜	輔助望遠鏡	auxiliary telescope
辅助桩	副樁	auxiliary stake
辅助子午线	輔助子午線	auxiliary guide meridian
腐蚀	腐蝕	corrosion, etch
腐蚀刻板机	腐蝕機	etching machine
付印样	審竣樣張	OK sheet
负荷潮	負荷潮	load tide
负横距	負橫距	departure west, departure minus
负角	負角	negative angle
负片	陰片	negative

大　陆　名	台　湾　名	英　文　名
负深度	負值深度	minus soundings
负透镜	負透鏡	negative lens
附参数条件平差	附參數條件平差	condition adjustment with parameters
附带征收	附帶徵收	incidental expropriation
附合导线	附合導線	connecting traverse
附合水准路线	附合水準路線	annexed leveling line
附加观测	附加觀測	intermediary measurement
附加位	附加位	additional potential
附条件参数平差	附條件參數平差	parameter adjustment with constraint
附图	分圖	nautical plan, subplan
附着力测试仪	附著力測試儀	adhesive tester
复摆	複擺	compound pendulum
复背斜	複背斜	anticlinorium
复测	複丈	revision survey
复测法	複測,複測法	repetition method
复测经纬仪	複測經緯儀	repeating theodolite, repeating instrument
复合透镜	複透鏡	compound lens
复介电常数	複介電常數	complex dielectric constant
复垦测量	複墾測量	reclaimation survey
复曲点	複曲點	point of compound curve
复曲线	複曲線	compound curve
复色法	複色法	multiple method
复线水准线	複水準線	multiple level lines
复消色差透镜	消三色差透鏡	apochromatic lens
复原作用	回春作用	rejuvenation
复杂蜃景	蜃景	fata morgana
复照仪	複照儀,暗房式照像機,長廊式照相機	reproduction camera
复照硬版	沖版	processing plate
复制版	複製版	duplicate plate
复制软片	複製軟片	duplicating film
复轴经纬仪	複軸經緯儀	double center theodolite, double center transit
副潮	副潮	secondary tides
副大圆	副圈	secondary great circle
副回声	側回聲	side echo
副台	副站	slave station
副图名	副圖名	map sub-title

大 陆 名	台 湾 名	英 文 名
副望远镜	旁置望遠鏡	side telescope
副验潮站	次驗潮站	secondary tide station, subordinate station
副钟(=子钟)		
傅里叶分析	傅立葉分析	Fourier analysis
覆盖图	涵蓋圖	overlay
覆盖映绘	覆蓋圖映繪	overlay tracing
覆膜	覆膜	laminating

G

大 陆 名	台 湾 名	英 文 名
伽	加爾	gal
伽马	伽瑪	Gamma
改进型甚高分辨率辐射计	先進高解析率輻射計	advanced very high resolution radiometer
改良多圆锥投影	修正多圓錐投影	modified polyconic projection
概率	或然率	probability
概率判决函数	概率判決函數	probability decision function
概率图	機率地圖	probability map
概略地貌	概略地貌	approximate relief
概略读数	概略讀數	rough reading
概略方位	概略方位	preliminary orientation, insufficient orientation
概略位置	概略位置	preliminary position
概然误差	或然誤差	probable error
概然值	或是值	probable value
概算,初算	概算,初算	field computation, preliminary computation
干版	乾平版	dry plate
干版平版印刷	乾式平印	dry planography
干出	不淹,可淹及可涸	uncovers
干出高度	涸高度	drying height
干出礁	涸礁,可淹及可涸礁	drying reef
干出水深	涸深度	drying sounding
干出滩	潮間灘	dry shoal
干出线	涸線	drying line
干罗经	乾羅盤	dry compass
干涉雷达	干涉雷達	interometry SAR, INSAR

大 陆 名	台 湾 名	英 文 名
干涉滤光片	干涉濾光片	interference filter
干涉仪	干涉儀	interferometer, fizeau interferometer
干湿球温度计	乾濕球濕度計	wet and dry hygrometer
干式摄影	乾式照像	dry photography
干撕膜法	乾揭膜法	dry strip method
干线水准测量	幹線水準測量	primary leveling
杆校准	測深校正板檢校	bar check
杆式扫海	橫桿掃海	bar sweeping
感光	感光	sensitization
感光材料	感光材料	sensitive material
感光测定	感光量測術	sensitometry
感光灯	感光燈	actinic light
感光乳剂	感光乳劑	emulsion
感光特性曲线	感光特性曲線	characteristic curve of photographic emulsion
感受效果	感受效果	perceptual effect
冈特测链,四杆测链	甘特鎖	Gunter's chain
钢尺	鋼尺	steel rule
钢卷尺	鋼捲尺	steel tape
港界	港界,港埠線	harbor boundary, harbor line
港口	港口	port
港口工程测量	港口工程測量	harbor engineering survey
港湾测量	港灣測量	harbor survey, harbor surveying
港湾锚地图集	港灣錨地圖集	anchorage atlas
港湾图	港圖	harbor chart
高保真彩色印刷	高傳真彩色印刷	high fidelity color printing
高标	高標	tower
高差,高程差	高差,高程差	difference of elevation
高差位移(=投影差)		
高差位移改正(=投影差改正)		
高差仪, 微动气压计	微差高程儀, 精密氣壓計	statoscope
高潮	高潮,滿潮	high tide, high water, HW
高潮岸线	高潮濱線	high-tide shoreline
高潮标志	高潮標誌	high-water mark
高潮不等	高潮不等	high water inequality
高潮间隙	高潮間隔,港埠標準潮	high water interval, establishment of the

大 陆 名	台 湾 名	英 文 名
	信	port
高潮阶地	高潮棚地	high water bench
高潮停潮	高潮憩潮	high water stand
高潮线	高潮線	high water line
高程	高程,標高	height, elevation
高程差(=高差)		
高程导线	高程導線	height traverse
高程点	高程點	elevation point
高程归算	高程化算	height reduction
高程基准	高程基準	height datum
高程加密	高程接橋	vertical bridging
高程解析率	高程解析率	resolution in elevation
高程控制测量	高程控制測量	vertical control survey
高程控制点	高程控制點	vertical control point
高程控制基准	高程控制基準	vertical control datum
高程控制网	高程控制網	vertical control network
高程立体三角测量	高程立體三角測量	vertical stereotriangulation
高程投影差(=投影差)		
高程系统	高程系統	height system
高程异常	高程偏倚	height anomaly
高程中误差	高程中誤差	mean square error of height
高程注记	高程註記	elevation number, elevation notation
高低潮	高低潮,較高低潮	higher low water, HLW
高低潮间隙	較高低潮間隔	higher low water interval
高度	高度	altitude
高度标尺	高度表	altitude scale, altitude tints, gradient tints
高度方位仪(=地平经纬仪)		
高度角	仰角	elevation angle, altitude angle
高度压光	超級研光	super calenderring
高反差	高反差	high contrast
高反差显影液	高反差顯影液	high contrast developer
高反差像纸	高反差像紙	high contrast paper
高高潮	高高潮,較高高潮	higher high water, HHW
高高潮间隙	較高高潮間隔	higher high water interval
高光谱遥感	高光譜遙測	hyperspectral remote sensing
高光谱影像	高光譜影像	hyperspectral image
高空	高空	high altitude

大 陆 名	台 湾 名	英 文 名
高空气象仪	高空氣象儀	aerometeorograph, aerograph
高空摄影	高空攝影	high-altitude aerial photography
高密度数字磁带	高密度數值磁帶	high density digital tape, HDDT
高水位	高水位	high water level
高水位观察	高水位觀察	high water observation
高斯	高斯	Gauss
高斯-克吕格投影	高斯-克呂格投影	Gauss-Krüger projection
高斯目镜	高斯目鏡	Gauss eyepiece
高斯平面子午线收敛角	高斯子午線收斂	Gauss grid convergence
高斯平面坐标系	高斯平面坐標系	Gauss plane coordinate system
高斯摄动方程	高斯衛星運動方程式	Gauss's variational equations
高斯投影方向改正	高斯投影方向改正	arc-to-chord correction in Gauss projection
高斯投影距离改正	高斯投影距離改正	distance correction in Gauss projection
高斯约化法	高斯約化法	Gaussian elimination, Gauss method of subsitution
高斯中纬度公式	高斯中緯度公式	Gauss mid-latitude formula
高速公路	高速公路	freeway, express highway
高通滤光片	高通濾光片	highpass filter
稿图架	原稿架	copy holder
戈尔投影	高爾投影	Gall's projection
格里历	格列高裏曆	Gregorian calendar
格林尼治民用时	格林威治民用時	Greenwich civil time
格林尼治平时	格林威治平時	Greenwich mean time
格林尼治时间	格林威治時間	Greenwich time
格林尼治时角	格林威治時角	Greenwich hour angle, GHA
格林尼治视时	格林威治視時	Greenwich apparent time
格林尼治子午圈	格林威治子午圈	Greenwich meridian
S-57 格式	S-57 格式	S-57 Format
格网,栅格	方格,網格	grid
格网板	網格版	grid board
格网磁偏角	方格磁角	grid magnetic angle, grivation
格网单元	網格單元	cell
格网恒向线	網格恆向線	grid rhumb line
格网原点	方格原點	origin of grid
格状水系	格子狀水系	trellis drainage
隔室式水准器	可調整起泡水準器	level chambered spirit
隔站观测法	隔站觀測法	alternate station method
给纸	給紙	feeder

大 陆 名	台 湾 名	英 文 名
跟踪滤波器	追蹤濾器	tracking filter
跟踪摄影机	追蹤攝影機	tracking camera
跟踪数字化	追踪數值化	tracing digitizing
跟踪系统	追蹤系統	tracking system
跟踪站	追蹤站	tracking station, track station
更新(=修测)		
更新周期	修測週期	revision cycle
工厂现状图测量	工廠現狀圖測量	survey of present state at industrial site
工程测链	工程測鏈	engineer's chain
工程测量	工程測量	engineering survey
工程测量学	工程測量學	engineering surveying
工程经纬仪	工程經緯儀	engineer's theodolite
工程控制网	工程控制網	engineering control network
工程摄影测量	工程攝影測量	engineering photogrammetry
工程水准仪	工程水準儀	engineer's level
工程图	工程地圖	engineering map
工商业用地	工商業用地	commercial and industrial sites
工业测量	工業測量	industrial survey
工业测量系统	工業測量系統	industrial measuring system
工业摄影测量	工業攝影測量	industrial photogrammetry
工业摄影测量学	工業攝影測量學	industrial photogrammetry
工业印刷	工業印刷	industry printing
公地测量	公地測量	public land survey
公共设施	公共設施	public facilities, public utilities of building
公共设施测量	公共設施測量	utility surveying
公路编号	公路編號	road marker
公路定线	公路定線	highway location
公路图	公路圖	highway map, automobile map
公有土地	公有土地	public land, public domain
功率谱	功率譜	power spectrum
拱点	遠近點	apsis
拱极星	環極星	circumpolar star
拱线	遠近線	apsidal line
共轭角	共軛角	conjugate angles, explementary angles
共轭距离	共軛距離	conjugate distance
共面	共面	coplane
共面方程	共面方程式	coplanarity equation

大　陆　名	台　湾　名	英　文　名
共面条件	共面條件	coplanarity condition
共面条件方程式	共面條件方程式	coplanarity condition equation
共线	共線,共線性	collinear
共线法	共線法	collinearity method
共线方程校正法	共線方程校正法	collinear equation correction
共线方程式	共線方程式	collinearity equation
共线条件	共線條件	collinearity condition
共线中心	共線中心	center of collineation
共有土地	共有土地	joint land ownership
构架航线	控制用航線	control strip
构像方程	構像方程	imaging equation
估读显微镜	指標顯微鏡	index microscope, index line microscope
估计深度	推定深度	unsurveyed clearance depth
估价单	估價單	estimating paper
孤立危险物标志	孤障標誌	isolated danger mark
古尺长	古尺長	stadium
古德分瓣等积投影	古特分瓣同正弦投影	Goode's interrupted homolosine projection
古德分瓣投影	古特分瓣投影	Goode's interrupted projection
古地图	古地圖	ancient map
骨架航线	控制航線	control strip
固定测站	固定測站	fixed station
固定高程	固定高程	fixed elevation
固定光圈系统	固定光圈系統	constant aperture system
固定平极	固定平極	fixed mean pole
固定时间系统	固定時間系統	constant time system
固定误差	固定誤差	fixed error
固定相移	固定相移	fixed phase drift
固态扫描仪	固態掃描器	solid-state scanner
固体潮	地潮,地球潮汐	[solid] Earth tide
固体激光器	固體雷射器	solid-state laser
挂图	掛圖	wall map
挂网	過網	screening
挂网负片	網陰片	screen negative
挂网正片	網陽片	screen positive
拐点	轉折點	point of inflection, point of inflexion
关键点法	要點法	key point method
关联法	關聯法	correlation method
观测点	觀測點	observation spot, observation station

大　陆　名	台　湾　名	英　文　名
观测方程	觀測方程式	observation equation
观测高度	觀測高度	observed altitude
观测矩阵	觀測矩陣	observation matrix
观测误差	觀測誤差	observational error
观测仪器	觀測儀器	observation apparatus
观测值平差	觀測值平差	adjustment of observations
观测组	觀測組	series of observations
管道测量	管線測量	pipe survey
管道定线	管道定線	pipe alignment
管道综合图	管道合成圖	synthesis chart of pipelines
管式罗针	管式羅盤儀	tubular compass
管状水准器	管狀水準器	cylindrical level
贯通测量	貫通測量	holing through survey, breakthrough survey
惯性	慣性	inertia
惯性测量系统	慣性測量系統	inertial surveying system, ISS
惯性导航系统	慣性導航系統	inertial navigation system
惯性定位系统	慣性定位系統	inertial positioning system
惯性坐标系	慣性坐標系統	inertial coordinate system
惯用名	慣用名	conventional name
灌区平面布置图	灌區平面佈置圖	irrigation layout plan
光笔	光筆	light pen
光差	光差	light equation
光程	光程	optical distance
光电倍增管	光電倍增管	photomultiplier tube
光电测距	光電測距	electro-optical distance measurement, EODM
光电测距导线	電子測距導線	EDM traverse
光电测距仪	光電測距儀,大地測距儀	electro-optical distance measuring instrument, geodimeter
光电 V/H 传感器	光電航速航高感測器	electro-optical V/H sensor
光电等高仪	光電等高儀	photoelectric astrolabe
光电遥感器	光電遙感器	photoelectric sensor
光电中星仪	光電中星儀	photoelectric transit instrument
光度计	光度計	photometer
光对中	光學垂準	optical plumbing
光弧	燈弧	light sector
光化光	光化光	actinic light

大　陆　名	台　湾　名	英　文　名
光机制版	底片製版法	photomechanical process
光具座	光具座	optical bench
光密度	光密度	optical density
光能测定仪	光能測定儀	actinograph
光年	光年	light year
光盘	光碟	compact disc, CD
光谱	光譜	spectrum
光谱感光度	光譜靈敏度	spectral sensitivity
光谱解析率	光譜解析率	spectral resolution
光谱空间	光譜空間	spectral space
光谱特征	光譜曲線圖	spectral signature
光谱学	光譜學	spectroscopy
[光]谱仪	光譜儀,分光計光計	spectrometer
光圈,孔径	孔徑,光孔	aperture
光圈号数	光圈指數,光圈數字	F-number, stop-number
光栅	光柵	grating
光束	光束	light beam
光束法空中三角测量	光束法空中三角測量	bundle aerial triangulation
光束法平差	光束法平差	bundle adjustment
光束法区域联合平差	光束法區域聯解平差	simultaneous bundle block adjustment
光速	光速	speed of light, velocity of light
光特性	光態	character of light
光通量	光通量	luminous flux
光瞳像差	瞳差	pupil aberration
光线法(=辐射法)		
光楔,楔	光劈,楔	wedge
光行差	光行差	aberration of light
光行差常数	光行差常數	constant of aberration
光行差改正	光行差改正	aberration correction
光学测距	光學測距	tachymetry, optical measurement distance
光学测微器	光學測微器	optical micrometer
光学传递函数	光學傳遞函數	optical transfer function, OTF
光学读数经纬仪	光學讀數經緯儀,繼光鏡組	optical reading theodolite, optical relays
光学对中器	光學垂准器	optical plummet
光学符合读数法	光學符合讀角法	optical coincidence reading
光学高度计	光學高度計	optic altimeter
光学机械纠正	光學機械糾正	optical-mechanical rectification

大　陆　名	台　湾　名	英　文　名
光学机械扫描	光學機械掃描,光學機械式掃描	optical-mechanical scan, optical-mechanical scanning
光学机械扫描仪	光學機械式掃描器	optical-mechanical scanner
光学机械投影	光學機械投影	optical-mechanical projection
光学机械投影立体测图仪	光學機械投影立體測圖儀	optical-mechanical projection stereoplotter
光学胶	光學膠	optical cement
光学经纬仪	光學經緯儀	optical theodolite
光学纠正	光學糾正	optical rectification
光学立体模型	光學立體模型,光距儀	optical stereo model, optical square
光学模型	光學模型	optical model
光学平面	光學平面	optical flat
光学全息测量	光學全像攝影測量	optical hologrammetry
光学水准仪	光學水準儀	optical level
光学条件	光學條件	optical condition
光学投影	光學投影	optical projection
光学投影立体测图仪	光學投影立體測圖儀	optical projection stereoplotter
光学投影仪	光學投影儀	optical projection instrument
光学图解纠正	光學圖解糾正	optical graphical rectification
光学图像处理	光學影像處理	optical image processing
光学相关	光學相關	optical correlation
光学镶嵌	光學鑲嵌	optical mosaic
光学像差	光學像差	optical aberration
光学遥感器	光學感測器	optical sensor
光学[仪器]定位	光學[儀器]定位	optical instrument positioning
光学增益	光學增益	optical gain
光学转绘纠正	光學轉繪糾正	optical-transfer rectification
光影地貌	光影地貌	illuminated relief
光原色	光學三原色	optical primary color
光晕(=晕影)		
光轴	光軸	optical axis
光柱	光柱	light pencil
广播星历	廣播星曆	broadcast ephemeris
广角航空摄影机	寬角航空攝影機	wide-angle aerial camera
广角镜头	寬角鏡頭	wide-angle lens
广角摄影	寬角攝影	wide-angle photography
广角摄影机	寬角攝影機	wide-angle camera
广角物镜	寬角物鏡	wide-angle objective

大　陆　名	台　湾　名	英　文　名
归化纬度	化成緯度	reduced latitude
归算后长度	化成長	reduced length
归算后重力	化成重力	reduced gravity
归算至椭球	化算至橢球體	reduction to the ellipsoid
归心改正,归心计算	歸心改正,歸心計算	correction for centring
归心计算(=归心改正)		
归心元素	歸心元素	elements of centring
规划地图	規劃地圖	planning map
规矩线	印記	register mark
规则误差	規則誤差	regular error
轨道	軌道	orbit
轨道高度	軌道高度	orbital altitude
轨道偏心率	軌道偏心率	orbital eccentricity
轨道平面	軌道平面	orbital plane
轨道倾角	軌道傾角	orbital inclination
轨道速度	軌道速度	orbital velocity
轨道元素	軌道元素	orbital element
轨道运动	軌道運動	orbital motion
轨道中心	軌道中心	center of track
轨道周期	軌道週期	orbital period
轨道坐标系	軌道坐標系	orbital coordinate system
轨迹	軌跡	trajectory
辊轮求积仪	轆輪求積儀	rolling planimeter
滚筒印刷机	圓壓式印刷機	cylinder press
国防制图局	國防製圖局	defense mapping agency, DMA
国际百万分之一地图	國際百萬分之一世界輿圖	international one-in a million map
国际标准米尺	國際標準公尺	international standard meter
国际测绘联合会	國際測繪聯合會	International Union of Surveying and Mapping, IUSM
国际测量师联合会	國際測量師聯合會	Fédération Internationale des Géométres, FIG
国际大地测量协会	國際大地測量學會	International Association of Geodesy, IAG
国际大地测量与地球物理联合会	國際大地測量學及地球物理學會	International Union of Geodesy and Geophysics, IUGG
国际地球扁率	國際地球原子	international spheroid
国际地球参考架	國際地球參考架	international terrestrial reference frame, ITRF

大　陆　名	台　湾　名	英　文　名
国际地球自转服务局	國際地球自轉服務局	International Earth Rotation Service, IERS
国际海道测量局	國際海道測量公會	International Hydrographic Bureau, IHB
国际海道测量组织	國際海道測量組織	International Hydrographic Organization, IHO
国际海里	國際海浬	international nautical mile
国际海图	國際海圖	international chart
国际海洋考察理事会	國際海洋探測委員會	International Council for the Exploration of the Sea, ICES
国际航行海峡	國際航行海峽	Straits used for international navigation
国际极移局	國際極移協會	International Polar Motion Service, IPMS
国际矿山测量学会	國際礦山測量學會	International Society of Mine Surveying
国际摄影测量与遥感学会	國際攝影測量與遙感學會	International Society for Photogrammetry and Remote Sensing, ISPRS
国际时间局	國際時間辰局	bureau international de l'heure, BIH
国际水域	國際水域	international waters
国际天球参考架	國際天球參考架	international celestial reference frame, ICRF
国际天文联合会	國際天文學協會	International Astronomical Union, IAU
国际椭球	國際橢球體	international ellipsoid
国际纬度局	國際緯度局	Internation Latitude Service
国际协议原点	國際通用原點	Conventional International Origin, CIO
国际原子时	原子時	international atomic time, IAT
国际制图协会	國際地圖學學會	International Cartographic Association, ICA
国际重力标准网	國際重力標準網	International Gravity Standardization Net, IGSN
国际重力公式	國際重力公式	international gravity formula
国家地图集	國家地圖集	national atlas
1985 国家高程基准	1985 國家高程基準	National Vertical Datum 1985
国家基础地理信息系统	國家基礎地理資訊系統	national fundamental geographic information system
国内地图	本國地圖	domestic map
国土规划	國土計劃	territorial planning
国土信息系统	國土資訊系統	national land information system, NLIS
国土综合开发规划	國土綜合開發計劃	national comprehensive development plan
过渡点	中間點	intermediate point

H

大陆名	台湾名	英文名
哈默等积投影	漢麥爾等積投影	Hammer's equal-area projection
海岸	海岸	coast
海岸测量	海岸測量	coastal survey
海岸地形	海岸地形	coastal feature
海岸地形测量	海岸地形測量	coast topographic survey
海岸图	海岸圖	coast chart
海岸线,岸线	海岸線,海濱線	coastline
海岸线测量,岸线测量	海岸線測量,海濱線測量	coastline measurement
海岸性质	海岸性質	nature of the coast
海拔	平均海水面起算高	height above sea level
海槽	海槽	trough
海测数据处理系统	海測資料處理系統	hydrographic data processing system
海测图板	海道測量底圖	hydrographic survey sheet
海潮模型	海潮模型	ocean tidal model
海床,海底	海床	seafloor
海床采样器	海床採樣器	seabed sampler
海道测量(=水道测量)		
海道测量比例尺	海道測量比例尺	scale of hydrographic survey
海道测量标志	海道測量號誌	hydrographic signal
海道测量船	水道測量船	hydrographic vessel, surveying ship
海道测量局	海道測量局	hydrographic office, hydrographic service
海道测量学	水道測量學	hydrography
海德堡计算机印刷控制	海得堡電腦控制系統	Heidelberg computer print control
海堤(=防波堤)		
海底(=海床)		
海底半岛	海底半島	submarine peninsula
海底地貌	海底地形	submarine geomorphology
海底地貌图	海底地形圖	submarine geomorphologic chart
海底地势图	海底地勢圖	submarine situation chart
海底地形	海底起伏	submarine relief
海底地形测量	水深測量,測深	bathymetric surveying
海底地形图	等深線圖,海底地形圖	bathymetric chart

大　陆　名	台　湾　名	英　文　名
海底地质构造图	海底結構圖	submarine structural chart
海底电缆	海底電纜	submarine cable
海底谷	海底山谷	submarine valley
海底管道	海底管道	submarine pipeline
海底火山	海底火山	submarine volcano
海底控制网	海底控制網	submarine control network
海底倾斜改正	海底傾斜改正	seafloor slope correction
海底山脉	洋脊	ocean ridge
海底声标	海底聲標	acoustic beacon on bottom
海底施工测量	海底施工測量	submarine construction survey
海底隧道测量	海底隧道測量	submarine tunnel survey
海底图像系统	海底圖像系統	seafloor imaging system
海底湾	海底囊狀區	sac
海底峡谷	海底峽縠	submarine canyon
海福德椭球	海福特橢球,海福特地球原子	Hayford ellipsoid, Hayford spheroid
海福德效应	海福特效應	Hayford effect
海沟	海溝	trench, abyss, submarine trench
海谷	海縠	sea valley
海壕	緣溝,海底山溝	moat, sea most
海积台地	海成臺地	marine-built terrace
海槛	海檻	sill
海军导航卫星系统	海軍導航衛星系統	Navy Navigation Satellite System, NNSS
海军勤务测量	海軍勤務測量	naval service survey
海控点	海控點	hydrographic control point
海况	海象	sea state
海况等级	海象等級	state of sea scale
海况信号	海象符號	sea conditional sign
海兰高精度绍兰导航系统	海蘭	Hiran high-precision shoran
海里	浬	nautical mile, sea mile
海岭	海底山脊	submarine ridge
海流计	流速儀	current meter
海面地形	海面地形	sea surface topography
海面回波	海面回跡	sea return
海面升降运动	海準振動	eustatic oscillation
海平俯角	海平俯角	dip of sea horizon
海平面	海平面	sea level

大陆名	台湾名	英文名
海平面等高线	海平面等高線	sea level contour
海平面归算	化算至海平面	reduction to sea level
海平面升降	海準變動	eustasy, eustatic movement
海平线	海地平	sea horizon
海区界线	海區界線	sea area boundary line
海区资料调查	海區資料調查	sea area information investigation
海区总图	總圖	general chart of the sea
[海上]焚化区	海上焚化區	incineration area
海上航标	海上航標	seamark
海上航空灯	海空航行燈	aeromarine light
海上微波测距仪	水道微波定位儀	hydrodist
海蚀阶地(=浪蚀阶地)		
海蚀台地	海蝕臺地	marine-cut terrace
海台	海底高原	submarine plateau
海滩	海灘	beach
海图	海圖	marine chart
海图比例尺	航圖比例尺	chart scale
海图编号	海圖編號	chart numbering
海图编制	海圖編制	chart compilation
海图标题	海圖標題	chart title
海图大改正	海圖大改正	chart large correction
海图分幅	海圖分幅	chart subdivision
海图改正	海圖改正	chart correction
海图基准面	海圖基準面,水文基準面	chart datum
海图投影	海圖投影	chart projection
海图图廓	海圖圖廓	chart boarder
海图图式	海圖圖式	symbols and abbreviations on charts
海图小改正	海圖小改正	chart small correction
海图制图	海圖製圖	charting
海图注记	海圖注記	lettering of chart
海雾	海霧	sea fog
海啸	海嘯	tsunami
海崖	海崖,海底崖	sea cliff
海洋测绘	海道測量,水道測繪	marine charting, hydrographic survey and charting
海洋测绘数据库	海洋測繪資料庫	marine charting database
海洋测量	海道測量	marine survey

大　陆　名	台　湾　名	英　文　名
海洋测量定位	海洋測量定位	marine survey positioning
海洋磁力测量	海洋磁力測量	marine magnetic survey
海洋磁力图	海洋磁力圖	marine magnetic chart
海洋磁力异常	海洋磁力異常	marine magnetic anomaly
海洋大地测量	海洋大地測量	marine geodetic survey
海洋大地测量学	海洋大地測量學	marine geodesy
海洋调查资料	海洋資料	oceanographic data
海洋分区	海洋區分	ocean province
海洋负荷	海洋負荷	oceanic load
海洋工程测量	海洋工程測量	marine engineering survey
海洋观测站	海洋觀測站	oceanographic station
海洋划界测量	海洋劃界測量	marine demarcation survey
海洋环境图	海洋環境圖	marine environmental chart
海洋勘测(=水道勘测)		
海洋气象图	海洋氣象圖	marine meteorological chart
海洋气象学	海洋氣象學	marine meteorology
海洋气象站	海洋氣象觀測站	ocean weather station
海洋生物图	海洋生物圖	marine biological chart
海洋水文图	海洋水文圖	marine hydrological chart
海洋水准测量	海洋水準測量	marine leveling
海[洋]图集	海[洋]圖集	marine atlas
海洋卫星	海洋衛星	Seasat
海洋卫星合成孔径雷达	海洋衛星合成孔徑雷達	Seasat SAR
海洋遥感	海洋遙測	oceanographic remote sensing
海洋质子采样器	海洋質子採樣器	marine bottom proton sampler
海洋质子磁力仪	海洋質子磁力儀	marine proton magnetometer
海洋重力测量	海洋重力測量	marine gravimetry
海洋重力仪	海洋重力儀	marine gravimeter
海洋重力异常	海洋重力異常	marine gravity anomaly
海洋重力异常图	海洋重力異常圖	chart of marine gravity anomaly
海洋专题测量	海洋專題測量	marine thematic survey
海洋资源图	海洋資源圖	marine resources chart
海域地形	海域地形	hydrographic features
海渊	海淵	ocean deep
海中岩峰(=尖礁)		
涵洞	涵洞	culvert
航标表	航標表	list of lights
[航标灯]光相	光相	phase of navigational light

大 陆 名	台 湾 名	英 文 名
航测飞行器	航測飛機	aerial survey craft
航测摄影机	航測攝影機	aerial surveying camera
航测制图摄影	航測製圖攝影	aerial cartographic photography
航测制图摄影机	航測製圖攝影機	aerial mapping camera
航差角	側航角	angle of crab
航带	單連續航帶	flight strip
航带变形	航帶變形	strip deformation
航带法空中三角测量	航帶法空中三角測量	strip aerial triangulation
航带法区域网平差	航帶區域平差	block adjustment by strips
航带方程组	航帶聯組	strip formation
航带辐射三角测量	航帶輻射三角測量	strip radial aerotriangulation
航带空中三角测量平差	航帶空中三角平差	strip adjustment of aerotriangulation
航带密度	航帶寬度	strip width
航带平差	航帶平差	strip adjustment
航带摄影	航帶攝影	aerial strip photography
航带摄影机	航帶攝影機	aerial strip camera
航带镶嵌图	航線鑲嵌圖	strip mosaic, serial mosaic
航带坐标	航帶坐標	strip coordinates
航道,水道	航路,水道	fairway, channel
[航道]进口浮标	外海浮標	farewell buoy, landfall buoy
航道图	航道圖	navigation channel chart
航道线	航道線	channel line
航道中线	航道軸線	axis of channel
航高	飛行高度	flying height, flight height
航海天文历	航海曆	nautical almanac
航海天文学	航海天文學	nautical astronomy, navigational astronomy
航海通告	航海佈告	notice to mariners, NM
航海图	航海圖	nautical chart
航海学	航海學	nautical navigation
航迹	航跡	track
航空航天	太空	aerospace, airspace
航空红外扫描仪	航空紅外線掃描儀	airborne infrared scanner
航空气象仪	空中氣象儀	aerometeograph
航空摄谱仪	航空攝譜儀	aerial spectrograph
航空摄影	航空攝影	aerial photography
GPS 航空摄影	衛星定位航空攝影	GPS aerial photography
航空摄影测量	航空攝影測量	aerial photogrammetry, aerial photogrammetry

大　陆　名	台　湾　名	英　文　名
航空摄影测量控制	航測控制	aerophotogrammetry control
航空摄影测量学	航空攝影測量學	aerophotogrammetry, aerial photogrammetry
航空摄影机	航攝儀	aerial camera
航空摄影机镜筒	航空攝影機鏡筒	aerial camera cone
航空摄影机座架	航空攝影機座架	aerial camera mount
航空图	航空圖	aeronautical chart
航空线图	航空線圖	airway map
航空像片测图,航摄像片测图	航空像片測圖	aerial photomapping
航空像片纠正	航攝像片糾正	aerial photograph rectification
航空像片镶嵌图	航攝像片鑲嵌圖	aerial photograph mosaic
航空遥感	航空遙測	aerial remote sensing
航空侦察	空中偵察	aerial reconnaissance
航空侦察摄影	空中偵察攝影	aerial reconnaissance photography
航空重力测量	空中重力測量	airborne gravity measurement
航路指南	航行指南	sailing directions, SD
航片判读	空照判讀	aerial photograph interpretation
航摄队	空照組員	air photographic crew
航摄飞行架次	航攝飛行架次	aerial photographic sortie
航摄飞行图	攝影航線圖	flight map of aerial photography
航摄计划	飛行計劃,航攝計劃	flight plan of aerial photography
航摄景物光谱特性	航攝景物光譜特性	spectral characteristic of aerial photo object
航摄景物亮度特征	航攝景物亮度特性	brightness characteristic of aerial photo object
航摄领航	航攝領航	navigation of aerial photography
航摄漏洞	航照空隙	aerial photographic gap
航摄软片	航攝底片	aerial film
航摄像片	航攝像片,空中照片	aerial photograph
航摄像片测图(=航空像片测图)		
航摄像片覆盖区	航攝像片涵蓋區	aerial coverage
航摄制图	航攝製圖	aerial mapping, aerial cartography
航摄质量	航攝質量	quality of aerophotography
航速	速率	speed
航天飞机	太空梭	space shuttle
航天飞机成像光谱仪	太空梭成像光譜儀	shuttle imaging spectrometer

大　陆　名	台　湾　名	英　文　名
航天飞机成像雷达	太空梭成像雷達	Shuttle Imaging Radar, SIR
航天器(=太空飞行器)		
航天摄影	太空攝影	space photography
航天摄影测量	太空航測術	space photogrammetry
航天遥感	太空遙測	space remote sensing
航位推算法	推算航法	dead reckoning
航线校正	航道校正	track adjustment
航线间隔	航線間隔	flight line spacing, strip interval
航线图	航線圖	track chart
航向	航向	course
航向重叠	縱向重疊,前後重疊	longitudinal overlap, forward overlap
航向倾角	傾角	longitudinal tilt
航行计划图	航行計劃圖	planning chart
航行通告	航行通告	notice to navigator
航行图	航海圖	sailing chart
航行危险物	航行危險物	danger to navigation
航行障碍物	航行障礙物	navigation obstruction
航行障碍物探测	航行障礙物探測	observation of navigation obstruction
巷道验收测量	巷道驗收測量	footage measurement of workings
毫巴	毫巴	millibar
毫伽	毫伽爾	milligal
毫高斯	毫高斯	milligauss
合并	漸淡溶入	merging
合并等高线	併合等高線	carrying contour
合成地图	綜合地圖	synthetic map
合成孔径长度	合成孔徑長度	length of synthetic aperture
合成孔径雷达	訊號合成雷達	synthetic aperture radar, SAR
合成立体影像	合成立體像	synthetic stereo images
合成天线	合成天線	synthetic antenna
合点	遁點	vanishing point
合点法	遁點法	vanishing point method
合点控制	遁點控制器	vanishing point control
合点自动控制器	遁點自動控制器	automatic vanishing point control
合迹线	遁跡線	vanishing trace
合线	遁線	vanishing line
河岸阶地(=河岸台地)		
河岸台地，河岸阶地	河岸臺地，河岸階地	river terrace
河岸线	河岸線	river shoreline

大 陆 名	台 湾 名	英 文 名
河道整治测量	河道整治測量	river improvement survey
河口直段	河口直段	sea reach
河流袭夺	河流襲奪	stream capture, stream piracy
河外致密射电源	河外緻密射電源	extragalastic compact radio source
核点	核點	epipole
核面	核面	epipolar plane
核线	核線	epipolar line, epipolar ray
核线相关	核線相關	epipolar correlation
核轴	核軸	epipolar axis
核子旋进磁力仪	核子歲差磁力計	nuclear precession magnetometer, proton precession magnetometer
盒式定时器	方盒計時器	box chronometer
盒式分类法	盒式分類法	box classification method
赫尔默特分区平差法	赫爾默特分區平差法	Helmert-blocking techniques
赫[兹]	赫	hertz
黑白片	黑白片	black-and-white film
黑白摄影	黑白攝影	black-and-white photography
黑色版	黑版	black printer
黑色辐射体,黑体辐射体	黑色輻射體	black body radiator
黑体	黑體	black body
黑体辐射	黑體輻射	black-body radiation
黑体辐射体(=黑色辐射体)		
亨特快门	亨特快門	Hunter shutter
恒向线,等角航线	恆向線	rhumb line, loxodrome
恒星焦点	恆星焦點	sidereal focus
恒星年	恆星年	sidereal year
恒星日	恆星日	sidereal day
恒星摄影机	恆星攝影機	stellar camera
恒星时	恆星時記,恆星時	sidereal time
恒星时角	恆星時角	sidereal hour angle
恒星月	恆星月	sidereal month
恒星中天测时法	恆星中天測時法	method of time determination by star transit
恒星钟	恆星時針,恆星時表	sidereal clock
横断面	橫斷面	cross section
横断面测量	橫斷面測量	cross-section survey

大　陆　名	台　湾　名	英　文　名
横断面测深线	横截測深線	cross section lines of sounding
横断面水准测量	橫斷面水準測量	cross section leveling
横断面图	橫斷面圖	cross-section profile
横方里线	横方格線	northing line
横基尺测距法	横桿測距法	distance measurement with subtense bar
横基尺视差导线	横距尺視角導線	substense traverse
横距	横距	transfer
横距闭合差	横距閉合差	closing error in departure
横距杆	横距桿	subtense bar
横摇	搖擺	roll
横摇补偿系统	搖擺補償系統	roll compensation system
横轴投影	横軸投影	transverse projection
横坐标	横坐標	abscissa
横坐标轴	横坐標軸	axis of abscissas
横向折射	横向折射	lateral refraction
衡重气压仪	衡重氣壓儀	weight barograph
红外测距仪	紅外線測距儀	infrared EDM instrument
红外测温仪	紅外測溫儀	infrared thermometer
红外辐射	紅外線輻射	infrared radiation
红外辐射计	紅外輻射計	infrared radiometer
红外滤光片	紅外濾光片	infrared filter
红外片	紅外線感光片	infrared film
红外扫描仪	紅外線掃描器	infrared scanner
红外摄影	紅外線攝影	infrared photography
红外摄影机	紅外攝影機	infrared camera
红外图像	紅外線影像	infrared imagery
红外遥感	紅外線感應	infrared remote sensing
红外遥感技术	紅外遙測技術	infrared remote sensing technology
红外遥感器	紅外線感測器	infrared remote sensor
红外夜视系统	紅外夜視系統	infrared night-vision system
红外云层影像	紅外線雲層影像	infrared cloud image
虹吸气压计	曲管氣壓計	siphon barometer
后滨	後濱	backshore
后方交会	後方交會法,三向定位法	resection, trilinear surveying
后方交会法	輻射交會法	radial intersection method
后交测站	後方交會測站	resection station
后交空中摄站	後方交會空中攝影站	resected air station

大 陆 名	台 湾 名	英 文 名
后焦点	後焦點	real focus, back focal point
后节点	後節點	rear nodal point
后视	後視,反覘	backsight
后视标定方位	後視標定方位,全向磁方位	orientation by backsighting
后视法	後視法	backsight method
后司尺员	後尺手	rear tapeman
厚透镜	厚透鏡	thick lens
弧定义	弧定義	arc definition
弧度测量	弧度測量	arc measurement
弧光灯	弧光燈	arc lamp
弧秒	弧秒	arc-second
弧弦改正	弧弦改正	arc-sine correction
弧形三角测量	弧形三角測量	arc triangulation
湖泊测量	湖泊測量	lake survey
糊版	髒版	scumming
互补色	補色	complementary colors
互补色地图	互補色立體圖	anaglyphic map
互补色法	互補色法	anaglyph process
互补色观察法	互補色立體觀察法	anaglyphic method
互补色镜	互補色眼鏡	anaglyphoscope
互补色立体测图仪	互補色立體測圖儀	anaglyphic plotter
互补色立体观察	互補色立體觀測	anaglyphical stereoscopic viewing
互补色立体显示	互補色立體顯示	anaglyphic presentation
互补色立体像片	互補色立體像片	anaglyph
互补色像片图	互補色立體像片圖	anaglyphic photomap
互补色影像	互補色影像	complementary image
互补色原理	互補色原理	anaglyphic principle, complementary color principle
化学磨版	化學磨版	chemical graining
化学印刷	化學印刷	chemical printing
划定境界(=定界)		
环	環線	circuit, loop
环境地图	環境地圖	environmental map
环境探测卫星	環境探測衛星	environmental survey satellite
环境温度	環境溫度	ambient temperature
环境遥感	環境遙測	environmental remote sensing
环线闭合差	環線閉合差	circuit closure

大 陆 名	台 湾 名	英 文 名
环月轨道	環月軌道	lunar orbit
环状水系	環狀水系	annular drainage
缓和曲线(=介曲线)		
缓和曲线测设	緩和曲線測設	spiral curve location, transition curve location
缓和曲线起点	緩和曲線起點	point of tangent to spiral
换能器	換能器	transducer
换能器吃水改正	換能器吃水改正	correction of transducer draft
换能器动态吃水	換能器動態吃水	transducer dynamic draft
换能器基线	換能器基線	transducer baseline
换能器基线改正	換能器基線改正	correction of transducer baseline
换能器静态吃水	換能器靜態吃水	transducer static draft
黄赤交角	黃赤交角	obliquity of the ecliptic
黄道	黃道	ecliptic
黄道带	黃道帶	zodiac, zodiacal band, zodiacal belt
黄道平行圈	黃道平行圈	ecliptic parallel
黄道子午圈	黃道子午圈	ecliptic meridian
黄道坐标	黃道坐標	ecliptic coordinates
黄道坐标系	黃道坐標系	ecliptic system of coordinates
黄海平均海[水]面	黃海平均海[水]面	Huang Hai mean sea level
黄极	黃極	ecliptic pole
黄极距	黃極距	ecliptic polar distance
黄经	黃經	ecliptic longitude
黄纬	黃緯	ecliptic latitude
灰度尺	灰度尺	gray scale
灰度级,灰阶	灰度等級,灰階	gray level
灰阶(=灰度等级)		
灰色平衡	灰色平衡	gray balance
灰色平衡表	灰色平衡表	gray balance chart
灰色置换	灰色置換	gray compoment replacement, GCR
灰体	灰體	gray body
灰楔	灰楔	grey wedge, optical wedge
回波振幅	回波振幅	echo amplitude
回归潮	回歸潮	tropic tide
回归大潮潮差	大回歸潮差	great tropic range
回归低潮不等	回歸低潮不等	tropic low water inequality
回归方程式	回歸方程式	regression equation
回归高潮不等	回歸高潮不等	tropic high water inequality

大陆名	台湾名	英文名
回归年	回歸年	tropical year, equinoctial year
回归月	回歸月	month tropical
回声	回聲	echo
回声测距	回音測距	echo ranging
回声测深	回聲測深法,音波測深法	echo sounding, sonic sounding
回声测深仪	回聲測深儀,超音波測深儀	echo sounder, ultrasonic depth
回声图	回聲測深圖,水深線圖	echogram, fathogram
回头曲线测设	回頭曲線測設	hair-pin curve location
回旋线曲率	克羅梭曲線	clothoid curve
回照器	回照器,太陽觀測鏡	helioscope, helios
回转式水准仪	迴轉式水準儀,迴式水準儀	level reversible, reversion level
汇水面积测量	集水域測量	catchment area survey
汇水盆地	集水域	catchment basin
汇水区	集水區	catchment area
会聚透镜	會聚透鏡	convergent lens
绘图机	繪圖儀	plotter
绘图术	平面藝術	graphic arts
绘图文件	繪圖文件	plotting file
绘图纸	繪圖紙	cartridge paper
彗星	彗星	comet
彗[形像]差	彗形像差	coma
混合半日潮	混合半日潮	mixed semidiurnal tide
混合潮	混合潮	mixed tide
混合潮港	混合潮港	mixed tidal harbor
混合全日潮	混合全日潮	mixed diurnal tide
混色	色混合	color mixing
活镜水准仪,Y 型水准仪	轉鏡水準儀,Y 型水準儀	wye level, Y level
活页地图	活頁地圖	loose-leaf map
火箭探空仪	火箭探空儀	rocket sonde
火石玻璃	火石玻璃	flint glass

J

大陆名	台湾名	英文名
机场测量	機場測量	airport survey
机场跑道测量	機場跑道測量	airfield runway survey
机上直接制版	機上直接製版	on press imaging
机械分涂	手工分色稿	mechanical separation
机械模片辐射三角测量	機械模片輻射三角測量	mechanical template triangulation
机械扫描仪	機械式掃描	mechanical scanner
机械投影	機械投影	mechanical projection
机械投影立体测图仪	機械投影立體測圖儀	mechanical projection stereoplotter
机载多光谱扫描仪	空載多譜段掃描儀	airborne multispectral scanner
机载激光测深	機載雷射測深	airborne laser sounding
机载激光测深仪	空載雷射測深儀	hydrographic airborne laser sounder
机载控制测量	空中控制測量	airborne control survey
机载控制系统	空中控制系統	airborne control system
机载平台	航空平臺	airborne platform
机载剖面记录仪	空中縱斷面記錄儀	airborne profile recorder
机载剖面热量计	空中剖面熱量計	airborne profile thermometer
机载声呐	空載聲納	airborne sonar
机载遥感器	空載遙感器	airborne sensor
机助测图	電腦輔助製圖	computer-assisted pllotting, computer-aided mapping
机助地图制图	電腦輔助編圖	computer-assisted cartography, CAC
机助分类	電腦輔助分類	computer-assisted classification
积分时间	積分時間	integration time
积光计	積光計	integrating light meter
基本比例尺,主比例尺	主比例尺	principal scale, basic scale
基本方向	基本方向	cardinal, cardinal direction
基本航向	基本航向	base course
基本恒星视位置	基本恆星視位置	apparent places of fundamental stars
基本控制	基本控制	basic control
基本圈	基準圈	fundamental circle
基本图形元素	基本圖形要素	primary graphic elements
基本星表	基本星表,基本星位表	Fundamental Catalogue
基本重力点	基本重力點	basic gravimetric point

大陆名	台湾名	英文名
基点	基點	base station
基-高比	基線航高比	base-height ratio
基线	基線	baseline
基线比	基線比	base ratio
基线测量	基線測量	baseline measurement
基线测量尺	基線測量尺	base measuring apparatus
基线尺	基線尺,基線捲尺	base apparatus, base tape
基线定位	基線定位	basal orientation
基线端点	基線終測站	base terminals
基线方程,长度方程	長方程式	length equation
基线扩大	基線擴大	base expansion, baseline extension
基线扩大网	三角法基線延長網	base extension triangulation network, base extension triangulation
基线内	基線內	base-in
基线平面	基線平面	basal plane
基线外	基線外	base-out
基线网	基線網	baseline network
基准变换(=基准转换)		
基准点	基準點	datum, datum point, datum mark
基准海平面	基準海平面	sea level datum
基准面	基準面	datum plane
基准面底点	基準面底點	datum nadir point
基准面主点	基準面主點	datum principal point
基准面主线	基準面主縱線	datum principal line
基准纬度	基準緯度	latitude of reference
[基]准线	準線	lubber line
基准原点	基準原點	origin of datum, datum origin
基准转换,基准变换	基準轉換	datum transformation
基座	基座	base
畸变补偿板	畸變差補償版	distortion compensating plate
畸变[差]	畸變差	distortion
畸变差改正	畸變差校正	correction for distortion
畸变曲线	畸變差曲線	distortion curve
畸零地	畸零地	deformed land
激光	雷射	laser
激光测高仪	雷射測高儀	laser altimeter
激光测距	雷射測距	laser ranging
激光测距仪	雷射測距儀,雷射大地	laser distance measuring instrument, laser

大　陆　名	台　湾　名	英　文　名
	測距儀	ranger
激光测深仪	雷射測深儀	laser sounder
激光测月	雷射測月	lunar laser ranging, LLR
激光地形仪	雷射地形儀	laser topographic position finder
激光二极管	雷射二極管	laser diode, LD
激光绘图机	雷射繪圖機	laser plotter
激光经纬仪	雷射經緯儀	laser theodolite
激光雷达	雷射雷達	ladar, laser radar
激光目镜	雷射目鏡	laser eyepiece
激光扫描数字化器	雷射掃描數化器	laser scan digitizer
激光扫平仪	雷射掃平儀	laser swinger
激光水准仪	雷射水準儀	laser level
激光投点	雷射投點	laser plumbing
激光外差光谱仪	雷射外差式光譜儀	laser heterodyne spectrometer
激光荧光传感器	雷射螢光感測器	laser flurosensor
激光照排机	雷射排版機	image setter
激光指向仪给向	雷射指向儀給向	setting-out of driving workings direction by laser guide instrument
激光准直法	雷射準直法	method of laser alignment
激光准直仪	雷射準直儀	laser collimator
极半径	極半徑	polar radius
极潮	極潮	pole tide
极轨道	極軌道	polar orbit
极化	偏極化	polarization
极化镜,[起]偏振镜	極化鏡,偏充鏡	polarizer
极平面四次方等积投影	平極四分等積投影	flat polar quartric equal-area projection
极区图	極區圖	polar chart
极圈	極圈	polar circle
极限误差	誤差界限	limit error
极限圆	中心圈	limiting circle
极移	極動	polar motion
极直径	極直徑	polar diameter
极中潮位	極點半潮	mid-extreme tide
极轴	極軸	polar axis
极坐标定位	極坐標定位	polar coordinate positioning
极坐标定位系统	極坐標定位系統	polar positioning system, azimuthdistance positioning system
极坐标求积仪	極式圓盤求積儀	disc polar planimeter

大 陆 名	台 湾 名	英 文 名
极坐标缩放仪	極坐標縮放儀	polar pantograph
3S 集成	3S 集成	3S integration, integration of GPS, RS and GIS technology
集成数据库	整合型資料庫	integrated data base
几何变换	幾何變換	geometric transformation
几何大地测量学	幾何大地測量學	geometric geodesy
几何地平	幾何地平線	geometric horizon
几何地图投影	幾何投影	geometric map projection
几何定向	幾何定向	geometric orientation
几何法	幾何法	geometric method
几何反转原理	幾何反轉原理	principle of geometric reverse
几何高	幾何高	geometric height
几何畸变	幾何畸變	geometric distortion
几何校正	幾何校正	geometric correction, geometric rectification
几何模型	幾何模型	geometric model
几何配准	幾何套合	geometric registration
几何平均值	幾何平均值	geometric mean
几何条件	幾何條件	geometric condition
几何卫星大地测量学	衛星大地測量幾何法	geometric satellite geodesy
计步器,步程计	計步器,步測計,步度計	pace counter, fally register
计量地形学	計量地形學	quantitative geomorphology
计曲线	計曲線	index contour
计算机出版系统	電腦出版系統	computerized publishing system, CPS
计算机辅助设计	電腦輔助設計	computer-aided design, CAD
计算机兼容磁带	電腦兼容磁帶	computer compatible tape, CCT
计算机排版	電腦排版	computerized type-setting
计算机拼版	電腦拼版	computer page-make up system, CPMS
计算机视觉	電腦視覺	computer vision
计算机油墨控制系统	電腦控墨系統	computer control inker system
计算机照相排版	電腦照排作業	computer photocomposition work
计算机直接制版	電腦直接製版	computer to plate
计算机制图	計算機製圖	computer mapping
计算机制图综合	電腦製圖簡化	computer cartographic generalization
记簿	記簿	notekeeping
记录高差仪	記錄高差儀	reading statoscope
记时仪	計時器	chronograph
记载法测量	記載測圖法	method of recording

大　陆　名	台　湾　名	英　文　名
既有线站场测量	既有線站場測量	survey of existing station yard survey
加常数	加常數	addition constant
加点(=加桩)		
加密探测	加密探測	development examination
加密网	密度網	densification network
加权观测	加權觀測	weight observation
加权平均	加權平均	weighted mean
加色法	加色法	additive process
加色法原色	加色法原色	additive primary colors
加色混合	加色混合	additive color mixing
加桩,加点	加樁	plus stake, plus point
岬角	地岬	foreland, headland
贾耽	賈耽	Jia Dan
假彩色	偽造色	false color
假彩色合成	合成假彩色像片	false color composite
假彩色摄影	假色攝影	false color photography
假彩色图像	假色圖像	false color image
假赤道	假想赤道	fictitious equator
假定高程基点	假定高程基點	assumed vertical datum
假定平面坐标	假定平面坐標	assumed plane coordinates
假定坐标系	假定坐標系	assumed coordinate system
假海底	假海底	false bottom, phantom bottom
假年	虛年	fictitious year
假设地平	假地平	artificial horizon
假太阳	假太陽	fictitious sun
尖礁,海中岩峰	尖礁石	pinnacle
坚膜剂,硬化剂	堅膜液	hardener
间接潮	引致潮	induced tide
间接法纠正	間接法糾正	indirect scheme of digital rectification
间接分色法	間接分色法	indirect process
间接观测平差	間接觀測平差	adjustment of indirect observation
间接水准测量	間接高程測量	indirect leveling
间接效应	間接效應	indirect effect
间接印刷	間接印刷	indirect printing
间曲线,半距等高线	間曲線,半距等高線	half-interval contour
间色(=二次色)		
监测台	監測台	monitor station, check station
监测网	監測網	monitoring network

大　陆　名	台　湾　名	英　文　名
监督分类	監督式分類	supervised classification
减薄法	減薄法	abate process
减薄液	減薄液	cutting reducer
减缓坡度	減緩坡度	grade elimination
减色法	減色法	subtractive process
减色印刷	減色印刷	reducing color printing
剪辑	剪輯	clipping
剪切畸变差(=切向畸变差)		
检查线	檢核線	check line
检定基线	檢定基線	calibration baseline
检定焦距	檢定焦距	calibrated focal length
检核测量	檢核測量	check survey
检核导线	檢核導線	checking traverse
检校点	檢核點	check point
检校量测	檢校量測	as-built measurement
检疫锚地	檢疫錨地	guarantine anchorage
检影器,取景器	檢影器	viewfinder
简化儒略日期	修正儒略日	modified Julian date
简易立体测图仪	簡易立體測圖儀	stereo comparagraph
简枕	轅枕	bearer
建筑测量	建築測量	building surveying
建筑工程测量	建築工程測量	architectural engineering survey
建筑红线	建築線	building line
建筑基地面积	建築基地面積	area of construction base
建筑摄影测量	建築攝影測量	architectural photogrammetry
建筑水准仪	建築水準儀	builder's level
建筑物测量	建物測量	building survey
建筑物测量图	建物測量圖	building layout plan
建筑物沉降观测	建築物沉降觀測	building subsidence observation
建筑物复测	建物複丈	building revision
建筑物覆盖率	建蔽率	building coverage ratio, site coverage
建筑物平面图	建物平面圖	building plan
建筑物位置图	建物位置圖	building location map
建筑用地	建築用地	building land
建筑用地测量	建地測量	building-site survey
渐长区间	漸長區間	projection interval
渐长纬度	漸長緯度	meridional parts

大 陆 名	台 湾 名	英 文 名
渐晕	色調漸淡法	vignetting
渐晕滤光镜	調光濾光片	vignetting filter
江河测量	江河測量	river survey
江河平均水位	平均河水位	mean river level
江河水位	河水位	river stage
江河图	江河圖	river chart
降交点	降交點	descending node
交比定律	交比定律	law of anharmonic, cross ratio
交叉测深线	交叉測深線	cross lines of sounding
交叉耦合效应	交叉耦合效應	cross-coupling effect
交叉丝	交合絲	cross hair
交叉网线	交叉網線	cross-ruling
交点	交點	point of intersection
交点退行(=节点退行)		
交点线	交點線	line of nodes
交点月	交點月	draconic month, nodical month
交点周期	交點週期	node cycle
交互作用	交互作用	interaction
交会	交會	intersection
交会点	前方交會點	intersection station
交会法[曲线测设]	交會法[曲線測設]	intersection method
交会摄影机	交會攝影機	convergent camera
交角	交角	angle of intersection
交面控制	交線控制	control of intersection of plans
交通图	交通圖	communications map, traffic map
交线条件,向甫鲁条件	交會條件,賽因福祿條件	condition of intersection, Scheimpflug condition
交向摄影	交會攝影,交會攝影像片	convergent photography, convergent photographs
交向摄影机	雙傾斜攝影機	split camera
交向摄影像片	雙傾斜垂直攝影像片	split vertical photograph
胶版印刷机	橡皮印刷機	offset press
胶黏装订	膠裝	adhesive binding, perfect binding
胶片仿射变形	底片仿射伸縮	affine film shrinkage
胶印	平版印刷,反印	offset printing, offset
焦点	焦點	focus, focal point
焦距	焦距	focal length
焦面框	焦面框	focal plane frame

大陆名	台湾名	英文名
焦平面	焦點面	focal plane
焦深	焦深,焦點深度	focal range, focal depth
角动量	角動量	angular momentum
角[度]	角[度]	angle
角度闭合差	角度閉合差	angular error of closure, angular misclosure
角度测量	角度測量	angular measurement
角度交会法	角度交會法	angular intersection
角度较差	角度較差	angular discrepancy
角度误差	角度誤差	angular error
角反射器	角反射器	cube corner reflector
角方程	角方程式	angle equation
角分解力	角分解力	angular resolving power
角镜	角鏡	angle mirror
角框标	角框標	corner fiducial mark
角棱镜	角稜鏡	angle prism
角平差法	角平差法	angle method of triangulation adjustment, angular adjustment
角速度	角速度	angular velocity
角条件	角條件	angle condition, angular condition
角锥棱镜	四方角鏡	corner cuber
校对符号	校對符號	proofreaders marks
教学地图	教學地圖	school map
阶梯透镜	梯狀稜鏡	echelon lens
接触晒印	接觸曬像	contact printing
接触网屏	接觸網目屏	contact screen
接触网屏法	接觸網屏法	contact screen method
接触压平板	焦面板	focal plane plate
接触印刷	接觸曬像,接觸曬像機	contact print
接点法	接點法	junction point method
接目镜	接目透鏡	eye lens
接收二极管	接收二極體	reception diode
GLONASS 接收机	GLONASS 接收機	GLONASS receiver
GPS 接收机	GPS 接收機	GPS receiver
接收中心	接收中心	receiving center
接图表	接圖表,圖幅關係位置圖	chart relationship
街口	街廓	street block corner
节	節	knot

大 陆 名	台 湾 名	英 文 名
节点	節點	nodal point
节点退行,交点退行	節點退行	regression of the node
节理	節理	joint
节奏光	節奏光	rhythmic light
结点平差	結點平差	adjustment by method of junction point
结合图	結合圖	junction figure
结合资料图	接合資料圖	junction detail
截断误差	截斷誤差	truncation error
截角	截角	cutoff corner, truncated corner
截面差改正	截面差改正	correction from normal section to geodesic
截面图	截面圖	sectional view
截止滤光片	止透濾光片	cut-off filter
解析测图	解析測圖	analytical mapping
解析测图仪	解析測圖儀	analytical plotter
解析定向	解析定位	analytical orientation
解析辐射三角测量	解析法輻射三角測量	analytical radial triangulation
解析纠正	解析糾正	analytical rectification
解析空中三角测量	解析空中三角測量,解析像片三角測量	analytical aerotriangulation, analytical phototriangulation
解析立体测图仪	解析立體測圖儀	analytical stereo-plotter
解析摄影测量	解析攝影測量學	analytical photogrammetry
解析图根点	解析圖根點	analytic mapping control point
介曲线,缓和曲线	介曲線,緩和曲線	transition curve, easement curve
界线	界線,經界	land boundary, bourne
界线标定, 界线勘定	界線標定, 界線勘定	boundary demarcation
界线勘定(=界线标定)		
界线调整	界線調整,地界整正	boundary adjustment
界址点	界標,界點,四至點	boundary mark, boundary point
界址线	界址線	property line
界桩	界樁,線樁	boundary monument
借坑测量	借坑測量	borrow pit survey
金属弹簧重力仪	金屬彈簧重力儀	metallic spring gravimeter
金属油墨	金屬印墨	metallic ink
金相显微镜	金相顯微鏡	metallographic microscope
津格尔[星对]测时法	津格爾[星對]測時法	method of time determination by Zinger star-pair
近程导航(=绍兰)		
近程定位系统	近程定位系統	short-range positioning system

大　陆　名	台　湾　名	英　文　名
近地点	近地點	perigee
近地点潮	近地點潮	perigean tides
近地点潮差	近地點潮差	perigean range
近地点引数	近地點引數	argument of perigee
近地点周期	近日點週期	anomalistic period
近点角	近點角	anomaly
近点年	近日點年	anomalistic year
近点月	近日點月	anomalistic month
近海测量	近海測量	offshore survey
近海勘测	外海探勘	offshore exploration
近海区，浅海带	近海區，淺海區	neritic zone
近海设施	海上設施	offshore installation
近景摄影测量	近景攝影測量學	close-range photogrammetry
近日点	近日點	perihelion
近似等高线	近似等高線	approximate contour
近似地形面	地球水準面	telluroid
近似高度	近似高度	approximate altitude
近似解法	近似解法	approximate solution
近似平差	近似平差	approximate adjustment
[近似]竖直航空摄影	垂直航空攝影	vertical aerial photography
[近似]竖直航空像片	垂直航攝像片	vertical aerial photograph
近心点	近心點	pericenter
近星点	近星點	periastron
近月点	近月點	perilune, pericythian
近轴光线	近軸光線	paraxial ray
近子午圈高度	近子午圈高度，近中天高度	circum-meridian altitude, ex-meridian altitude
进厂校准	進廠校準	shop calibration
进潮口	潮流口	tidal inlet
进积作用	進夷作用	progradation
禁航区	禁航區	prohibited area
禁区界线	禁區界線	forbidden zone boundary line
禁[止抛]锚区	禁[止抛]錨區	anchorage-prohibited area
经差	經差，經距	difference of longitude
经度	經度	longitude
经度方程	經度方程式，經線方程式	longitude equation
经度起算点	經度起算點	origin of longitude

大 陆 名	台 湾 名	英 文 名
经度信号	經度信號	longitude signal
经济地图	經濟地圖	economic map
经纬网延伸短线	地理網格短線	graticule ticks
经纬仪	經緯儀	theodolite
经纬仪测绘法	經緯儀測繪法	mapping method with transit
经纬仪导线	經緯儀導線	theodolite traverse, transit traverse
经纬仪法则	經緯儀法則	transit rule
经纬仪基座	經緯儀三角基座	theodolite tribrach
精度标准	精度標準	standards of accuracy
精度测试	精度測試	accuracy testing
精度等级	精度等級	order of accuracy
精度估计	精度估計	precision estimation
精度检查	精度檢查	accuracy checking
精度衰减因子	精度釋度	dilution of precision, DOP
精码,P 码	精碼,P 電碼	precise code, P code
精密测距	精密測距	precise ranging
精密垂准	精密垂准	precise alignment
精密导线测量	精密導線測量	precise traversing
精[密]度	精度	precision
精密工程测量	精密工程測量	precise engineering survey
精密工程控制网	精密工程控制網	precise engineering control metwork
精密机械安装测量	精密機械安裝測量	precise mechanism installation survey
精密立体测图仪	精密立體測圖儀	precision stereoplotter
精密水准测量	精密水準測量	precise leveling
精密水准尺	精密水準標尺	precise leveling rod
精密水准仪	精密水準儀	precise level
精密星历	精密星曆	precise ephemeris
精密影像处理	影像精密處理	precision image processing
精密准直	精密准直	precise alignment
精[确]度	精度	accuracy
精装	精裝	hard-cover binding
井底车场平面图	井底車場平面圖	shaft bottom plan
井上下对照图	井上下對照圖	surface-underground contrast plan
井深测量	井深測量	shaft depth survey
井探工程测量	井探工程測量	shaft prospecting engineering survey
井田区域地形图	井田區域地形圖	topographic map of mining area
井筒十字中线标定	井筒十字中線標定	setting-out of cross line through shaft center

大　陆　名	台　湾　名	英　文　名
井下测量	井下測量	underground survey
井下空硐测量	井下空硐測量	underground cavity survey
景观地图	景觀地圖	landscape map
景深	明視距離	depth of field
景物反差	景物反差	object contrast
警示标杆	警示標桿	hazard beacon
净空区测量	淨空區測量	clearance limit survey
净深	淨深	cleared sweeping
径向畸变	輻射畸變差	radial distortion
境界线	境界線	boundary line
静电复印	靜電印刷	xerography
静电植绒	靜電植毛	flocking
静电制版	靜電製版	electrostatics platemaking
静力平衡	靜力平衡	hydrostatic equilibrium
静态定位	靜態定位	static positioning
静态辐射计	靜態輻射計	static radiometer
静态遥感器	靜態遙感器	static sensor
静止轨道	靜止軌道	stationary orbit
镜头光圈	鏡頭光圈	lens diaphragm
镜头纸	擦鏡頭薄紙	lens tissue
镜像	鏡中像	mirror image
纠正	糾正法	rectification
纠正像片	糾正像片	rectified photograph
纠正像片镶嵌图	糾正像片鑲嵌圖	rectified photograph mosaic
纠正仪	糾正儀	rectifier, transformer
纠正元素	糾正元素	element of rectification
九物镜航空摄影机	九物鏡航空攝影機	ninelens aerial camera
旧城改造	都市更新	urban renewal
局部磁异常	局部磁力異常	local magnetic anomaly
矩形分幅	矩形分幅	rectangular mapsubdivision
距角,大距	距角	elongation
距离测量	距離量測	distance measurement
[距离测量]弹簧秤	[距離測量]彈簧秤	spring-balance
距离方向	距離方向	range direction
距离交会法	距離交會法	intersection by distances
距离解析率	距離解析率	resolution in distance, resolution in range
距离判决函数	距離判決函數	distance decision function
距离弯曲	距離彎曲	range curvature

大　陆　名	台　湾　名	英　文　名
距离位移	距離徙動	range migration
聚光透镜	聚光透鏡	collective lens
聚集合成天线	聚焦合成天線	focused synthetic antenna
聚类分析	集群分析	cluster analysis
卷尺	捲尺	tape
卷尺测锤	捲尺測錘	tape gauge
卷尺测距温度改正	量距溫度改正	temperature correction to taped length
卷尺垂曲	捲尺中陷	sage of tape
卷尺改正	捲尺改正	tape correction
卷尺检定	測尺檢定	calibration of tape
卷尺台	捲尺台	taping stool
卷尺温度计	捲尺溫度計	tape thermometer
卷尺丈量	捲尺測量	taping
卷筒纸	捲筒紙	endless paper
卷筒纸印刷	捲筒印刷	web-fed printing
卷轴地图	捲軸地圖	strip map
绝对定向	絕對方位判定	absolute orientation
绝对定向元素	絕對定向元素	elements of absolute orientation
绝对高度	絕對高度	absolute altitude
绝对航高	絕對航高	absolute flying height
绝对基准	絕對基準	absolute datum
绝对径向速度	絕對射線速度	absolute radial velocity
绝对立体视差	絕對立體視差	absolute stereoscopic parallax
绝对视差	絕對視差	absolute parallax
绝对误差	絕對誤差	absolute error
绝对星表	絕對星表	absolute[star]catalog
绝对星等	絕對星等	absolute magnitude
绝对阈	絕對界檻值	absolute threshold
绝对重力	絕對重力	absolute gravity
绝对重力测量	絕對重力測量	absolute gravity measurement
绝对重力仪	絕對重力儀	absolute gravimeter
绝对自行	絕對自行	absolute proper motion
军事工程测量	軍事工程測量	military engineering survey
军用地图	軍用地圖	military map
军用海图	軍用海圖	military chart
军用简要天文年历	軍用簡要天文年曆	military abridged ephemeris
均差	均差	inequality
均方根误差	均方根誤差	root mean square error, RMSE

大　陆　名	台　湾　名	英　文　名
均衡大地水准面	均衡大地水準面	isostatic geoid
均衡重力改正	地殼均衡重力改正	isostatic gravity correction
均衡重力归算	地殼均衡重力歸算	isostatic gravity reduction
均衡重力异常	地殼均衡重力異常	isostatic gravity anomaly
均夷作用	均夷作用	gradation
竣工测量	竣工測量	finish construction survey

K

大　陆　名	台　湾　名	英　文　名
喀斯特地形,岩溶地形	喀斯特地形	karst topography
喀斯特河,岩溶河	喀斯特河,岩溶河	karst river
喀斯特景观,岩溶景观	喀斯特景觀	karst landscape
卡里匹克周期	卡裏匹克週期	Callippic cycle
卡彭铁尔控制器	卡本替爾控制器	Carpentier inverter
卡西尼蒙气差公式	凱西泥濛氣差公式	Cassini's refraction formula
卡西尼坐标	凱西尼坐標	Cassini coordinates
卡西尼坐标系	凱西尼坐標系	Cassini coordinate system
开采沉陷观测	開採沉陷觀測	mining subsidence observation
开采沉陷图	開採沉陷圖	map of mining subsidence
开窗	開窗	windowing
开阔地	開敞地,空曠地	open space
开普勒定律	克蔔勒定律	Kepler's law, Kepler's planetary law
开普勒方程式	克蔔勒方程式	Kepler's equation
开普勒椭圆	克蔔勒橢圓	Kepler ellipse
开普勒元素	克蔔勒元素	Keplerian element
开挖线	開挖線	excavation line
开印样	初版樣張	press proof
勘测设计阶段测量	勘測設計階段測量	survey in reconnaissance and design stage
勘测图	勘測圖	reconnaissance map, exploration map
勘界	勘界	boundary settlement
勘探基线	勘探基線	prospecting baseline
勘探网测设	勘探網測設	prospecting network layout
勘探线测量	勘探線測量	prospecting line survey
勘探线剖面图	勘探線剖面圖	prospecting line profile map
康索尔海图	無線電導航圖	Consol chart
抗差估计	抗差估計	robust estimation
抗磁性	反磁性	diamagnetism

大 陆 名	台 湾 名	英 文 名
考古摄影测量	考古攝影測量	archaeological photogrammetry
拷贝	複製品	copy
烤版机	烤版機	whirler machine, whirler coating machine
珂罗版	珂羅版	collotype
珂罗版印刷	珂羅版法	collotype process
珂罗版印刷机	珂羅版印刷機	collotype press
科里奥利力	科利奧利氏力,地球自轉偏向力	Coriolis force
可变光阑	可變光欄	iris diaphragm
可变孔径	可變光圈孔徑	iris aperture
可见光	可見光	visible light
可见光谱	可見光譜	visible spectrum
可见弧	明弧	arc of visibility
可调目镜	可調目鏡	adjustable eyepiece
可调座架	可調座架	adjustable mount
可疑水深	可疑水深	doubtful sounding
可置换觇标座	可置換覘標座	traversing target set
克拉克椭球体	克拉克橢球體	Clarke's spheroid
克拉索夫斯基椭球	克拉索夫斯基橢球	Krasovsky ellipsoid
克莱罗定理	克來勞原理	Clairaut theorem
克罗马林打样	柯馬林打樣	cromalin proofing
刻刀(=刻针)		
刻绘	雕繪	scribing
刻图笔	雕刻筆	pen-type graver
刻图片	雕繪版	scribed plate, scribed sheet
刻图头	雕刻針頭	scriber cursor
刻图仪	雕繪器	scriber
刻图桌	雕刻桌	engraving table
刻针,刻刀	刻針	scribing point
坑道	橫坑	adit
坑道平面图	坑道平面圖	adit planimetric map
坑探工程测量	坑探工程測量	adit prospecting engineering survey
空盒气压计,无液气压计	空盒氣壓計,無液氣壓計	aneroid barometer
空基系统	空基系統	space-based system
空间大地测量学	空間大地測量學	space geodesy
空间导杆	空間導桿	spatial rod
空间分辨率	空間解析率	spatial resolution

大 陆 名	台 湾 名	英 文 名
空间改正	自由空間改正	free-air correction
空间改正的调整大地水准面	空間改正補助大地水準面	free-air cogeoid
空间归算	自由空間歸算	free-air reduction
空间后方交会	空間後方交會	resection in space, space resection
空间极坐标系统	空間極坐標系統	space polar coordinate system
空间模型	空間模型	spatial model
空间平台	太空載台	space platform
空间前方交会	空間前方交會	space intersection
空间实验室	空間實驗室	Spacelab
空间数据	空間資料	spatial data
空间数据基础设施	空間資料基礎設施	spatial data infrastructure, SDI
空间数据库管理系统	空間資料庫管理系統	spatial database management system
空间数据转换	空間資料轉換	spatial data transfer
空间斜墨卡托投影	空間斜軸麥卡托投影	space oblique Mercator projection
空间信息可视化	空間資訊視覺化	visualization of spatial information
空间异常	自由空間異常	free-air anomaly
空间站	太空站	space station
空间直角坐标	空間直角坐標	space rectangular coordinates
空间坐标	空間坐標	space coordinates
空旷地比例	空曠地比例	open space ratio, OSR
空腔谐振器	空腔諧振器	cavity resonator
空速	空速	air speed
空中导航	空中航行術	aerial navigation
空中导线测量	空中導線測量	aeropolygonometry
空中平台	空中載台	aerial platform
空中三角测量	空中三角測量	aerotriangulation
GPS 空中三角测量	GPS 空中三角測量	GPS aerotriangulation
空中三角测量平差	空中三角平差	aerotriangulation adjustment
空中摄站	空中攝影站	air station
空中水准测量	空中水準測量	aeroleveling
孔版印刷	孔版印刷	porous printing
孔径(=光圈)		
孔径比	孔徑比	aperture ratio
孔径光阑	孔徑光欄	aperture diaphragm
孔径角	孔徑角	angle of aperture
控制测量	控制測量	control survey
控制测量分类	控制測量分類	control survey classification

大　陆　名	台　湾　名	英　文　名
控制测站	控制測站	control station
控制点	控制點	control point
控制点图	控制點圖	control diagram
控制扩展	控制擴展,控制點擴展	extension of control
控制摄影	控制攝影	control photography
控制网	控制網	control network
控制像片镶嵌图	控制像片鑲嵌圖	controlled photograph mosaic
库容测量	庫容測量	reservoir storage survey
夸张立体	誇張立體	exaggerated relief
跨河水准测量	渡河水準測量	river-crossing leveling
跨接线	跨帶線	jumper
跨区建筑物	跨區建物	covering districts building
跨水准	跨水準	striding level
跨水准管	跨水準管	striding level
块状图	方塊立體透視圖,塊狀圖	block diagram
快门	快門	shutter
快门开关	快門開關器	shutter release
快门片	快門片	shutter disc
快门速度	快門速度	shutter speed
快门透光效率	快門露光效率	efficiency of transmission of a shutter
快门效率	快門效率	shutter efficiency
快视,速视	快視	quick look
宽带滤光片	寬帶濾光片	broad bandpass filter
矿产图	礦產圖	map of mineral deposits
矿场平面图	礦場平面圖	mining yard plan
矿井,竖井	直井, 豎井,豎坑	shaft
矿井双垂线法	礦井雙垂線法	double-plumbing of a shaft
矿区控制测量	礦區控制測量	control survey of mining area
矿山测量	礦區測量	mine survey
矿山测量交换图	礦山測量交換圖	exchanging documents of mining survey
矿山测量图	礦山測量圖	mining map
矿山测量学	礦山測量學	mine surveying
矿山经纬仪	礦山經緯儀	mining theodolite
矿体几何[学]	礦體幾何[學]	mineral deposits geometry
矿体几何制图	礦體幾何製圖	geometrisation of ore body
框标	框標	fiducial mark
框标点	框標點	fiducial point

大　陆　名	台　湾　名	英　文　名
框标坐标轴	像框坐標軸	fiducial axis
框幅摄影机	像框攝影機	frame camera
框式水准计	框式水準器	block level，frame level
扩散转印	擴散轉印	diffusion transfer
扩展游标	伸展游標	extended vernier

L

大　陆　名	台　湾　名	英　文　名
拉尺器	拉尺器	tape stretcher
拉格朗日投影	拉格朗日投影	Lagrange's projection
拉格朗日行星运动方程	拉格朗日行星運動方程	Lagrange's variational equation
拉力架	拉力架	straining trestle
拉普拉斯点	拉普拉斯點	Laplace point
拉普拉斯方程式	拉普拉斯方程式	Laplace equation
拉普拉斯方位角	拉普拉斯方位角	Laplace azimuth
拉普拉斯条件	拉普拉斯條件	Laplace condition
蜡版	蠟版	wax impression
蜡刻版	蠟刻版	wax engraved plate
莱曼法	李門氏法	Lehmann's method
兰勃特定理	蘭伯特定理	Lambert's theorem
兰勃特方位线	蘭伯特方向線	Lambert bearing
兰勃特投影	蘭伯特投影	Lambert projection
兰勃特正性圆锥投影	蘭伯特正形圓錐投影	Lambert conformal conical projection
拦河坝	攔河壩	barrage
蓝版(＝水系版)		
蓝底图	藍晒圖	blue key
蓝色线划	藍色線	blue line
蓝图清绘	藍圖清繪	blueprint drawing
蓝线版	藍線版	blueline board
浪花	浪花	breaker
浪蚀阶地，海蚀阶地	波蝕階地	wave-cut terrace
勒夫数	勒夫數	Love's number
勒让德多项式	勒戎德爾多項式	Legendre polynomial
雷达	雷達	radar
雷达波长	雷達波長	radar wavelength
雷达测高仪	雷達測高儀	radar altimeter
雷达测距方程	雷達測距方程式	radar range equation

大 陆 名	台 湾 名	英 文 名
雷达发射机	雷達發送機	radar transmitter
雷达方程	雷達方程	radar equation
雷达覆盖区	雷達覆蓋區	radar overlay
雷达截面	雷達截面	radar cross section
雷达校准	雷達校準	radar calibration
雷达明显目标	雷達顯明目標	radar conspicuous object
雷达前坡收缩	雷達前坡收縮	radar foreshortening
雷达摄影	雷達攝影	radar photography
雷达摄影测量	雷達攝影測量	radargrammetry
雷达视差	雷達視差	radar parallax
雷达探空仪	雷達探空儀	radarsonde
雷达天文学	雷達天文學	radar astronomy
雷达信号台	雷達訊標	racon
雷达阴影	雷達陰影	radar shadow
雷达应答器	雷達應答器	radar responder
雷达影像比例尺	雷達影像比例尺	radar image scale
雷达影像特征	雷達影像特徵	radar signature
雷达影像镶嵌	雷達影像鑲嵌	radar image mosaic
雷达指向标	雷達標誌	radar ramark
类别视觉感受	類別視覺感受	perceptual groupings
类星体	似星體	quasar，quasi-stellar
类型地图	類型地圖	typal map
累积闭合差	累積閉合差	accumulated divergence
累积误差	累積誤差	accumulated error，cumulative error
棱镜	稜鏡	prism
棱镜测距仪	稜鏡測距儀	prismatic telemeter
棱镜等高仪	稜鏡等高儀	prismatic astrolabe
棱镜经纬仪	折射經緯儀	prismatic transit
棱镜立体镜	稜鏡立體鏡	prism stereoscope
棱镜罗盘仪	稜鏡羅盤儀	prismatic compass
棱柱体公式法	稜柱體公式法	prismoidal formula method
冷色	冷色	cold color
离堆山，曲流环绕岛	離堆丘，曲流丘	meander core
离向摄影	分向攝影	divergent photography
离心力	離心力	centrifugal force
离心力位	離心力位	centrifugal potential
礼炮号航天站	禮炮號航太站	Salyut Space Station
理论地图学	理論地圖學	theoretical cartography

大　陆　名	台　湾　名	英　文　名
理论天文学	理論天文學	theoretical astronomy
理论误差	理論誤差	theoretical error
理论重力	理論重力	theoretical gravity
理论最低潮面	較低低潮基準面	lowest normal low water
理论最高潮面	理論最高潮面	highest normal high water
理想摆	理想擺	ideal pendulum
理想大地水准面	理想大地水準面	ideal geoid
力高	力高	dynamic height
力高改正	力高改正	dynamic correction
力学尺	力學尺	dynamic meter, geodynamic meter
历史地图	歷史地圖	historic map
历书日	曆日	ephemeris day
历元	曆元	epoch
历元平极	曆元平極	mean pole of the epoch
历月	曆月	calendar month
立标	標桿	beacon
立标系统	標桿系統	beaconage
立井导入高程测量	立井導入高程測量	induction height survey through shaft
立井定向测量	立井定向測量	shaft orientation survey
立井激光指向[法]	立體雷射指向[法]	laser guide of vertical shaft
立体编图	立體編圖	stereo compilation
立体测距仪	立體測距儀	stereoscopic range finder
立体测量	立體測量學	stereometry
立体测图仪	立體測圖儀	stereoplotter, stereoscopic plotter
立体重叠	立體重疊	stereo-overlap
立体重叠范围	立體重疊範圍	stereoscopic coverage
立体观测	立體觀測	stereoscopic observation
立体观察	立體觀察	stereoscopy
立体基线	立體基線	stereo-base
立体镜	立體鏡	stereoscope
立体量测摄影机	立體量測攝影機	stereometric camera
立体量测仪	立體量測尺	stereometer
立体模片	立體模片	stereotemplet
立体模型	立體模型	relief model, stereo model
立体凝合	立體凝合	stereoscopic fusion
立体判读仪	立體判讀儀	stereointerpretoscope
立体三角测量	立體三角測量	stereotriangulation
立体摄影	立體攝影	stereo photography

大陆名	台湾名	英文名
立体摄影测量	立體攝影測量,立體攝影地形測量	stereo-photogrammetry, stereo-phototopography
立体摄影机	立體量測攝影機	stereocamera
立体视差	立體視差	stereoscopic parallax
立体视觉	立體視覺	stereoscopic vision
立体视晰度	立體視晰度	stereoscopic acuity
立体视野半径	立體視域半徑	radius of stereoscopic perception
立体图	立體圖	relief map, alto-relievo map
立体图像	立體圖像	stereogram
立体像对	立體像對	stereopair
立体像片对	立體像片	stereomate
立体印刷	立體印刷	three-dimensional printing
立体影像	立體影像,立體像	stereoscopic image, relief image
立体原理	立體原理	stereoscopic principle
立体正摄影像	立體正射像片,立體化正射像片	stereo orthophoto
立体坐标量测仪	立體坐標量測儀,立體坐標測圖儀	stereo comparator
粒子加速器测量	粒子加速器測量	particle accelerator survey
连岛沙洲	連島沙洲	tombolo
连接点	連接點,結合點	pass point, tie point
连晒	連曬	step-and-repeat
连续对比	連續對比	successive contrast
连续调	連續色調	continuous tone
连续反应	連續反應	continuing reaction
连续方式	連續方式	continuous mode
连续光谱	連續光譜	continuous spectrum
连续航带摄影机	連續航帶攝影機	continuous strip aerial camera
连续航带摄影像片	連續航帶攝影像片	continuous strip aerial photograph
连续航线摄影	連續航帶攝影	continuous strip photography
连续减光板	連續減光板	continuous attenuator
连续色调摄影	連續調攝影	continuous tone photography
连续摄影	連續攝影	sequence photography
连续像片衔接	接橋	bridging
帘幕式快门	焦點快門	focal plane shutter, curtain shutter
联测	連測	tie in
联测比对	聯測比對	comparison survey
联测定位法	聯測定位法	translocation mode

大　陆　名	台　湾　名	英　文　名
联合平差	綜合平差法	combined adjustment
联合作战图	聯合作戰圖	joint operation graphic, JOG
联机空中三角测量	聯機空中三角測量	on-line aerophotogrammetric triangulation
联接点	翼點	wing point
联盟号宇宙飞船	聯盟號太空船	Soyuz Spacecraft
联系测量	聯繫測量	connection survey
联系三角形法	聯繫三角形法	connection triangle method
联系数	關聯值	correlate
联系数法	繫數法	method of correlates
链	錨鏈	cable
链测法	鏈測法	chaining
链式水尺	鏈式水尺	chain gauge
两点法,两点问题	兩點法	two-point problem
两点问题(=两点法)		
两面角	兩面角	dihedral angle
两栖图	兩棲圖	amphibious map
亮度	亮度	lightness, brightness
亮度比	亮度比尺	brightness scale
亮度对比	亮度對比	brightness contrast
亮光油墨	亮光油墨	high gloss ink
亮温度	亮度溫度	brightness temperature
晾纸	晾紙	airing paper
量测角	實測角	measured angle
量测距离	實測距離	measured distance
量测立体镜	量測立體鏡	measuring stereoscope
量测摄影机	測量攝影機	surveying camera, metric camera
量测台	觀測台	measuring platform
量底法	量底法	quantity base method
量化	量化	quantizing, quantization
量角器	袖珍測角儀	goniasmenetre
量距准直改正	量距定直線改正	alignment correction to taped length
量热器,热量计	量熱器	calorimeter
列线图,诺模图	列線圖	nomogram, nomographic chart
裂缝观测	裂縫觀測	fissure observation
邻带方里网	鄰帶方里網	grid of neighboring zone
邻幅	鄰幅	contiguous sheet
邻图拼接比对	鄰圖拼接比對	comparison with adjacent chart
邻元法	鄰元法	neighborhood method

大 陆 名	台 湾 名	英 文 名
林业测量	森林測量	forest surey
林业基本图	林業基本圖	forest basic map
临街界线	臨街界線	front of lot
临界水深	臨界水深	critical sounding
临时版(=试印版)		
临时版地图	臨時地圖	provisional map
临时水准点	臨時水準點	temporary bench mark
灵敏度	靈敏度	sensitivity
菱形棱镜	菱形稜鏡	rhomboidal prism
零长度弹簧重力仪	零長度彈簧重力儀	zero-length spring gravimeter
零磁偏线	零磁偏線	agonic line
零点	零點	zero point, null point
零漂改正	零漂改正	correction of zero drift
零[位]线改正	零[位]線改正	correction of zero line
零相位效应	零相位效應	zero-phase effect
零子午线	原點子午線	zero meridian
领海	領海	territorial sea, territorial waters
领海基点	領海基點	basepoint
领海基线测量	領海基線測量	territorial sea baseline survey
令	令	ream
流	流	current
流体水准测量	流力水準測量	hydrodynamic leveling
流星	流星	shooting star
流序	流序	sequence of current
流周期	潮流週期	current cycle
六分仪	六分儀	sextant
六十进制度盘	六十分制度盤	sexagesimal circle
龙门板	水平樁	batter board
露天矿测量	露天礦測量	opencast survey
露天矿矿图	露天礦圖	opencast mining plan
露头	露頭	outcrop
鲁洛夫斯太阳棱镜	魯洛夫斯太陽稜鏡	Roelofs solar prism
陆标	陸標	landmark
陆标要素	地標記號	landmark feature
陆地卫星	陸地衛星	Landsat
陆架海	陸棚海	shelf seas
路堤边坡	路堤邊坡	bank slope, embankment slope
路拱高度	路拱高度	amount of crown

大 陆 名	台 湾 名	英 文 名
路基	路基	subgrade, road bed
路肩	路肩	shoulder
路界栅	地界柵	right-of-way fence
路权	路權	right-of-way
路权桩	路權樁	right-of-way stake
旅游地图	觀光地圖	tourist map
铝版	鋁版	aluminum plate
滤波器	濾波器	filter
滤光镜	濾光鏡	light filter
滤光片	濾光片	optical filter
滤光片有效透过率	濾光片有效透射率	filter effective transmittance
滤光系数	濾光片係數	filter factor
滤色法	濾色法	color filter method
滤色镜	濾色鏡	color filter
轮转印刷机	輪轉印刷機	wed press
罗洪先	羅洪先	Lo Hung-shian
罗经(=罗盘仪)		
罗经导线	羅盤儀導線	compass traverse
罗经法则	羅盤儀法則	compass rule
罗经盒	羅盤盒	binnacle
罗经[校正]标	羅經校正標	compass adjustment beacon
罗经座	羅盤座	binnacle
罗兰	羅蘭	Loran, long-range navigation
罗兰-C 定位系统	羅蘭-C 定位系統	Loran-C positioning system
罗兰海图	諾南圖,遠程雙曲線定點陣圖	Loran chart
罗盘经纬仪	羅盤經緯儀	compass theodolite
罗盘仪,罗经	羅盤儀	compass
罗盘仪测量	羅盤儀測量	compass survey
逻辑兼容	邏輯相容	logical consistency
螺线交点	螺形線交點	point of spiral to spiral
螺形偏角	螺形偏角	spiral deflection angle
螺旋桨流速仪,旋桨式流速计	螺槳流速儀	propeller current meter
螺旋曲线	螺形曲線	spiral curve
落潮	退潮,落潮	ebb tide, falling tide
落潮流	退潮流	ebb current, ebb stream
落潮时	落潮時間	duration of fall

M

大 陆 名	台 湾 名	英 文 名
马赛克效应	馬塞克效果	mosaic effect
C/A 码，粗码	C/A 電碼，粗碼	coarse /acquisition code，C/A code
P 码(=精码)		
霾	霾	haze
脉冲重复频率	脈衝重複頻率	pulse repetition frequency
脉冲星	脈動電波星	pulsar
脉冲压缩技术	脈衝壓縮技術	pulse compression technique
漫射	漫射	diffusion
芒塞尔色系	孟塞爾表色系	Munsell color system
盲色片	消色片	achromatic film
毛面	粗面	matt-surface
毛细管绘图笔	毛細管繪圖筆	capillary pen
锚泊测站	錨碇測站	anchor station
锚地	錨泊區	anchorage area
锚地浮标	錨地浮	anchorage buoy
锚位	錨位	anchor position
卯酉面	主垂面	prime vertical plane
卯酉圈	卯酉圈	prime vertical
卯酉圈曲率半径	卯酉圈曲率半徑	radius of curvature in prime vertical
[美国]国家影像制图局	國家影像及製圖局	National Imagery and Mapping Agency，NIMA
蒙绘	蒙繪	mask artwork
蒙片	蒙片	mask
蒙气差	濛氣差,天文折射	astronomical refraction
米勒圆柱投影	米勒圓柱投影	Miller's cylindrical projection
密度-曝光量对数曲线	哈德曲線	H&D curve
密度表示法	密度表示法	dasymetric representation
密度范围	密度範圍	density range，DR
密度分割	灰度分割	density slicing
密度计	密度計	densitometer
面积测量	面積測量	area measurement
面积加权平均分辨率	面積加權平均解析率	area-weighted average resolution，AWAR
面水准测量	面積水準測量法	area leveling

大 陆 名	台 湾 名	英 文 名
面水准计算法	面積水準[土方]計演算法	area leveling method
面状符号	面狀符號	area symbol
描图纸	描圖紙	tracing paper
瞄直法	瞄直法	sighting line method
秒差距	秒差距	parsec
民用日	民用日	civil day
民用时	民用時	civil time
名义量表	類別量表	nominal scaling
明暗等高线	光影等高線	illuminated contours
明调原稿	明調原稿	high-key copy
明度	明度	value lightness
明礁	明礁,上升礁	bare rock, uplifted reef
明锐度	明銳度	sharpness
明显地物点	明顯地物點	outstanding point
冥王星	冥王星	Pluto
模糊程度	模糊	unsharpness
模糊分类法	模糊分類法	fuzzy classification method
模糊影像	模糊影像	fuzzy image
模拟测图仪	類比測圖儀,類比接橋	analog plotter, analog bridging
模拟磁带	類比磁帶	analog tape
模拟地图	類比地圖	analog map
模拟法测图	類比法測圖	analog photogrammetric plotting
模拟空中三角测量	類比空中三角測量	analog aerotriangulation
模拟立体测图仪	類比立體測圖儀	analog stereoplotter
模拟摄影测量	類比攝影測量	analog photogrammetry
模[拟]数[字]转换	類比至數位轉換	analog-to-digital conversion
模片	模片	templet
模片法	模片法	templet method
模片切孔机	模片切孔機	templet cutter
模片组合	模片組合	templet assembly
模式识别	圖形識別	pattern recognition
模型连接	模型連接	bridging of model
模型缩放	調整模型比例尺	scaling of model
模型置平	模型置平,模型改平	leveling of model, model leveling
模型坐标	模型坐標	model coordinates
磨版	磨版	graining
磨版表面	粒紋版面	grained surface

大陆名	台湾名	英文名
磨版机	磨版機	graining machine, grinding machine
磨损	穿損	wearing
莫尔	波紋,雲紋	moiré
莫尔斯求倾角法	摩爾斯求傾角法	Morse's method of determining tilt
莫尔条纹	錯網花紋	moiré pattern
莫尔韦德投影	摩爾威特投影	Mollweide's projection
莫霍不连续面,莫霍面	莫荷不連續面	Moho discontinuity
莫霍面(=莫霍不连续面)		
莫洛坚斯基改正	莫洛堅斯基改正	Molodensky correction
莫洛坚斯基公式	莫洛堅斯基公式	Molodensky formula
莫洛坚斯基理论	莫洛堅斯基理論	Molodensky theory
墨斗	墨斗	duct
墨辊脱墨	脱墨	roller stripping
墨卡托	麥卡托	Gerhardus Mercator
墨卡托海图	麥卡托海圖	Mercator chart
墨卡托投影	麥卡托投影	Mercator projection
默冬周期	麥冬週期	Metonic cycle
母钟,主钟	母鐘	master clock
木星	木星	Jupiter
木质标	質高標	wooden tower
目标不对称	覘標不對稱	asymmetry of object
目标反射器	目標反射器	target reflector
目标区	目標區	target area
目标像片	單點像片	pin-point photograph
目测	目測	visual inspection
目镜	目鏡	eyepiece
目镜测微器	目鏡測微器	ocular micrometer
目镜调焦	目鏡調焦	eyesight adjustment
目镜照明灯	目鏡照明器	eyepiece lamp
目视飞行	目視飛行	visual flight
目视光度计	目視光度計	visual photometer
目视光度学	目視光度術	visual photometry
目视判读	視覺判讀	visual interpretation
目视天顶仪	目視天頂儀	visual zenith telescope
目视星等	目視星等	visual magnitude
目视中心	目視中心	center of vision

N

大　陆　名	台　湾　名	英　文　名
耐印力	耐印力	durability
南极	南極	south pole
南极圈	南極圈	antarctic circle
南极制图	南極製圖	antarctic mapping
南距	南距	southing
南生采水器	南森瓶	Nansen bottle
挠度观测	撓度觀測	deflection observation
内部定向	内方位判定	interior orientation
内插	内插法	interpolation
内插误差	内插誤差	interpolation error
内港	内港	inner harbor
内角	内角	interior angle
内角或外角法	内角或外角法	interior angle or exterior angle method
内调焦	内調焦	internal focussing
内调焦望远镜	内調焦望遠鏡	interfocusing telescope, interior focusing telescope
内透视中心	内透視中心	interior perspective center
内图廓线	内圖廓線	neatline
内行星	内行星	inner planets
内业	内業	office work
内业计算	内業計算	office computation
能见度	能見度,可見度	visibility
能见范围	視程	visual range
能见距离	能見距離	vision distance
能见敏锐度	能見敏鋭度	visibility acuity
能量	能量	energy
能量收聚镜	能量收聚鏡	energy collection optics
能源	能源	energy sources
泥火山	泥火山	mud volcano
泥石流	土石流	solifluction, debris flow
拟稳平差	擬穩平差	quasi-stable adjustment
逆插法	反插法	inverse interpolation
逆潮	逆潮	reversed tide

大陆名	台湾名	英文名
逆读游标	逆讀游標	retrograde vernier
逆合成孔径雷达	逆合成孔徑雷達	inverse SAR
逆时针方向读数,反时针方向读数	反時針方向讀數	anticlockwise reading
逆转点法	逆轉點法	reversal point method
1954 年北京坐标系	1954 年北京坐標系	Beijing Geodetic Coordinate System 1954
年差	周年光行差	annual change of magnetic variation
年平均海面	年平均海面	annual mean sea level
黏度计	滯性劑	viscometer
鸟瞰图	鳥瞰圖	bird's eye view map
牛顿成像公式	牛頓透鏡公式	Newton's lens equation
牛顿反射式望远镜	牛頓反射望遠鏡	Newtonian reflector
牛顿环	牛頓環	Newton's rings
牛轭湖	牛軛湖,割斷湖	ox-bow lake, cut-off lake
农林边缘土地	農林邊際土地	marginal land between agriculture and forestry
农田测量	農地測量	farmland surveying
农田规划	農地重劃	farm land consolidation, farm land readjustment
农用地	農地	farm land
暖色	暖色	warm color
诺模图(=列线图)		

O

大陆名	台湾名	英文名
欧拉测流法	歐拉測流法	Eulerian method
欧拉定理	歐拉定理	Euler's theorem
欧洲遥感卫星	歐洲遙感衛星	Europe Remote Sensing Satellite, ERS
偶然误差	偶然誤差,不規則誤差	accident error, irregular error

P

大陆名	台湾名	英文名
排版	排版,組版	composing
排水系统	下水道系統	sewer system, sewage system
派生地图	編纂地圖	derived map
盘石	盤石	underground mark

大　陆　名	台　湾　名	英　文　名
判读	判讀,判釋	interpretation
判读要素	判讀要素	interpretation element, interpretation key
判读仪	判讀儀	interpretoscope
旁向重叠	像片左右重疊,左右重疊	lateral overlap, side lap
旁向倾角	橫向傾角	lateral tilt
旁向倾斜像片	側向傾斜像片	lateral oblique photograph
抛物面反射镜	拋物面反射鏡	paraboloid reflector
炮兵测量	砲兵測量	artillery survey
裴秀	裴秀	Pei Shiou
配页	配帖	collating
配置略图	配置略圖	disposition sketch
喷笔	噴筆	air brush
喷墨绘图	噴墨印刷	ink-jet printing, IJP
盆地	盆地	basin
彭纳投影	彭納氏投影	Bonne's projection
膨胀系数	膨脹係數	coefficient of expansion
毗连区	鄰接區	contiguous zone
片基	片基	film support
偏差(=不符值)		
偏光立体镜	偏極光立體觀察法	polarized light in stereoscope
偏光立体像片	偏極光像片	vectograph
偏光屏	偏振濾光鏡	polar screen
偏航测深	偏航測深	drift sounding
偏航改正	偏航修正	off-course correction
偏航角	偏航角	angle of yaw
偏航指示器	偏航觀測器	drift sight
偏角	偏角	deflection angle
偏角导线	偏角導線	deflection angle traverse
偏角法	偏角法	method of deflection angle
偏角法导线测量	偏角法導線測量	running traverse by deflection angle
偏近点角	偏近點角	eccentric anomaly
偏食	偏蝕	partial eclipse
偏向光楔	偏向光楔	deviating wedge
偏心半径	偏心半徑	eccentric radius
偏心测站	偏心測站	eccentric station
偏心觇标	偏心覘標	eccentric signal
偏心方向	偏心方向	eccentric direction

大陆名	台湾名	英文名
偏心改正	偏心改正	eccentric correction
偏心观测	偏心觀測	eccentric observation
偏心归算	偏心歸算,偏心測站歸算	eccentric reduction
偏心距	偏心距	eccentric distance
偏心率	偏心率	eccentricity
偏心误差(=对中误差)		
偏折棱镜	折光稜鏡	deviation prism
偏振光	偏極光	polarized light
偏振光立体观察	偏振光立體觀察	vectograph method of stereoscopic viewing
偏振计	偏振計	polarimeter
偏振滤光片	偏極濾光鏡,偏光濾光鏡	polar filter, polarization filter
偏振面	偏極光面	polarization plane
偏振相片	偏極光透明像片	vectograph film
漂白,脱色	漂白	bleaching
漂角	漂移角	angle of drift
漂流浮标	漂流浮標	drifting buoy
漂流杆(=浮杆)		
拼版	拼版	composition
拼版精确性检验	看大樣	ruling up
拼接线	接合線	match line
频带	頻帶	frequency band
频率	頻率	frequency
频[率]偏[移]	頻[率]偏[移]	frequency offset
频[率]漂[移]	頻[率]漂[移]	frequency drift
频率误差	頻率誤差	frequency error
平凹版	平凹版	offset deep etch process
平凹版印刷	平凹版法	deep-etched process
平凹透镜	平凹透鏡,凹平透鏡	plano-concave lens, concave-plane lens
平凹锌版	平凹鋅版	zinc deep etch plate
平板测图法	平板測圖法	plane-table method
平板视距测量	平板視距測量	stadia plane-table survey
平板仪	平板儀	plane-table
平板仪测量	平板儀測量,平板測量	plane-table survey
平板仪导线	平板導線測量	plane-table traverse
平板仪定向	平板儀定方位	orientation of plane table
平板印刷	平版間接印刷法	offset lithography

大 陆 名	台 湾 名	英 文 名
平版	平版	surface plate
平版彩色印刷	平網彩印	flat color printing
平版印墨	平版印墨	offset ink
平差	配賦	balancing
平差点位	平差位置	adjusted position
平差改正	平差改正	adjustment correction
平差高程	平差高程	adjusted elevation
平差计算	平差計算	computation of adjustment
平差角	改正角	adjusted angle
平差值	平差值	adjusted value, adjusted quantity
平潮	平潮	stand, slack tide
平春分點	平春分點	mean equinox
平顶山,方山	平頂山，方山	mesa
平放水准器	平放水準器	block spirit level
平恒星日	平恆星日	mean sidereal day
平恒星时	平恆星時	mean sidereal time
平衡潮	平衡太陽潮	equilibrium tide
平衡锤	平衡器	counterweight
平滑	平滑化	smoothing
平极	平極	mean pole
平近点角	平近點角	mean anomaly
平均潮面	平均潮位	mean tide level
平均潮升	平均潮升	mean rise
平均大潮差	平均大潮差	mean spring range
平均大潮低潮面	平均大潮低潮面	mean low water springs, MLWS
平均大潮低低潮	平均大潮較低低潮	mean lower water springs, MLLWS
平均大潮高潮	平均大潮高潮	mean high water springs, MHWS
平均大潮高潮面	平均大潮高潮面	mean high water springs, MHWS
平均大潮升	平均大潮升	mean spring rise
平均低潮间隙	平均低潮間隔	mean low water interval, MLWI
平均低潮面	平均低潮面	mean low water, MLW
平均低低潮	平均較低低潮	mean lower low water, MLLW
平均地面高程	平均地面高程	mean ground elevation
平均地球椭球	平均地球橢球體	mean earth ellipsoid
平均端面积计算法	平均端面積計演算法	average end area method
平均高潮	平均高潮	mean high water, MHW
平均高潮间隙	平均高潮間隔	mean high water interval, MHWI
平均高潮面	平均高潮面	mean high water, MHW

大 陆 名	台 湾 名	英 文 名
平均高高潮	平均較高高潮	mean higher high water, MHHW
平均海面测定仪	平均海面儀	medimarimeter
平均海面归算	平均海面歸算	seasonal correction of mean sea level
平均海[水]面	平均海水面	mean sea level
平均黄道	平均黄道	mean ecliptic
平均曲率半径	平均曲率半徑	mean radius of curvature
平均日高潮不等	平均日周高潮不等	mean diurnal high water inequality
平均水位	平均水位	mean water level
平均朔望高潮间隙	朔望高潮間隔	high water full and change
平均误差	平均誤差	average error
平均小潮差	平均小潮差	mean neap range
平均小潮低潮面	平均小潮低潮面	mean low water neaps, MLWN
平均小潮高潮	平均小潮高潮	mean high water neaps, MHWN
平均小潮高潮面	平均小潮高潮面	mean high water neaps, MHWN
平均小潮升	平均小潮升	mean neap rise
平均运动	平均運動	mean motion
平均值	平均值	mean value
平均重力异常	平均重力異常	mean gravity anomaly
平均最低潮	最低均潮	lowest normal tide, lowest tide
平面闭合差	平面閉合差	plane error of closure
平面测量	平面測量	plane survey
平面测量学	平面測量學	planimetry
平面底图	平面基本圖	planimetric base map
平面极坐标	平面極坐標	planimetric polar coordinates
平面加密	平面接橋	horizontal bridging
平面控制	平面控制	horizontal control
平面控制点	平面控制點	horizontal control point
平面控制基准	平面控制基準點	horizontal control datum
平面控制网	平面控制測量網	horizontal control network
平面球形等高仪	平面球形等高儀	planispheric astrolabe
平面曲线测设	平面曲線測設	plane curve location
平面三角测量	平板三角測量	plane-table triangulation
平面三角形	平面三角形	plane triangle
平面摄影测量	平面攝影測量	planimetric photogrammetry
平面图	平面圖	plane
平面椭圆弧	平面橢圓弧	plane elliptic arc
平面旋转	平轉	horizontal rotation
平面直角坐标	平面直角坐標	plane rectangular coordinates

大　陆　名	台　湾　名	英　文　名
平面坐标	地平坐標	horizontal coordinates
平时钟	平時鐘	mean-time clock
平太阳	平太陽	mean sun
平太阳日	平太陽日	mean solar day
平太阳时	平太陽時	mean solar time
平天文子午面	平天文子午面	mean astronomic meridian plane
平凸透镜	平凸透鏡,凸平透鏡	plano-convex lens, convexo-plane lens
平网	平網	tint screen
平位置	平位置	mean place
平行玻璃板	平行玻璃版	parallel plate
平行玻璃板测微器	平行玻璃板測微鏡	parallax glass plate microscope
平行球	天體平面	parallel sphere
平行圈	平行圈	parallel circle
平移参数	平移元素	translation parameters
平月型	新月型	lune
平整土地测量	整地測量	survey for land smoothing, survey for land consolidation
平正午	平午正	mean noon
平装	平裝	paper-cover binding
屏幕地图	螢幕地圖	screen map
屏幕排版	幕前排版	screen composition
屏幕显示字体	螢幕字型	screen font
坡度(=梯度)		
坡度变化率	坡度變率	rate of change of grade
坡度变换点	坡度變換點	point of vertical intersection
坡度测设	坡度測設	grade location
坡度尺	坡度尺	slope scale, slope diagram
坡度点	坡度點	grade point
坡度线	坡度線	grade line
坡度斜率	坡度折減率	curve compensation
坡度桩	度樁	grade stake
坡脚桩	坡腳樁	batter peg
坡面经纬仪	坡面經緯儀	slope theodolite
坡折点	坡折點	break of slope
破图廓,出边	破圖廓,出面邊	bleeding edge, border break
破图廓地区	破圖廓地區	broken parcel
剖面	縱斷面	profile
普拉列系统	普拉烈系統	Precise Range and Rangerate Equipment,

大　陆　名	台　湾　名	英　文　名
		PRARE
普拉特地壳均衡理论	普拉第地殼均衡理論	Pratt's theory of isostasy, Pratt's hypothesis of isostasy
普通地图	一覽圖,總圖,簡圖	general map
普通地图集	普通地圖集	general atlas
普通摄影	普通攝影	ordinary photography

Q

大　陆　名	台　湾　名	英　文　名
期望值	期望值	expectation value
齐次坐标	齊次坐標	homogeneous coordinates
骑马钉	騎馬釘	saddle stiching
起矇翳	矇翳	fogging
起泡	起泡	blistering
[起]偏振镜(=极化镜)		
起始方位角	起始方位角	initial azimuth
起雾	墨霧	misting
气候图	氣候圖	climatic map
气泡居中	氣泡居中定平	centering of level bubble
气泡六分仪	氣泡六分儀	bubble sextant
气泡式验潮仪	氣泡式驗潮儀	bubbler gauge, bubble gauge
气室水准器	氣室水準器	chambered spirit level
气体激光器	氣體雷射器	gas laser
气象潮	氣象潮,氣候潮	meteorologic tide, weather tide
气象代表误差	氣象代表誤差	meteorological representation error
气象浮标	海氣象浮標	weather buoy, data buoy
气象光学	氣象光學	meteorological optics
气象图	氣象圖	meteorological chart
气象要素	氣象要素	meteorological element
气压表刻度	氣壓計刻度	barometer scale
气压表压力传感器	氣壓感測器	barometric pressure sensor
气压测高仪	氣壓測高計	barometric altimeter
气压高程	氣壓高程	barometric elevation
气压高程测量	氣壓高程測量	barometric leveling
气压高程控制	氣壓高程控制	aneroid height control
气压梯度	氣壓梯度,壓力梯度	barometric gradient, pressure gradient
气压转换开关	氣壓轉換開關	baroswitch

大 陆 名	台 湾 名	英 文 名
憩流	憩流	slack water
千米尺	公里尺	kilometer scale
铅垂线	鉛垂線	plumb line
[铅]垂线偏差	鉛垂線偏差	deflection of the plump line
前滨	前濱	foreshore
前尺手	前尺手	chain-leader
前顶点	前頂點	front vertex
前方交会	前方交會	[forward] intersection
前方交会法	單交會法	simple intersection method
前焦点	前焦點	front focal point
前节点	前節點	front nodal point
前进轮	前進輪	forwarding roller
前视	前視,直覘	foresight
前移	前移	advance
前置增幅器	前置增幅器	preamplifier
钱德勒摆动	陳德勒擺動	Chandler wobble
钱德勒周期	陳德勒週期	Chandler's period, Chandlerian term
潜像,潜影	潛像	latent image
潜影(=潜像)		
浅地层剖面仪	海底淺層剖面儀	sub-bottom profiler
浅海带(=近海区)		
浅海区	淺海海域	neritic province
浅倾斜像片	急傾斜像片	low oblique photograph
浅色调	淡色調	tint
浅水潮汐	淺水區潮汐	shallow water tide
浅滩	淺灘,沙洲	shoal
浅滩浮标	沙洲浮	bar buoy
浅滩礁	淺灘礁	shoal reef
强制符合条件	強制符合條件	condition for constrained annexation, constraining condition
强制附合三角网	強制附合三角網	annexed triangulation net
桥墩定位	橋墩定位	location of pier
桥梁测量	橋位測量	bridge survey
桥梁控制测量	橋樑控制測量	bridge construction control survey
桥梁轴线测设	橋樑軸線測設	bridge axis location
桥式立体镜	橋式立體鏡	bridge-type stereoscope
切边标记	切割線	trim mark
切点	切點	point of tangency

大　陆　名	台　湾　名	英　文　名
切线	切線	tangent
切线长	切線長	tangent distance
切线法	正切視距法	tangential method
切线支距法	切線支距法	tangent offset method
切向畸变	正切畸變差	tangential distortion, tangential lens distortion
切向畸变差,剪切畸变差	剪形畸變差	shear distortion
侵蚀地形	溶蝕地形	corrosion topography
侵蚀旋回	海準變動回春	eustatic rejuvenation
侵蚀周期	侵蝕循環	cycle of erosion
青岛基准	青島基準	Tsingtao datum
倾角	傾角,偏斜角	angle of inclination, obliquity
倾角方向	傾角方向	direction of tilt
倾斜变换线	傾斜變換線	change line of slope
倾斜地面摄影像片	地面傾斜攝影像片	oblique terrestrial photograph
倾斜改正	傾斜改正	correction for inclination, grade correction
倾斜观测	傾斜觀測	oblique observation, tilt observation
倾斜航空像片	航攝傾斜像片	oblique aerial photograph
倾斜角	傾斜角	angle of tilt, tilt
倾斜罗经	傾斜羅盤	inclination compass
倾斜罗盘仪	傾斜羅盤儀	inclinatorium
倾斜摄影	傾斜攝影	oblique photography
倾斜位移	傾斜移位	tilt displacement
倾斜像片	傾斜像片	oblique photograph
倾斜像片绘图仪	傾斜像片繪圖儀	oblique photo plotter
倾斜像片转绘仪	傾斜像片草圖測繪儀	oblique sketch master
倾斜仪	測斜儀	clinometer
清绘	清繪	fair drawing
清绘版	清繪版	drafting board
清绘图	清繪圖	fair chart
清绘原图	清繪原圖	ink manuscript
清绘着墨	清繪著墨	pen-and-ink drafting
清晰度	清晰度	definition
丘奇法	丘奇法	Church's method
秋分大潮	秋分大潮	autumnal equinoctial tide
秋分点	秋分點	autumnal equinox, september equinox
求积仪	求積儀,補償求積儀	planimeter, platometer

大　陆　名	台　湾　名	英　文　名
求积仪极点	求積儀極點	pole of planimeter
求距角,传距角	距離角	distance angle
求心器，定点器，移点器	求心器，定點器，移點器	plumbing arm, centring bracket
球面基座	球窩基座	ball socket base
球面角	球面角	spherical angle
球面角超	球面角超,旋轉橢球面角超	spherical excess, spherical of riangle excess
球面三角形	球面三角形	spherical triangle
球面色像差	球面色像差	spherochromatic aberration
球面天文学	球面天文學	spherical astronomy
球面投影	球面投影	stereographic projection
球面透镜	球面透鏡	spherical lens
球面像差	球面像差	aberration of sphericity, spherical aberration
球面坐标系统	球面坐標系統	spherical coordination system
球头三脚架头	窩球三腳架首	joint tripod head
球窝关节	球窩關節	ball and socket joint
球谐函数	球諧函數	spherical harmonics
球心投影，日晷投影	日晷投影	gnomonic projection
球形投影	球狀投影	globular projection
区划图	區劃地圖	regionalization map
区时	區域時	zone time
区域地图集	區域地圖集	regional atlas
区域地质调查	區域地質調查	regional geological survey
区域地质图	區域地質圖	regional geological map
区域航空图	區域航空圖	area charts
区域计划	區域計劃	regional plan
区域示意图	圖料表	coverage diagram
区域网空中三角测量	區域空中三角測量	block aerial triangulation
区域网平差	區域平差	block adjustment
曲度	曲度	degree of curve
曲流	曲流	meander
曲流环绕岛(=离堆山)		
曲率	曲率	curvature
曲率半径	曲率半徑	radius of curvature
曲率比	曲率比	ratio of curvatures
曲率改正	曲率改正	curvature correction

大 陆 名	台 湾 名	英 文 名
曲率中心	曲率中心	center of curvature
曲线	曲線	curve
曲线板	曲線板,曲線規	circular-arc rule
曲线笔	曲線筆	swivel pen, contour pen
曲线测设	曲線測設,中長法[曲線測設]	curve setting, arrangement of curve
曲线超高	曲線超高	super-elevation on curve
曲线放样	曲線放樣	layout of curve
曲线光滑	曲線光滑	line smoothing
曲线计	曲線計	opisometer
曲线加宽	曲線加寬	curve widening
曲线起点	曲線起點	beginning of curve
曲线终点	曲線終點	end of curve
曲线坐标	曲線坐標	curvilinear coordinates
曲折定线	曲折定線	crooked alignment
取景器(=检影器)		
取土坑	借坑	borrow pit
取土区	取土區	borrowing area
全反射	全反射	total reflection
全景航空摄影	全景航空攝影	panoramic aerial photography
全景绘图	全景透視圖	panoramic drawing
全景畸变差	全景畸變差	panoramic distortion
全景摄影	全景攝影	panoramic photography
全景摄影机	全景攝影機	panoramic camera, panorama camera
全景图	全景圖	panorama sketch
全景像片	全景像片	panoramic photograph
全面检查法	全面檢查法	area test
全能法测图	全能法測圖	universal method of photogrammetric mapping
全能经纬仪	萬用經緯儀	universal theodolite
全球导航卫星系统	全球導航衛星系統	Global Navigation Satellite System, GLONASS
全球定位系统	全球定位系統	global positioning system, GPS
全球遥感	全球遙感探測	global remote sensing
[全]日潮	日周潮	diurnal tide
全日潮流	日周潮流	diurnal current
全色红外片	全色紅外片	panchromatic infrared film
全色片	全色片,泛色片	panchromatic film

大 陆 名	台 湾 名	英 文 名
全色扫描	全色掃描	full scan
全色印刷	全彩印刷	full-color-printing
全食	全蝕	total eclipse
全息摄影测量	全像攝影測量,全像干涉量度學	holographic photogrammetry, holografammetry
全息摄影术	全像攝影術	hologram photography, holography
全息图像复制	全像圖複製	holographic reproduction
全向导航台	全向導標	omnirange
全向天线	全向天線	omnidirectional antenna
全站仪	全站測量儀	total station
全组合测角法	全組合測角法	method in all combinations
权	權,基重	weight
权函数	權函數	weight function
权矩阵	權矩陣	weight matrix
权逆阵	權逆矩陣	inverse of weight matrix
权系数	權係數	weight coefficient
群波长	群波長	group wavelength
群岛基线	群島基線	archipelagic baselines
群礁	棚礁	shelf reef
群速	群速	group velocity

R

大 陆 名	台 湾 名	英 文 名
扰动轨道	受攝軌道	disturbed orbit
扰动位	攝動勢能	disturbing potential
热分辨率	熱解析力	thermal resolution
热辐射	熱輻射	thermal radiation
热辐射计	熱輻射計	thermal radiometer
热固型油墨	熱固型油墨	heat set ink
热红外	熱紅外光	thermal infrared
热红外影像	熱紅外影像,熱紅外光影像	thermal infrared imagery, thermal IR imagery
热量计(=量热器)		
热流闪烁	熱流閃爍	heat shimmer
热容量成图辐射计	熱容量成圖輻射計	heat capacity mapping radiometer
热扫描图像	熱掃描影像	thermal scanning image
热扫描仪	熱掃描器	thermal scanner

大 陆 名	台 湾 名	英 文 名
热压转印	熱壓轉印	thermal transfer process
人差	人為誤差,人為均分差,人為視差	personal error, personal equation
人工标志	人造標	artificial target
人工标志点	人工標誌點	artificial point, artificial marked point
人工地物版(=人文要素版)		
人工分涂(=人工修版)		
人工修版,人工分涂	手工修整	hand retouching
人机交互处理	人機交互處理	interactive processing
人口地图	人口地圖	population map
人文地图	人文地圖	human map
人文要素版,人工地物版	人文版	culture board
人眼调节	人眼調節	accommodation of human eye
人仪差	人差儀	personal and instrumental equation
人造立体观测	人工立體觀察	artificial stereoscopy
人造卫星	人造衛星	artificial satellite
认知地图	認知地圖	cognitive map
认知制图	認知製圖	cognitive mapping
任意比例尺	任意比例尺	arbitrary scale
任意格网	任意坐標格	arbitrary grid
任意投影	任意投影	arbitrary projection
任意伪圆柱投影	任意偽圓柱投影	pseudocylindric arbitrary projection
任意原点	任意原點	arbitrary origin
任意轴子午线	任意軸子午線	arbitrary axis meridian
日潮不等	日周潮不等	diurnal inequality
日潮港	日潮港	diurnal tidal harbor
日磁变	每日磁變	daily magnetic variation
日晷	日晷	analemma, sundial
日晷海图(=大圆海图)		
日晷投影(=球心投影)		
日界线	換日線	date line
日冕	日冕	solar crown, solar corona
日平均海面	日平均海面	daily mean sea level
日食	日蝕	solar eclipse
日下点	日下點	subsolar point
日月潮	日月潮	luni-solar tide

大　陆　名	台　湾　名	英　文　名
日月扰动	日月擾動	lunisolar perturbation
日月岁差	日月歲差	lunisolar precession
日月效应	日月效應	lunisolar effect
日月引力摄动	日月攝動	lunisolar gravitational perturbation
容积率	容積率	floor space ratio, floor area ratio
容许误差(=限差)		
融化测量仪	融化測量儀	ablatograph
冗余码	冗餘碼	redundant code
冗余信息	冗餘信息	redundant information
儒略历	儒略曆	Julian calendar
儒略年	儒略年	Julian year
儒略日	儒略日	Julian Day
儒略日数	儒略日序	Julian day number
儒略世紀	儒略世紀	Julian century
儒略星历日	儒略星曆日	Julian ephemeris date
儒略星历日数	儒略星曆日數	Julian ephemeris day number
蠕动	蠕動	creeping
乳化	乳化	emulsification
入射窗	入射視野	entrance window
入射顶点	入射頂點	incident vertex
入射光瞳	入射瞳孔	entrance pupil
入射节点	入射節點	incident nodal point
入射能	入射能	incoming energy
软点,虚网点	軟點,軟綱點	soft dot
软流圈	軟流圈	asthenosphere
软式打样	軟式打樣	soft proofing
软性底片	軟調底片	soft negative, flat negative
软性像纸	軟調像紙	soft paper
瑞利散射	雷烈散射	Rayleigh scattering
瑞利效应	雷烈效應	Rayleigh effect
闰年	閏年	leap year, intercalary year
闰日	閏日	intercalary day, leap day
润湿系统	潤濕系統	dampening system

S

大 陆 名	台 湾 名	英 文 名
赛璐珞	賽璐珞	celluloid
三北偏角图	方格偏角圖	grid declination diagram
三边测量	三邊測量	trilateration survey
三边求面积法	三邊法,三線法,三斜法	area by triangles
三边网	三邊測量網	trilateration network
三差相位观测	三差相位觀測	triple difference phase observation
三重立体组	三片立體像	stereo triplet
三次螺[旋]线	三次螺旋線	cubic spiral
三点定位法	三點定位法	three-point fix method
三点法	三點法	three-point method
三点交会解析辐射三角测量	三點交會解析輻射三角測量	analytical three-point resection radial triangulation
三点问题	三點題	three-point problem
三杆分度仪	三臂分度器	three-arm protractor
三个三脚架观测法	三個三足架觀測法	three tripod system of observation
三角测量	三角測量	triangulation
三角测量觇标	三角測量覘標,三角測量高標	triangulation signal, triangulation tower
三角测量成果表	三角測量成果表	trig list, trig dossier
三角测量方向平差法	三角測量方向平差法	direction method of triangulation adjustment
三角点	三角點	triangulation point
三角高程测量	三角高程測量	trigonometric leveling
三角高程导线	三角高程導線	polygonal height traverse
三角高程网	三角高程網	trigonometric leveling network
三角基座	三角基座	tribrach
三角三边测量, 边角测量	三角三邊測量	triangulateration, angulateration
三角锁	三角鎖	triangulation chain
三角网	邊角網	triangulation network
三角形闭合差	三角形閉合差	closure of triangle, closure error of triangle
三角形角超	三角形角超	triangular excess
三角洲	三角洲	delta

大 陆 名	台 湾 名	英 文 名
三脚架	三角架	tripod
三色分色版	三色版	tricolor separation
三色分色负片	三色分色負片	three separation negative
三丝水准测量	三絲水準儀測量	three-wire leveling
三维大地测量学	三度空間大地測量學	three-dimensional geodesy
三维地景仿真	三維地形模擬	three-dimensional terrain simulation
三维网	立體網	three-dimensional network
三物镜航空摄影测量	三物鏡航測	tri-metrogon aerial photogrammetry
三物镜摄影	三物鏡攝影	tri-metrogon photography
三物镜摄影机	三物鏡攝影機	trimetrogon camera
三原色印刷	三色版法	color process
三圆测角器	三圓測角計	three-circle goniometer
三支点雕刻器	三支點雕刻器	rigid graver
三轴椭球	三軸橢球體	triaxial ellipsoid
散斑	散斑	speckle
散列注记	屈曲字列	spaced name
散射	散射	scattering
散射测量	散射測量	scatterometry
散射截面	散射截面	scattering cross section
散射系数	散射係數	scattering coefficient
散射仪	散射計	scatterometer
扫海	掃海	sweep
扫海测量	掃海測量	wire drag survey
扫海测深仪	掃海測深儀	sweeping sounder
扫海杆	掃海桿	sweep bar
扫海具	掃海具	sweeper
扫海区	掃海區	swept area
扫海深度	掃海深度	sweeping depth
扫海趟	掃海趟	sweeping trains
扫海拖缆	掃海拖纜	wire drag
扫雷区	掃雷區	mine-sweeping area
扫描	掃描	scanning
扫描重叠率	掃描重疊率	scan overlap rate
扫描分辨率	掃描解析率	scan resolution
扫描辐射计	掃描輻射計	scan radiometer
扫描绘图仪	掃描繪圖機	scan plotter
扫描纠正仪	掃描糾正儀	scanning rectifier
扫描偏斜	掃描偏斜	scan skew

大 陆 名	台 湾 名	英 文 名
扫描数字化	掃描數值化	scan-digitizing
扫描数字化仪	掃描數化器	scan digitizer
扫描头	掃描機頭	scanning head
扫描位置误差	掃描像位差	scan positional distortion
扫描仪	掃描器	scanner
扫描正切校正	掃描正切改正	scan tangent correction
扫描转换仪	掃描轉換器	scan converter
色彩变化	色相變化	color change
色彩补偿	補償濾色鏡	color compensation
色彩补偿滤色镜	彩色補償濾色片	color compensating filter, CC filter
色彩改正	色彩改正	color correction
色彩管理系统	色彩管理系統	color management system
色彩平衡	色彩平衡	color balance
色调	階調	tone
色调校正	色調修整	color tone correction
色调修整	階調修整	tone modification
色调值	色調值	tonal value
色度	彩度	chroma
色度计	色度計	colorimeter
色度学	色度學	colorimetry
色环	色環	color wheel
色级(=色阶)		
色阶,色级	漸層調	gradation of tone
色觉	色覺	color sense
色空间	顏色空間	color space
色令	色令	color ream
色谱	色譜	color guide
色散	色散	dispersion
色温	色溫	color temperature
色相	色相	hue
色[像]差	色像差	chromatic aberration
森林地图	森林圖	forest map
森林分布图	森林分佈圖	forest distribution map
沙尔定律(=透视旋转定律)		
沙罗周期	沙羅週期	Saros
沙盘	沙盤地圖	sand map
晒版	曬版	printing down, plate copying

大　陆　名	台　湾　名	英　文　名
晒掉片	曬掉片	burn-out mask
晒蓝图	藍曬圖	blue print
山地保留地	山地保留地	aboriginal reserve
山根理论	山根理論	roots of mountain theory
山脊	山脊	ridge, crest
山脊线	山脊線	ridge line, crest line
山坡地	山坡地	slope area
栅格(=格网)		
栅格绘图	網格繪圖	raster plotting
栅格模型	網格模式	raster model
栅格数据	網格資料	raster data
栅格图像	網格圖檔	raster images
闪闭法,闪烁法	閃視法	flicker principle
闪闭法立体观察	閃閉法立體觀察	blinking method of stereoscopic viewing
闪光曝光	閃光曝光	flash exposure
闪光法	閃光法	flash method
闪光器	閃光器	flickering device
闪光三角测量	閃光三角測量	flare triangulation
闪光摄影	閃光攝影	flash shot
闪烁	閃爍現象	scintillation
闪烁法(=闪闭法)		
扇谐系数	扇諧係數	coefficient of sectorial harmonics
扇形摄影机	扇形攝影機	fan cameras
熵编码	熵編碼	entropy coding
上墨,着墨	上墨	inking
上盘	上盤	upper circle
上盘动作	上盤動作	upper motion
上盘制动	上盤制動	upper clamp
上色	上色	ink application
上升坡	上升坡	acclivity
上下导坑法,上下导引法	上下導坑法	top and bottom heading method
上下导引法(=上下导坑法)		
上下视差	縱視差,Y 視差	vertical parallax, y-parallax
上下运动(=垂直运动)		
上行线路	上行線聯路	up link
绍兰,近程导航	紹南,短程導航	shoran, short range navigation

大 陆 名	台 湾 名	英 文 名
绍兰控制摄影	短程控制攝影	shoran-controlled photography
蛇腹	蛇腹	bellows, extension bellow
设计测线网	測深系統線	systems of sounding lines
设计水位	設計水位	design water level
射电天文学	電波天文學	radio astronomy
射电源(=无线电源)		
X 射线摄影测量	X 光攝影測量學	X-ray photogrammetry
摄动	攝動	perturbation
摄动轨道	攝動軌道	perturbed orbit
摄动函数	攝動函數	disturbing function
摄动力	攝動力	disturbing force
摄动位	攝動位能	perturbing potential
摄动因素	攝動因素	perturbing factor
摄谱仪	攝譜儀	spectrograph
摄像机稳定座架	攝影機穩定座架	stabilized camera mount
摄影比例尺	攝影比例尺	photographic scale
摄影测量	攝影測量	photographic surveying
摄影测量编图	攝影測量編圖法	photogrammetric compilation
摄影测量方程式	攝影測量方程式	photogrammetric equation
摄影测量基准	攝影測量基準面	photogrammetric datum
摄影测量畸变差	攝影測量畸變差	photogrammetric distortion
摄影测量纠正	攝影測量糾正	photogrammetric rectification
摄影测量内插	攝影測量內插	photogrammetric interpolation
摄影测量学	攝影測量學	photogrammetry
摄影测量仪器	攝影測量儀器	photogrammetric instrument
摄影测量与遥感学	攝影測量與遙感學	photogrammetry and remote sensing
摄影测量坐标系	攝影測量坐標系	photogrammetric coordinate system
摄影处理	攝影處理	photographic processing
摄影处理过程	攝影法	photographic process
摄影传感器	攝影感測器	photographic sensor
摄影窗口	攝影窗口	camera window, camera port
摄影地形测量	攝影地形測量學	phototopography
摄影地质学	攝影地質學	photo-geology
摄影读数经纬仪	攝影讀數經緯儀	camera-read theodolite
摄影分区	攝影分區	flight block
摄影跟踪经纬仪	攝影追蹤經緯儀	kinetheodolite
摄影光谱	攝影光譜	photographic spectrum
摄影航高	攝影航高	flight height for photography

大 陆 名	台 湾 名	英 文 名
摄影航线	攝影航線	flight line of aerial photography
摄影化学	攝影化學	photochemistry
摄影机	攝影機	camera
摄影机机背	機背	camera back
摄影机机座	攝影機座架	camera mount
摄影机检校	攝影機檢校	camera caliberation
摄影机视场角	攝影機視角	camera angle
摄影机轴	攝影機軸	axis of camera
摄影机主距	攝影機主距	principal distance of camera
摄影基线	空中基線,空間基線	photographic baseline, air base
摄影经纬仪	攝影經緯儀,照像經緯儀	phototheodolite, photogrammeter
摄影量角仪	像片改傾測角儀	photoangulator
摄影全方位	攝影全方位	total photo orientation
摄影视场角	攝影視場角	angle of photographic coverage
摄影缩小	攝影縮製	photographic reduction
摄影星等	攝影星等	photographic magnitude
摄影学	攝影術、攝影學	photography
摄影[轴]方向	攝影[軸]方向	direction of camera axis
摄站	攝影站	camera station, exposure station
伸缩标尺(=塔尺)		
伸缩尺	伸縮尺	extension rod
伸缩率	伸縮率	shrinkage ratio
伸缩三脚架	伸縮三腳架	extension tripod, split leg tripod
伸缩式脚架	伸縮式腳架	adjustable legs
伸缩仪	伸縮儀	extensometer
伸展式空中三角测量	伸展式空中三角測量	cantilever aerial triangulation
深度	深度	depth
深度差	深度差	depth difference
深度分层设色	水深分層設色	bathymetric tints
深度基准	測深基準面	sounding datum
深度基准面	深度基準面	depth datum
深度基准面保证率	深度基準面保證率	assuring rate of depth datum
深度计	深度計	depth gauge, bathometer
深度判析	深度判析	depth perception
深度说明	深度附記	depth note
深海测锤	深海測錘	deep-sea lead, dipsey lead
深海测量	深海測量	deep-sea sounding

大陆名	台湾名	英文名
深海地堑	深海地塹	deep-sea graben
深海谷地	深海海縠	deep-sea channel
深海海槽	深海海槽	deep-sea trough
深海盆地	深海盆地	abyssal basin, deep-sea basin
深海平原	深海平原	abyssal plain
深海丘陵	深海山丘	abyssal hill
深海区	深海海域	depressed area
深海散射层	深海散射層	deep scattering layer
深海摄影机	深海攝影機	deep-sea camera
深水航路	深水航路	deep water route
深渊	深淵	abyssal
审校	校對	correcting, proof-reading
甚长基线干涉测量	甚長基線干涉測量法	very long baseline interferometry, VLBI
升交点	昇交點	ascending node
升交点赤经	昇節點赤經	right ascension of ascending node
生物量指标变换	生物量指標變換	biomass index transformation
生物医学摄影测量	生物醫學攝影測量學	biomedical photogrammetry
声波测距	音響測距	sound ranging
声测深度	回聲深度	echo depth
声呐浮标	音響浮標	sonobuoy
声呐扫海	聲納掃海	sonar sweeping
声呐图像	聲納圖像	sonar image
声速改正	聲速改正	correction of sounding wave velocity
声速计	聲速儀	velociment
声图判读	聲圖判讀	interpretation of echograms
声学多普勒海流剖面仪	都卜勒流剖儀	acoustic doppler current profiler, ADCP
声学水位计	聲學水位計	acoustic water level
声压	聲音壓力	sound pressure
声音强度	聲音強度	sound intensity
绳锤水位计	繩錘水位計	wire weight gauge
绳索测深	鋼索測深	wire sounding
剩余偏差	剩餘偏差	residual deviation
剩余视差	剩餘視差	residual parallax
失潮	消失潮	vanishing tide
失锁	失鎖	lose of lock
施工测量	施工測量	construction survey
施工方格网	施工方格網	square control network
施工控制网	施工控制網	construction control network

大陆名	台湾名	英文名
施工图	施工圖	functional diagram
施工详图	施工詳圖	construction detail
施赖伯法	士賴伯法	Schreiber's method
湿式印刷	濕式印刷	wet printing
十字丝	十字絲,叉絲	cross hair, cross wire
石灰岩盆地	灰岩盆地	cockpit
石英摆	石英擺	quartz pendulum
石英弹簧重力仪	石英彈簧重力儀	quartz spring gravimeter
石英钟	石英鐘	quartz clock
石油勘探测量	石油勘探測量	petroleum exploration survey
时差	時差	equation of time
时号	報時信號	time signal
时号改正数	時號改正數	correction to time signal
时间分辨率	時間解析率	temporal resolution
时间间隔	時間間隔	time interval
时间间隔计(=定时控制器)		
时角	時角,子午角	hour angle, meridian angle
时角坐标系	時角坐標系	hour angle coordinate system
时距	時距	time distance
时区	時區	time zone
时圈	時圈	hour circle
时钟频率	時鐘頻率	clock frequency
时子午线	時子午線	time meridian
识别码	識別碼	identification code
实测图	實測圖	survey map
实际航速	實際航速	speed made good, SMG
实际航向	實際航向	course made good, CMG
实际误差	實際誤差	actual error
实时处理	即時處理	real-time processing
实时摄影测量	即時攝影測量	real time photogrammetry
实像	實像	real image
实用天文学	應用天文學	practical astronomy
蚀刻染色	腐蝕染色	etching dye
食	蝕	eclipse
食年	蝕年	eclipse year
矢距, 外距	矢距, 外距	external distance
矢量绘图	向量繪圖	vector plotting

大 陆 名	台 湾 名	英 文 名
矢量模型	向量模式	vector model
矢量数据	向量資料	vector data
矢量图像	向量圖檔	vector image
世界大地坐标系统	世界大地坐標系統	world geodetic system, WGS
世界地图集	世界地圖集	world atlas
世界时	世界時	universal time, UT
市地重划	市地重劃	urban land consolidation, urban land readjustment
市界	市界	municipal boundary
市区图	市區圖	urban area map
市政工程测量	公共工程測量	public engineering survey
示坡线	邊坡線	slope line
示误三角形	示誤三角形	triangle of error
示误三角形法	示誤三角形法	triangle of error method
势函数	位函數	potential function
视岸线	視岸線	apparent shoreline
视差	視差,光學視差	parallax, optical parallax
视差测高楔	視差測高楔	parallax wedge
视差测微器	單板測微器	parallax micrometer
视差杆	視差尺	parallax bar
视差角	視差角	angle of parallax
视差较	視差較,視差差數	parallax difference, differential parallax
视差误差	視差誤差	parallactic error
视场	視場,視野	field of view
视场对比	視場對比	simultaneous contrast
视赤经	視赤經	apparent right ascension
视赤纬	視赤緯	apparent declination
视地平线	視地平,視地平線	apparent horizon
视高度	視高度	apparent altitude
视恒星日	視恆星日	apparent sidereal day
视恒星时	視恆星時	apparent sidereal time
视角	視角	visual angle, vision angle
视角测量	視角測量,定角測量	subtense angle measurement
视距	視距	sight distance
视距标尺	視距標尺	stadia rod
视距表	視距表	stadia table
视距测量	視距測量,定距測量	stadia surveying, distance measurement with fixed length

大 陆 名	台 湾 名	英 文 名
视距常数	視距常數	stadia constant
视距乘常数	視距乘常數	stadia multiplication constant
视距导线	視距導線	stadia traverse
视距弧	視距弧	stadia circle
视距计算盘	視距計算盤	stadia computer
视距加常数	視距加常數	stadia addition constant
视距间隔	視距間隔	stadia interval
视距间隔因子	視距間隔因數	stadia interval factor
视距经纬仪	視距經緯儀	stadia transit
视距三角高程测量	視距三角高程測量	stadia trigonometric leveling
视距丝	視距絲	stadia hairs, stadia wires
视距图	視距圖	stadia diagram
视觉变量	視覺變數	visual variable
视觉层次	視覺層次	visual hierarchy
视觉对比	視覺對比	visual contrast
视觉分辨敏锐度	視覺分辨敏銳度	resolution acuity
视觉立体地图	視覺立體地圖	stereoscopic map
视觉平衡	視覺平衡	visual balance
视觉系统响应	視覺系統反應	visual system response
视觉中心	視覺中心	visual center, optical center
视敏度	明視度	visual acuity
视模型	視模型	perceived model
视频地图	視頻圖	video map
视时间	視時	apparent time
视太阳	視太陽	apparent sun
视太阳日	視太陽日	apparent solar day
视太阳时	視太陽時	apparent solar time
视位置	視位置	apparent place
视误差	視誤差	apparent error
视线	視線	sight line, visual line
视线高	視線高	height of instrument
视线高程	視線高程	elevation of sight
视星等	視星等	apparent magnitude
视正午	視午	apparent noon
视准差	視準差	error of collimation
视准差改正	視準差改正	collimation correction
视准校正	視準校正	collimation adjustment
视准面	視準面	collimation plane

大 陆 名	台 湾 名	英 文 名
视准线	視準線	line of collimation, line of sight
视准线法	視准線法	collimation line method
视准轴(=照准轴)		
视准轴偏心	照準軸之離心誤差	eccentricity of collimation axis
视子夜	視子正	apparent midnight
试车	試車	run testing
试算法	試誤法	trial and error method
试验法	試求法	trial method
试印版,临时版	試印版	advanced edition
适淹礁	適淹礁,適涸岩,平低潮岩石	rock awash
适应性水平	適應性水平	adaptation level
收时	收時	time receiving
手簿	手簿	record book
手测锤	手測錘	hand lead
手持水准仪	手持水準儀	hand level
手锤测深	手錘測深	hand lead sounding
手动制动器	手制動器	hand brake
手扶跟踪数字化仪	手動跟蹤數化儀	manual tracking digitizer
手工打样	硬式打樣	hand proofing
手工组版	人工組版	hand setting
手绘模片辐射三角测量	手繪模片輻射三角測量	hand-templet radial triangulation
手墨辊	手墨輥	hand roller
手帕地图	手絹圖	handkerchief map
手示信号	手示訊號	hand signal
手摇机	手搖機	hand press
手摇印刷机	手搖印刷機	hand press printing
首曲线	首曲線	intermediate contour
艏向	船首向	heading
疏浚区	挖浚區	dredged area
输电线路测量	輸電線路測量	power trasmission line survey
输油管道测量	輸油管道測量	petroleum pipeline survey
属性精度	屬性精度	attribute accuracy
属性数据	屬性資料	attribute data
鼠标	滑鼠	mouse
树枝状水系	樹枝狀水系	dendritic drainage
竖井(=矿井)		
竖盘指标差	豎盤指標差	index error of vertical circle, vertical colli-

大陆名	台湾名	英文名
		mation error
竖曲线	豎曲線	vertical curve
竖曲线测设	豎曲線測設	vertical curve location
竖曲线顶点	豎曲線頂點	summit of vertical curve
竖曲线起点	豎曲線起點	point of vertical curve, PVC
竖曲线终点	豎曲線終點	point of vertical tangent, PVT
竖直角(=垂直角)		
竖直摄影	垂直攝影	vertical photography
数据	資料	data
数据保护	資料保護	data protection
数据编辑	資料編輯	data editing
数据标准	資料標準	data standard
数据采集	資料蒐集	data capture
数据处理	資料處理	data processing
数据处理系统	資料處理系統	data processing system
数据传输	資料傳輸	data transmission
数据分类	資料分類	data classification
数据格式	資料格式	data format
数据更新	資料更新	data revision, data update
数据管理	資料管理	data management
数据获取	資料獲取	data acquisition, data collection
数据库	資料庫	data bank, data base
数据模型	資料模式	data model
数据收集器	資料蒐集器	data collector
数据探测法	資料探測法	data snooping
数据完整性	資料完整性	data integrity
数据压缩	資料化算	data reduction
数据样品	資料樣品	data sampler
数据一致性	資料一致性	data consistency
数据质量控制	資料品質控制	data quality control
数据转换	資料轉換	data transfer
数据组合	資料組合	data combination
数控绘图桌	數值繪圖桌	digital tracing table
数量感	數量感	quantitative perception
数码相机	數位式相機	digital camera
数-模转换	數位至類比轉換	digital-to-analog conversion
数学大地测量学	數學大地測量	mathematical geodesy
数学地图学,地图投影	地圖投影學	mathematical cartography

大 陆 名	台 湾 名	英 文 名
学		
数值地籍	數值地籍	numerical cadastre
数字表面模型	數值表面模型	digital surface model, DSM
数字彩色打样	數位元彩色打樣機	digital color proof
数字测图	數值測圖	digital mapping
数字磁带	數值磁帶	digital tape
数字地籍测量	數值地籍測量	numerical cadastral survey
数字地籍数据库	數值地籍資料庫	digital cadastral database, DCDB
数字地图	數值地圖、數位地圖	digital map
数字地图产品标准	數值地圖產品標準	product standard of digital map
数字地图学	數值地圖學	digital cartography
数字地图数据库	數值地圖資料庫	digital map data base
数字地形模型	數值地型模型	digital terrain model, DTM
数字高程模型	數值高程模型	digital elevation model, DEM
数字海图	數值海圖	digital chart
数字化器	數化器	digitizer
数字化文件	數值化文件	digital file
数字化影像	數值影像	digitized image
数字绘图仪	數值繪圖機	digital plotter
数字几何校正	數值幾何校正	digital geometric correction
数字经纬仪	數值經緯儀	digital theodolite
数字纠正	數值糾正	digital rectification
数字求积仪	數字求積儀	digital planimeter
数字摄影测量	數值航空攝影測量學	digital photogrammetry
数字摄影测量工作站	數值攝影測量工作站	digital photogrammetric work station
数字图像处理	數值影像處理	digital image processing
数字图形处理	數值圖形處理	digital graphic processing
数字相关	數值相關	digital correlation
数字镶嵌	數值鑲嵌	digital mosaic
数字影像	數值影像	digital image
数字正射影像	數值正射影像	digital orthoimage
数字正射影像图	數值正射影像圖	digital orthophoto map, DOM
数字制图数据标准	數值製圖資料標準	digital cartographic data standard
数字资料	數值資料	digital data
双凹透镜	雙凹透鏡	double-concave lens
双标尺水准测量	雙標尺水準測量	double-rodded leveling
双标准纬线投影	雙標準緯線投影	projection with two standard parallels
双差相位观测	雙差相位觀測	double difference phase observation

大 陆 名	台 湾 名	英 文 名
双潮	雙潮	double tide
双程水准测量	往返水準測量	double-run leveling
双重投影	雙重投影法	double projection
双低潮	雙低潮	double low water
双定心法(=等分法)		
双读数水准测量	雙讀數水準測量	double-simultaneous leveling
双度盘经纬仪	雙度盤經緯儀	double circle theodolite
双高潮	雙高潮	double high water
双高法	雙高法[測距]	two altitudes method
双黑色调	雙黑色調	double-black duotone
双基点气压测高法	雙基點法	double-base method
双基气压测高法	雙基準氣壓測高法	two-base method of barometric altimetry
双介质摄影测量	雙介質攝影測量	two-media photogrammetry, two-medium photogrammetry
双镜立体摄影机	雙鏡立體攝影機	binocular stereo-camera
双棱镜	雙稜鏡,複稜鏡	biprism, double prism
双面标尺	雙面標尺	reversible rod
双频测深仪	雙頻測深儀	dual-frequency sounder
双曲线导航图	雙曲線導航圖	hyperbolic navigation chart
双曲线定位	雙曲線定位	hyperbolic positioning
双曲线定位系统	雙曲線定位系統	hyperbolic positioning system
双曲线格网	雙曲線格網	hyperbolic positioning grid
双色版	雙色調	duotone
双色激光测距仪	雙色雷射測距儀	two-color laser ranger
双色印刷机	雙色印刷機	two-color press
双凸透镜	雙凸透鏡	double-convex lens
双线河	雙線河	double line stream
双向航道	雙向航路	two-way route
双像测距仪	雙像測距儀	double image telemeter, double image range finder
双像[符合]测距	符合測距	coincidence rangefinding
双像符合测距仪	雙像符合測距儀	split-image rangefinder, coincidence rangefinder
双眼观察	雙目觀察	binocular vision
双影,重影	雙影	slur
双游标	複游標	double vernier
双转点水准测量	雙轉點水準測量	bilateral leveling, two-turningpoint leveling

大 陆 名	台 湾 名	英 文 名
水彩油墨	水彩印墨	water color ink
水层区	水層區	pelagic division
水尺	測潮桿,水尺,水位標尺	tide staff
水尺组	多桿式水尺	multiple tide staff
水道(=航道)		
水道测量,海道测量	水道測量,河海測量	hydrographic survey
水道勘测,海洋勘测	水道勘測	hydrographic reconnaissance
水口	水口	water gap
水库测量	水庫測量	reservoir survey
水库淹没线测设	水庫淹沒線測設	setting-out of reservoir flooded line
水雷[危险]区	水雷[危險]區	mine [dangerous] area
水利工程测量	水利工程測量	hydrographic engineering survey
水路交通图	水路交通圖	shipping-line map
水面水准	水面水準	surface level
水面下降	水面下沉	settlement
水墨平衡	水墨平衡	water and ink balance
水平摆	水平擺	horizontal pendulum
水平测量	水平測量	water leveling
水平地面摄影像片	地面水平方向攝影像片	horizontal terrestrial photograph
水平度盘	水平度盤	horizontal circle
水平分量	水平分量	horizontal component
水平合线	水平遁線	vanishing horizon trace
水平角	水平角	horizontal angle
水平镜	水平鏡	horizon glass
水平距离	水平距離	horizontal distance
水平量距法	水平量距法	horizontal taping
水平面	水平面	horizontal plane
水平偏极化	水平偏極化	horizontal polarization
水平强度	水平強度	horizontal intensity
水平摄影	地平攝影	horizon photography
水平摄影像片	水平像片	horizontal photograph
水平视距测量	水平視距測量	horizontal stadia
水平线,地平线	水平線,地平線	horizontal line, horizon line
水平折光差	地平濛氣差	horizontal refraction error
水平折射	水平折射	horizontal refraction
水平制动螺旋	水平制動螺旋	horizontal clamp
水平轴	水平軸	horizontal axis
水平轴倾斜	水平軸傾斜	inclination of the horizontal axis

大陆名	台湾名	英文名
水平轴误差	水平軸誤差	error of horizontal axis
水汽辐射仪	水汽輻射儀	water vapor radiometer
水圈	水圈	hydrosphere
水深测量	水深測量	sounding
水深测量自动化系统	水深測量自動化系統	automatic hydrographic survey system
水深点密度	水深點密度	density of soundings
水深归算	水深化算	reduction of soundings
水深检测线	水深檢測線	check lines of sounding
水深数字化器	水深數值化器	depth digitizer
水深信号杆	水深信號桿	depth signal pole
水深注记	深度註記,水深點	depth numbers, soundings
水声定位	水聲定位	acoustic positioning
水声定位系统	水聲定位系統,水下定位系統	acoustic positioning system, hydroacoustic positioning reference system
水声全息系统	水聲全像系統	acoustic holography system
水声应答器	水聲應答器	acoustic responder
水铊(=测深锤)		
水听器	水聽器	hydrophorce
水位	水位	water level
水位分带改正	水位分帶改正	correction of tidal zoning
水位改正	水位改正	correction of water level
水位计	水位表	water gauge
水位曲线	水位曲線	curves of water level
水位遥报仪	水位遙報儀	communication device of water level
水文测量学	水文測量學	hydrometry
水文图	水文圖	hydrologic map
水文遥感	水利遙測	hydrological remote sensing
水文要素	水文要素	hydrologic features
水系	水系	hydrographic net
水系版, 蓝版	水系版, 藍版	blue[printing]plate, blueline board
水系类型	水系類型	channel pattern
水系图	流域圖	drainage map
水下定位	水下定位	underwater position fixing
水下摄影测量	水中攝影測量	underwater photogrammetry
水下摄影机	水中照相機	underwater camera
水银气压计	水銀氣壓計	mercury barometer
水闸	水閘	lock
水中浮子	水下漂流浮標	submerged float

大　陆　名	台　湾　名	英　文　名
水准标尺	水準標尺,高程尺	level rod, elevation meter
水准标尺常数	水準標尺常數	leveling-rod constant
水准测量	水準測量,高程測量	leveling surveying
水准测量闭合差	水準測量閉合差	error of closure in leveling
水准尺	水準尺	leveling staff
水准尺尺垫	水準尺腳座	leveling plate
水准点	水準點	benchmark
水准点之记	水準點之記	description of benchmark
水准改正	水準改正	level correction
水准环线闭合差	水準環線閉合差	level loop closure, level circuit error
水准基面	水準基面	base level
水准基准面	水準基準面	datum level
水准交会点(=水准结点)		
水准节点	水準節點	intermediate bench mark
水准结点,水准交会点	水準結點,連鎖水準點	junction bench mark
水准路线	水準線	leveling line
水准路线平差	水準路線平差	adjustment of leveling circuit
水准面	水準面	level surface
水准泡检验仪	水準管檢驗器	bubble tester
水准平差	水準平差	leveling adjustment
水准平差改正	水準平差改正	adjustment leveling correction
水准器检测仪	水準管靈敏度檢定器	level tester
水准器检定器	水準管檢定器	level trier
水准器灵敏度	水準器靈敏度	sensitivity of a bubble, sensibility of level
水准椭球	水準橢球體	level ellipsoid, level spheroid
水准网	水準網	leveling network
水准温度改正	水準溫度改正	temperature leveling correction
水准仪	水準儀	level
水准原点	水準原點	leveling origin
水准正高改正	水準正高改正	orthometric leveling correction
顺风潮	下風潮	leeward tide
顺风流	下風流	leeward tidal current
顺时针角度	順時針角度	clockwise angle
顺序量表	級序量表	ordinal scaling
瞬间地面覆盖,瞬时地面覆盖	瞬間地面涵蓋	instantaneous ground coverage
瞬间地图	瞬間地圖	twinkling map

大 陆 名	台 湾 名	英 文 名
瞬时地面覆盖(=瞬间地面覆盖)		
瞬时极	暫態極	instantaneous pole
瞬时视场	暫態視場	instantaneous field of view, IFOV
说明注记	說明註記	explanatory text
朔望	朔望點	syzygy
朔望潮	朔望潮	syzygial tide
朔望月(=太阴月)		
丝网	絹印孔版	silk screen
丝网印刷	網版印刷,孔版印刷	screen printing, silk-screen printing
司尺手	司尺手	chainman, tapeman
司特尼克定纬法	史潑尼克定緯度法	Sterneck method of latitude determination
斯托克斯公式	史脫克斯公式	Stokes formula
斯托克斯理论	斯托克斯理論	Stokes theory
斯瓦罗浮子	定深漂流浮標	swallow float
撕膜	揭膜	peel, remove coating
撕膜片	揭膜片	open window negative, peel-coat film
四点法	四點法	four-point method
四分日潮,四分之一潮	四分潮,小半潮	quarter diurnal tide
四分之一潮(=四分日潮)		
四杆测链(=冈特测链)		
四色印刷	四色印刷	four color printing
四色油墨	四色墨	process color ink
似大地水准面	准大地水準面	quasi-geoid
搜救图	搜救圖	search and rescue chart
搜索区	搜索區	searching area
速测断面图	速測斷面圖	hasty profiles
速测水准测量	速測水準	flying leveling, fly leveling
速度高比值	速高比	velocity to height ratio
速视(=快视)		
塑料片刻图	塑膠片雕繪法	plastic scribing process
随机变量	變數	random variable
随机点检查	散點檢查法	random spot test
随机畸变差	隨機畸變	random distortion
碎部测量	碎部測量,細部測量	detail survey
碎部点	碎部點	detail point
隧道	隧道	tunnel

大　陆　名	台　湾　名	英　文　名
隧道测量	隧道測量	tunnel survey
隧道导洞	隧道導洞	pioneer bore
隧道顶截面	隧道頂截面	crown-section of tunnel
穗帽变换	穗帽變換	tasseled cap transformation
缩微地图	縮微地圖	microfilm map
缩微胶片	微縮片	microfilm
缩微摄影	縮微攝影	microphotography, microcopying
缩小仪	縮小儀	photoreducer
所见即所得	所見即所得	WYSIWYG
索引格网	索引方格	index grid
锁角	內鎖角	interlocking angle
锁紧螺旋	固定螺旋	locking screw
锁止角	鎖角	locking angle

T

大　陆　名	台　湾　名	英　文　名
塔尺,伸缩标尺	塔尺,伸縮標尺	sliding staff
塔尔科特测纬度法	泰爾各答測緯度法	Talcott method of latitude determination
塔尔科特水准	泰爾各答水準	Talcott level
踏勘，草测	踏勘，草測	reconnaissance, sketch survey
台卡定位系统	笛卡定位系統	Decca positioning system
台卡海图	笛卡海圖	Decca chart
台链	台鏈	station chain
台纸	台紙	imposition sheet
太空	太空	space
太空飞行器,航天器	太空飛行器	spacecraft
太空摄影机	太空攝影機	space camera
太阳辐射波谱	太陽輻射波譜	solar radiation spectrum
太阳光压摄动	太陽輻射壓	solar radiation pressure perturbation
太阳罗盘仪	太陽羅盤儀,天象羅盤儀	solar compass
太阳能装置	太陽稜鏡裝置	solar attachment
太阳年	太陽年	solar year
太阳日	太陽日	solar day
太阳日磁变	太陽日磁變	solar daily magnetic variation
太阳时	太陽時	solar time
太阳视差	太陽視差	solar parallax

大　陆　名	台　湾　名	英　文　名
太阳同步轨道	太陽同步軌道	sun-synchronous orbit
太阳同步卫星	太陽同步衛星	sun-synchronous satellite
太阳系	太陽系	solar system
太阳仪	太陽儀	heliometer
太阳周期	太陽週期	solar cycle
太阴潮	太陰潮	lunar tide
太阴日	太陰日	lunar day
太阴月，朔望月	太陰月，朔望月	lunation, lunar month, synodical month
态势地图	態勢地圖	posture map
滩间水道	灘間水道	swash channel
炭素纸	碳素紙	carbon paper
探测器	檢波器	detector
探空火箭	探空火箭	sounding rocket
探空气球	探空氣球	sounding balloon
探空仪	探空儀	sonde
烫金	燙金	hot foil die-stamping
套合	套合	registration
套合不准	套印不準	misregister
套色法	套色法	register color method
套晒	多次套曬	multiple burn
套晒片	套曬片	multiple flats
特别建筑物	特別建物	special building
特宽角航摄相机(=超广角航空摄影机)		
特宽角镜头	特寬角物鏡，超廣角物鏡	super-wide angle objective, ultra-wide angle objective
特殊水深	特殊水深	special depth
特征编码	特徵編碼	feature coding
特征点	特徵點	characteristic point
特征码	物件碼	feature codes
特征码清单	特徵碼清單	feature codes menu
特征曲线	特性曲線	characteristic curve
特征提取	特徵萃取	feature extraction
特征选择	特徵選擇	feature selection
特种地图	特種地圖	special map
特种海图	特種海圖	miscellaneous chart
梯度，坡度	梯度，坡度，比降	gradient
梯形图幅投影	梯形投影	trapezoidal projection

大 陆 名	台 湾 名	英 文 名
体散射	總散射	volume scattering
体元	體素	voxel
天波干扰	天波干擾	sky-wave interference
天波修正	天波修正	sky-wave correction
天底	天底	nadir
天底点	天底點	nadir point
天底点辐射三角测量，底点辐射三角测量	天底點輻射三角測量，像底點輻射三角測量	nadir radial triangulation
天底点辐射线	天底點輻射線	nadir radial
天顶	天頂	zenith
天顶距	天頂距	zenith distance, zenith angle
天顶盲区	天頂盲區	zenith blind zone
天顶摄影机	天頂攝影機	zenith camera
天顶仪	天頂望遠鏡	zenith telescope
天光	天空光	sky light
天极	天極	celestial pole
天空辐射	天空輻射	sky radiance
天空实验室	天空實驗室	skylab
天空实验室摄影	天空實驗室攝影	skylab photography
天平动	天秤動	libration
天气观测	綜觀天氣觀測	synoptic weather observation
天气观测时间	天氣時	synoptic hour
天气图	天氣圖,綜觀天氣圖	synoptic chart, weather chart
天气学	天氣學	synoptic meteorology
天气预报	綜觀天氣預報	synoptic forecast
天球	天球	celestial sphere
天球北极	天球北極	north celestial pole
天球赤道	天球赤道	celestial equator
天球赤道坐标系	天球赤道坐標系統	celestial equator system of coordination, equinoctial system of coordinates
天球地平	天球地平	celestial horizon
天球经度	天球經度	celestial longitude
天球纬度	天球緯度	celestial latitude
天球子午圈	天球子午圈	celestial meridian
天球坐标系	天球坐標	celestial coordinate system
天然标石	自然標石	natural monument
天然堤	天然堤	natural levee
天然卫星	天然衛星	natural satellite

大　陆　名	台　湾　名	英　文　名
天体	天體	celestial body
天体出没方位角	天體出沒方位角	amplitude
天体大地测量学	天文大地測量學	celestial geodesy
天体光度测量学	天體測光學	astrophotometry
天体光谱学	天體分光學	astrospectroscopy
天体力学	天體力學	celestial mechanics, dynamic astronomy
天体蒙气差	天體濛氣差	celestial refraction
天体摄影学	天體攝影學	astrography, astrophotography
天体摄影仪	天體攝影儀	astrograph, astrophotocamera
天体位置线	天體位置線	celestial line of position
天体物理学	天文物理學	astrophysics
天文测量学	天體測量學	astrometry
天文常数	天文常數	astronomical constants
天文潮	天文潮	astronomical tide
天文潮因子	天文潮因數	astronomical tide constituents
天文赤道	天文赤道	astronomic equator
天文大地垂线偏差	大地天文垂線偏差	astrogeodetic deflection of the vertical
天文大地基准	大地天文基準	astrogeodetic datum
天文大地水准,天文水准	大地天文水準測量,天文水準測量	astronomical leveling, astrogeodetic method of geoid determination
天文大地网	天文大地網	astrogeodetic network
天文大地网平差	天文大地網平差	adjustment of astro-geodetic network
天文大地坐标系	大地天文坐標系	astrogeodetic coordinate system
天文单位	天文單位	astronomical unit
天文导线	天文導線	astronomical traverse
天文导线测量	天文導線測量	astronomic traverse
天文点	天文點	astronomical point
天文定位	天文定位	celestial fix
天文定位系统	天文定位系統	astronomical positioning system
天文定向	天文定向	astronomical orientation
天文动力学	天文力學	astrodynamics
天文方位角	天文方位角	astronomical azimuth
天文高度[角]	天文高度	astronomical altitude
天文观测	天文觀測	astronomic observation, astronomical measurement
天文航海	天文導航	celestial guidance, celestial navigation
天文航海学	天文航海[學]	astro-navigation
天文经度	天文經度	astronomical longitude

大　陆　名	台　湾　名	英　文　名
天文经纬仪	天文經緯儀	astronomical theodolite
天文年	天文年	astronomic year
天文年历	天文年曆	astronomical ephemeris, astronomical almanac
天文日	天文日	astronomical day
天文日期	天文日曆	astronomical date
天文三角形	天文三角形,導航三角形	astronomical triangle, celestial triangle
天文时	天文時	astronomical time
天文水准(=天文大地水准)		
天文纬度	天文緯度	astronomical latitude
天文纬圈	天文緯圈	astronomic parallel
天文位置	天文位置	astronomic position
天文学	天文學	astronomy
天文钟	天文時鐘	astronomical clock
天文重力水准	天文重力水準測量	astro-gravimetric leveling
天文子午面	天文子午面	astronomical meridian plane
天文子午线	天文子午線	astronomic meridian
天文坐标	天文坐標	astronomic coordinates
天文坐标量测仪	天文坐標量測儀	astronomical coordinate measuring instrument
天文坐标系	天文坐標系	astronomic coordinate system
天线	天線	aerial antenna
天线方向图	天線方向圖	antenna pattern
天线方向性	天線方向性	directivity of antenna
天线高度	天線高度	antenna height
天线伺服系统	天線伺服系統	antenna servo system
天线效率	天線效率	antenna efficiency
天线增益与噪声温度比	天線增益與雜訊溫度比	antenna gain and noise temperature ratio
田谐系数	田諧係數	coefficient of tesseral harmonics
填充地图	概要圖	outline map [for filling]
填方	填方,填土	filling
填方收缩	填土收縮	shrinkage of fill
填墨	塗描	opaquing
条带测深系统	整排測深系統	swath-sounding system
条幅[航带]摄影机	航帶攝影機	continuous strip camera, strip camera
条件不符值	條件不符值	discrepancy in condition equation

大 陆 名	台 湾 名	英 文 名
条件方程	條件方程式	condition equation
条件观测	條件觀測	conditional observation
条件观测平差	條件觀測平差	adjustment of condition observation
条件平差	條件平差	condition adjustment
条码	條碼	bar code
条码尺	條碼式標尺	bar code rod
调绘(=注记)		
调焦改正	調焦改正	focusing adjustment
调焦光学系统	調焦式光學系統	focusing optical system
调焦环,调焦圈	調焦環	focusing ring
调焦螺旋,调焦旋钮	調焦螺旋	focusing drive knob
调焦圈(=调焦环)		
调焦误差	調焦誤差	error of focusing
调焦旋钮(=调焦螺旋)		
调频加网	調頻過網	frequency modulation screening, FMS
调整大地水准面(=补偿大地水准面)		
调制传递函数	調製傳遞函數	modulation transfer function, MTF
调制频率	調製頻率	modulation frequency
调制器	調製器	modulator
跳点法(=蛙跳法)		
贴图	貼圖	chart amendment patch
铁路工程测量	鐵路工程測量	railroad engineering survey
停潮	憩潮	stand of tide
通名	通名	generic name
通用横墨卡托投影	世界橫麥卡托投影	Universal Transverse Mercator projection, UTM
通用极球面投影	世界極球面投影	Universal Polar Stereographic projection, UPS
同步曝光	同步曝光	simultaneous exposure
同步观测	觀測法,同時觀測法	simultaneous observation
同步水准路线	同向水準路線	simultaneous level line
同步卫星	同步衛星	synchronous satellite
同步验潮	同步驗潮	tidal synobservation
同极化雷达影像	同極化雷達影像	like polarization radar image
同名光线	共軛像光束,相應光線	conjugate image rays, corresponding image rays
同名核线	相應核線	corresponding epipolar line

大　陆　名	台　湾　名	英　文　名
同名像点	共軛像點,相應像點	conjugate photo points, corresponding image points
同时深度比较	同時深度比較	simutaneous comparison of depth
铜版纸	銅版紙	art paper
统计地图	統計地圖	statistic map
统一基准	統一基準面	preferred datum
投影变换	投影轉換	projection transformation
投影变形	投影變形	distortion of projection
投影差,高差位移,高程投影差	高差位移, 高程投影差	relief displacement, height displacement
投影差改正,高差位移改正	投影差改正,高差位移改正	correction for relief displacement, correction for relief
投影方程	投影方程	projection equation
投影器	投影器	projector
投影器主距	投影器主距	principal distance of projector
投影晒印	投影曬像	projection printing
投影透镜	投影透鏡	projecting lens
投影中心	投影中心	center of projection
透过滤光片	起透濾光片	cut-on filter
透镜	透鏡	lens
透镜方程式	透鏡方程式	lens equation
透镜畸变差	透鏡畸變差	lens distortion
透镜像差	透鏡像差	lens aberration
透镜质量	透鏡品質	lens quality
透明底片架	透明底片架	transparency meter
透明负片	透明負片	transparent negative
透明稿	透射稿	transparency
透明原稿	透射原稿	transparency copy
透明正片	透明正片	diapositive, transparent positive
透明正片晒像机	透明正片曬像機	diapositive printer
透明纸法	透明紙法	tracing paper method
透明注记	透明注記	stick-up lettering
透墨(=透印)		
透射率	透射率	transmittance, transmissivity
透视法	透視繪法	perspective representation
透视截面法	透視截面法	perspective traces
透视空间模型	透視立體模型	perspective spatial model
透视摄影测量	透視攝影測量	perspective photogrammetry

大　陆　名	台　湾　名	英　文　名
透视投影	透視投影	perspective projection
透视图	透視圖	perspective chart, perspective view
透视网格制图法	透視網格製圖法	perspective-method of mapping
透视旋转定律,沙尔定律	透視旋轉定律,沙爾定律	rotation axiom of the perspective, Chasles theorem
透视中心	透視中心	perspective center
透写图	透寫圖	tracing
透印,透墨	透印	strike through, see through
凸凹透镜	凸凹透鏡	convexo-concave lens
凸版印刷	凸版印刷	relief printing
凸雕模型	凸雕模型	ectype
凸轮控制器	凸輪控制器	cam controller
凸透镜	凸透鏡	convex lens
图版	圖版	board chart
图幅编号(=图号)		
图幅编号法	圖號系統	sheet numbering system
图幅尺寸	圖幅尺寸	sheet dimension
图幅分幅略图(=接图表)		
图幅接边	圖幅接邊	edge matching
图幅接合表	圖幅接合表	index diagram, sheet index
图幅中心	圖幅中心	center of sheet
图根测量	圖根測量	skeleton surveying
图根点	圖根點,地形測站	mapping control point, topographic station
图根控制	圖根控制	mapping control
图号,图幅编号	圖號	sheet designation, sheet number
图籍	圖籍	map identifications
图解导线	圖解導線	graphical traverse
图解断面	圖解断面	diagrammatic section
图解辐射三角测量	圖解輻射三角測量	graphic radial triangulation
图解交会法	圖解交會法	alidade method
图解纠正	圖解糾正法	graphical rectification
图解曲线	圖解曲線	diagrammatic curve
图解三角锁	圖解三角鎖	graphical chain of triangles
图解算法	圖演算法	nomography
图解图根测量	圖解圖根測量	graphic control survey
图解图根点	圖解圖根點	graphic mapping control point
图界	圖界	border of chart

大 陆 名	台 湾 名	英 文 名
图廓	圖廓	edge of the format, map border
图廓比例尺	圖比例尺	border map scale
图廓点	圖隅點坐標	sheet corner
图廓外注释	圖廓外資料	border data
图廓线	圖廓線	border line
图历簿	圖曆簿	mapping recorded file
图例	圖例,圖式	legend
图面配置	圖面配置	map layout
图名	圖名	map title
图示符号	圖式符號	manual of symbols
图示符号系统	圖式符號系統	set of conventional signs
图外说明	附註	explanatory note
图像	圖像	picture
图像编码	影像編碼	image coding
图像变换	影像轉換	image transformation
图像处理(=影像处理)		
图像分割	影像分割	image segmentation
图像分析	影像分析	image analysis
图像复合	影像套疊	image overlaying
图像复原	影像還原	image restoration
图像几何纠正	圖像幾何糾正	geometric rectification of imagery
图像几何配准	圖像幾何配准	geometric registration of imagery
图像理解	圖像理解	image understanding
图像描述	影像描述	image description
图像配准	影像套合	image registration
图像识别	圖像識別	image recognition
图像数字化	影像數值化	image digitization
图像镶嵌	影像鑲嵌	image mosaic
图像增强	影像加增	image enhancement
图形	圖形	graphics
图形-背景辨别	圖形-背景辨別	figure-ground discrimination, F-G discrimination
图形符号	圖形符號	graphic symbol
图形记号	圖形記號	graphic sign
图形平差	圖形平差	figure adjustment
图形强度因子	圖形強度因數	strength factor
图形权倒数	權倒數	weight reciprocal of figure
图形数据库	圖形資料庫	graphic database

大陆名	台湾名	英文名
图形元素	圖形元素	graphic element
图载深度	圖載深度	charted depth
图组	圖組,圖集	chart series, map series
涂布机	鍍膜機	coater
涂料纸	塗料紙	coated paper
涂膜	塗布藥膜	coating
涂墨	去背景	blocking-out
土地标定	土地標示	land description
土地测量	土地測量	land surveying
土地登记	土地登記	land registration
土地等级	土地等則	land grades
土地调查	土地調查	land investigation
土地分类	土地分類	land classification
土地估价	土地估價	land appraisal
土地规划测量	土地規劃測量	land planning survey
土地划分	土地劃分,土地分割	land division
土地可用度	土地可用度	land use capability
土地利用	土地利用	land utilization
土地利用分区	土地使用分區	land use districts
土地利用计划书	土地使用計畫	land use plan
土地利用模式	土地使用模式	land use pattern
土地利用图	土地使用圖	land use map
土地利用现状图	土地利用現狀圖	present land-use map
土地利用综合区	土地使用綜合區	land use joining
土地平整	整地	land grading
土地信息系统	土地資訊系統	land information system, LIS
土地征收	土地徵收	land expropriation
土地整理	土地重劃	land consolidation, land readjustment
土方分配图, 土方累积图	土方分配圖, 土積圖	mass diagram
土方计算	土方計算	earthwork computation, earth mass estimate
土方累积图(=土方分配图)		
土星	土星	Saturn
土语	俗名	vernacular
推荐航线	推薦航線	recommended route
推扫式扫描,推帚式扫	掃帚式掃描	push-broom scan

大 陆 名	台 湾 名	英 文 名
描		
推帚式扫描(=推扫式扫描)		
托帕克斯卫星	托帕克斯衛星	TOPEX/POSEIDON, T/P
拖底扫海	拖底掃海	aground sweeping
脱色(=漂白)		
陀螺定向光电测距导线	陀螺定向光電測距導線	gyrophic EDM traverse
陀螺方位角	陀螺方位角	gyro azimuth
陀螺经纬仪	真北經緯儀, 方位儀	gyro theodolite, gyroscopic theodolite
陀螺罗经	電羅經	gyroscopic compass, gyrocompass
陀螺仪	迴轉儀	gyroscope
陀螺仪定向测量	陀螺儀定向測量	gyrostatic orientation survey
椭球扁率	地球扁率	flattening of ellipsoid
椭球长半轴	長半軸	semimajor axis of ellipsoid
椭球短半轴	短半軸	semiminor axis of ellipsoid
椭球面大地测量学	橢球面大地測量學	ellipsoidal geodesy
椭球面高(=大地高)		
椭球面三角形	橢球球面三角形	spheroidal triangle
椭球偏心率	橢球扁心率	eccentricity of ellipsoid
椭球体	橢球體	spheroid, ellipsoid
椭球形反射器	橢球反射器	ellipsoidal reflector
椭球坐标系	橢球坐標系	ellipsoidal coordinate system
椭圆率	橢圓率	ellipticity, ellipticity of an ellipse
拓扑地图	拓撲地圖	topological map
拓扑关系	拓撲關係	topological relation
拓扑检索	拓撲檢索	topological retrieval

W

大 陆 名	台 湾 名	英 文 名
挖方	挖方	cut, excavation
洼地等高线	窪地等高線	depression contour
蛙跳法,跳点法	蛙跳法	leapfrog method
外部定向	外方位判定	exterior orientation
外部误差	外在誤差	external error
外部重力异常	外重力異常	external gravity anomaly
外港	外港	outer harbor
外轨超高	外軌超高	superelevation of outer rail

大 陆 名	台 湾 名	英 文 名
外国地名	外國地名	foreign placename
外角	外角	exterior angle
外距(=矢距)		
外调焦	外調焦	external focusing
外调焦望远镜	外調焦望遠鏡	exterior focusing telescope
外透视中心	外透視中心	exterior perspective center
外图廓	外圖廓	exterior frame
外心透视投影	外心透視投影	external perspective projection
外行星	外行星	superior planet
外业草图	外業草圖	field sketch, field chart
外业控制	實測控制	field control
外业手簿	外業手簿,野簿	field book
外业图板	小艇底圖	boat sheet
外[逸]层	外氣層	exosphere
弯道加宽	彎道加寬	widening on curve
弯管水准器	曲管水準器	bent tubular level
弯月型透镜	彎月型透鏡,新月型透鏡	meniscus shaped lens
完全地形重力改正	完全地形重力改正	complete topographic gravity correction
完全反射体	完全反射體	absolute reflector
完全方向观测组	完全方向觀測組	complete sets of direction
网点	網點	stipple, dots
网点百分率	網點百分率	percentage dot area
网点扩大	網點擴大	dot gain
网格版法	方格板法	grid plate method
网格北	方格北	grid north
网格编号	方格數字	grid number
网格测量	網格法測量	grid survey
网格测量法	方格測量法	grid survey method
网格尺度	方格尺度	grid scale
网格磁偏角	方格磁偏角	grid variation
网格导航	方格航行法	grid navigation
网格地图	方格地圖	grid map
网格短线	方格短線	grid ticks
网格法	方格法	grid method
网格方位角	方格方位角	grid azimuth
网格计算	方格計算	grid computation
网格结构	網格結構	grid structure

大 陆 名	台 湾 名	英 文 名
网格偏角	方格偏角	grid declination
网格摄影机	網格攝影機	reseau camera
网格位置	方格位置	grid position
网格值	方格值	grid value
网格指示线	方格指示線	grid representation lines
网格注记	方格註記	grid identification note, grid note
网格子午线	方格子午線	grid meridian
网络	網	network, net
网屏	網屏	screen
网屏角度	網屏角度	screen angle
网纹墨辊	網紋墨輥	anilex roller
网纹片	網紋片	transparent foil
网线	網線	ruling
网状河流	網狀河流	braided stream
往测	往測	direct run
望远镜	望遠鏡	telescope
望远镜放大率	望遠鏡放大率	power of telescope
望远镜偏心距	望遠鏡偏心距	eccentricity of telescope
望远镜水准仪	望遠鏡水準器	telescope level
望远镜照准仪	望遠鏡照準儀	telescope alidade
危险沉船	礙航沉船	dangerous sunken wreck
危险界线	警戒線	limiting danger line
危险线	危險線	danger line
威儿纳投影	威爾納投影	Werner's projection
威特光电测距仪	威特光波測距儀	distomat
微巴	微巴	barye
微波测距	微波測距	microwave distance measurement
微波测距仪	微波測距儀	microwave distance measuring instrument
微波辐射	微波輻射	microwave radiation
微波辐射计	微波輻射計	microwave radiometer
微波全息摄影	微波全像攝影	microwave holography
微波图像	微波圖像	microwave imagery
微波遥感	微波遙感	microwave remote sensing
微波遥感器	微波感測器	microwave remote sensor
微差水准测量	逐差水準測量	differential leveling
微动	微動	fine movement
微动螺旋,正切螺旋	微動螺旋,正切螺旋	slow motion screw, tangent screw
微动气压计(=高差仪)		

大　陆　名	台　湾　名	英　文　名
微分法测图(=分工法测图)		
微分光行差	微差光行差	differential aberration
微分纠正	微分糾正	differential rectification
微分平差	微差平差法	differential adjustment
微粒显影剂	微粒顯影劑	fine-grain developer
微秒	微秒	microsecond
微调	微調	fine drive
微调螺旋	微調螺旋	drive screw
微压计	微壓計	microbarograph
微重力测量	微重力測量	microgravimetry
唯一解	唯一解法	unique solution
维护深度	維持深度	maintained depth
维纳频谱	維納頻譜	Wiener spectrum
伪彩色	假色	pseudo color
伪彩色图像	假色影像	pseudo-color image
伪等值线地图	偽等值線地圖	pseudo-isoline map
伪方位投影	偽方位投影	pseud-azimuthal projection
伪回声	假回聲	false echo
伪距测量	偽距測量	pseudo-range measurement
伪距差(=虚拟距离差)		
伪视差	假視差	false parallax
伪原点	假定原點	false origin
伪圆柱投影	偽圓柱投影	pseudocylindrical projection
伪坐标	假定坐標	false coordinates
纬差	緯差	difference of latitude
纬度	緯度	latitude
纬度测定	緯度測定	latitude determination
纬度方程	緯度方程式	latitude equation
纬度水准仪	緯度水準器	latitude level
纬度自变量	緯度引數	argument of latitude
纬圈	緯圈	parallel
卫星	衛星	satellite
SPOT 卫星	SPOT 衛星	SPOT satellite, systeme probatoire d'observation de la terre(法)
卫星测高	衛星測高法	satellite altimetry
卫星测高仪	衛星測高計	satellite altimeter
卫星大地测量学	衛星大地測量	satellite geodesy

大 陆 名	台 湾 名	英 文 名
卫星导航系统	衛星導航系統	satellite navigation system
卫星定位	衛星定位	satellite positioning
卫星定位摄影测量	衛星定位攝影測量學	GPS photogrammetry
卫星多普勒[频移]测量	衛星都卜勒[頻移]測量	satellite Doppler shift measurement
卫星定位系统	衛星定位系統	satellite positioning system
卫星多普勒定位	衛星都卜勒定位	satellite Doppler positioning
卫星覆盖区	衛星覆蓋範圍	satellite coverage
卫星高度	衛星高度	satellite altitude
卫星跟踪摄影机	衛星追蹤攝影機	satellite-tracking camera
卫星跟踪卫星技术	衛星跟蹤衛星技術	satellite-to-satellite tracking, SST
卫星跟踪站	衛星跟蹤站	satellite tracking station
卫星共振分析	衛星共振分析	analysis of satellite resonance
卫星构形	衛星分佈圖	satellite configuration
卫星-惯导组合定位系统	衛星-慣導組合定位系統	satellite-inertial guidance integrated positioning system
卫星轨道改进	衛星軌道改進	improvement of satellite orbit
卫星轨迹	衛星軌跡	satellite trail
卫星激光测距	衛星雷射測距	satellite laser ranging, SLR
卫星激光测距仪	衛星雷射測距儀	satellite laser ranger
卫星三角测量	衛星三角測量	satellite triangulation
卫星三角测量站	衛星三角測量站	satellite triangulation station
卫星摄影	衛星攝影	satellite photography
卫星摄影测量	人造衛星攝影測量	satellite photogrammetry
卫星-声学组合定位系统	衛星-聲學組合定位系統	satellite-acoustics integrated positioning system
卫星受摄运动	衛星受攝運動	perturbed motion of satellite
卫星像片	衛星像片	satellite photo
卫星像片图	衛星像片圖	satellite photo map
卫星星下点	衛星星下點	sub-satellite point
卫星影像	衛星影像	satellite image
卫星运动方程	衛星運動方程	equation of satellite motion
卫星重力梯度测量	衛星重力梯度測量	satellite gradiometry
卫星姿态	衛星姿態	satellite attitude
未测到底水深	不到底水深	no-bottom sounding
未测站	未測站	unoccupied station
未经研磨版材	未研磨版材	ungrained plate
未纠正像片镶嵌图	未糾正像片鑲嵌圖	unrectified photograph mosaic

大 陆 名	台 湾 名	英 文 名
未勘测界	未勘測界	unsurveyed border
未修版像片	未修版像片	unretouched photograph
位	位	potential
位能	位能	potential energy
位移	位移	displacement
位移测高法	位移測高法	displacement method of height determination
位移观测	位移觀測	displacement observation
位移求倾角法	位移求傾角法	displacement method of tilt determination
位置函数	位置函數	position function
位置角	位置角	position angle
位置精度	位置精度	positional accuracy
位置线	位置線	line of position, LOP
位置线方程	位置線方程	equation of LOP
位置线交角	位置線交角	intersection angle of LOP
温差	溫度差	temperature difference
温度分辨率	溫度解析率	temperature resolution
温度计测高法	溫度計測高法	thermometric altimetry
温深记录图	溫深記錄圖	bathythermogram
温盐深仪	鹽溫深儀	conductivity-temperature-depth probe, CTD probe
文化地图	文化地圖	cultural map
纹理分析	紋理分析	texture analysis
纹理增强	紋理增強	texture enhancement
吻切轨道	密切軌道	osculating orbit
吻切椭圆	密切橢圓	osculating ellipse
稳定性	穩定性	stability
沃尔什变换	沃爾什變換	Walsh transformation
沃天测高仪	沃天測高儀	W&T surveying altimeter
钨丝灯	鎢絲燈	tungsten lamp
无版印刷	無版印刷	plateless printing
无标石水准点	無標石水準點	non-monument bench mark
无潮点	無潮點，中潮點	nodal point
无潮系统	無潮系統	omphidromic system
无定向导线(=支导线)		
无定向重力仪,不稳型重力仪	無定向重力儀,不穩型重力儀	astatic gravimeter, unstable gravimeter
无控制像片镶嵌图	無控制像片鑲嵌圖	uncontrolled photograph mosaic

大陆名	台湾名	英文名
无能源卫星,被动卫星	無能源衛星	passive satellite
无水平版	無水平版	waterless lithography
无线电报时信号,无线电时号	無線電報時信號	radio time signal
无线电定位	無線電定位	radio positioning
无线电航行警告	無線電航行警告	radio navigational warning
无线电经度测定法	無線電定經度法	radio method of longitude determination
无线电时号(=无线电报时信号)		
无线电水位计	無線電水位計	radio gauge
无线电信标	無線電標杆	radio beacon
无线电源,射电源	電波源	radio source
无线电指向标表	無線電指向標表	list of radio beacon
无液气压计(=空盒气压计)		
无约束平差	內平差	inner adjustment
无振荡罗经	呆羅經	deadbeat compass
无阻尼卫星	無阻力衛星	drag-free satellite
五分仪	五分儀	quintant
五角棱镜	五角稜鏡	pentaprism
物端棱镜	物鏡稜鏡	objective prism
物方焦点	物方焦點	focus in object space
物方节点	物方節點	object nodal point
物[方]空间	物空間	object space
物[方]空间坐标系	物方空間坐標系	object space coordinate system
物镜	物鏡	objective
物镜分辨率	物鏡分辨力	resolving power of lens
物镜角	物鏡角	objective angle
物镜孔径	物鏡孔徑	objective aperture
物镜筒	物鏡筒	object slide
物距	物距	object distance
物理大地测量边值问题	邊值問題	boundary-value problem of physical geodesy
物理大地测量学	物理大地測量學	physical geodesy
物理印刷	物理印刷	physical printing
误差传播	誤差傳播	error propagation, propagation of error
误差定律	誤差定律	law of error
误差方程式	誤差方程式	error equation

大　陆　名	台　湾　名	英　文　名
误差分布	誤差分佈	distribution of error
误差检验	誤差檢驗	error test
误差矩阵	誤差矩陣	error matrix, confusion matrix
误差理论	誤差理論	theory of errors
误差椭圆	誤差橢圓	error ellipse
雾[信]号	霧[信]號	fog signal

X

大　陆　名	台　湾　名	英　文　名
1980 西安坐标系	1980 西安坐標系	Xi'an Geodetic Coordinate System 1980
西磁差(=西偏差)		
西大距(=西距角)		
西距角,西大距	西距角	west elongation
西偏差,西磁差	西偏	west declination
吸收	吸收	absorption
吸收波段	吸收波段	absorption band
吸收波光片	吸收濾光片	absorption filter
系列地图	系列地圖	series maps
系列制图	系列製圖	systematic mapping
系留浮标	自記浮台	automatic floating station
系留气球	繫留氣球	captive balloon
系数矩阵	係數矩陣	coefficient matrix
系统畸变	系統畸變	systematic distortion
系统集成	系統整合	system integration
系统误差	系統誤差	systematic error
细部地形	細緻地形	fine texture topography
潟湖	潟湖	lagoon
峡谷	峽谷	gorge, gulch
狭缝光阑	縫隙光孔	slit aperture
狭缝快门	縫隙快門	slit shutter, slotted shutter
下降坡	下降坡	declivity
下盘	下盤	lower circle
下盘动作	下盤動作	lower motion
下盘制动	下盤制動	lower clamp
下行链路	下行線聯路	down link
下中天	下中天	lower culmination, lower transit, inferior transit

大陆名	台湾名	英文名
夏至	夏至	summer solstice
先验中误差	先驗中誤差	a priori mean square error
纤维素胶	纖維素膠	cellulose gum
闲置用地	空地	vacant lot
弦定义	弦定義	chord definition
弦偏角	弦偏角	chord deflection angle
弦偏距	弦偏距	chord deflection
弦切角	弦切角	chord tangent angle
弦线偏距法	弦線偏距法	chord deflection method
弦线支距法	弦線支距法	chord off-set method
衔接误差	接橋誤差	bridging error
衔接仪器	接橋儀器	bridging instrument
显示器	顯示器	display, display device
显微摄影	顯微攝影	photomicrography
显像曚翳	化學曚翳	chemical fog
显影	顯影	developing
显影过度	顯影過度	over development
显影剂	顯影劑	developing agent
显影温度	顯影溫度	development temperature
险恶地	危險地	foul ground
险礁	危險石	dangerous rock
现势地图	最新地圖	up-to-date map
线划图	線劃圖，線條稿	line map
线路测量	路線測量	route surveying
线路界桩	路線界樁	route border stake
线路平面图	線路平面圖	route plan
线路水准测量	線路水準測量	route leveling
线路中线测量(=中线测量)		
线扫描仪	線掃描機	linear scanner
线条摄影	線條照相	line photography
线纹米尺	線紋米尺	standard meter
线形锁	線形鎖	linear triangulation chain
线形网	線形網	linear triangulation network
线性闭合差	線性閉合差	linear error of closure
线性极化(=线性偏振)		
线性偏振,线性极化	線性偏光	linear polarization
线性调频脉冲	線性調頻脈衝	chirp

大 陆 名	台 湾 名	英 文 名
线阵遥感器	線狀陣列感應器，掃帚式感應器	linear array sensor, push-broom sensor
线状摆	線狀擺	filar pendulum, string pendulum
线状地物	線狀地物	linear features
线状符号	線符號	line symbol
线状基线尺	線狀基線尺	base measuring wire
限差,容许误差	公差,容許誤差	tolerance, permissible error
限航区	禁區	restricted area
限航深度	限航深度	controlling depth
乡村规划测量	鄉村規劃測量	rural planning survey
相对定位	相對定位	relative positioning
相对定向	相對方位判定	relative orientation
相对定向元素	相對定向元素	elements of relative orientation
相对航高	相對航高	relative flying height
相对精度	相對精度	relative accuracy
相对孔径	相對孔徑,相對光圈	relative aperture
相对论改正	相對論改正	relativistic correction
相对倾角	相對傾角	relative tilt
相对误差	相對閉合差	relative error
相对重力	相對重力	relative gravity
相对重力测量	相對重力測量	relative gravity measurement
相对重力仪	相對重力儀	relative gravimeter
相干光雷达	相干雷射雷達	coherent ladar
相干雷达	同相雷達	coherent radar
相干声呐测深系统	相干聲納測深系統	interferometric seabed inspection sonar
相关	關聯	correlation
相关点	關聯點	correlation correspondence
相关方程式	關聯值方程式	correlate equation
相关平差	相關觀測平差	adjustment of correlated observation
相关器	相關器	correlator
相关系数	關聯係數	correlation coefficient
相邻地图	接邊地圖	adjacent map
相邻航线	相鄰航線	adjacent flight line
相邻模型	相鄰模型	adjacent model
相邻图幅	相鄰圖幅,鄰接圖幅	continuation sheet, adjoining sheet
箱尺	箱尺	box staff
镶嵌	鑲嵌圖	mosaic
镶嵌索引图	索引鑲嵌圖	index mosaic

大　陆　名	台　湾　名	英　文　名
镶嵌图版	鑲嵌圖板	mosaicing board
向东横坐标	向東横坐標	easting
向甫鲁条件(=交线条件)		
向量重力测量	向量重力測量	vector gravimetry
向心水系	向心狀水系	centripetal drainage
相位	相位	phase
相位传递函数	相位傳遞函數	phase transfer function, PTF
相位多值性	相位多值性	phase ambiguity
相位观测	相位觀測	phase observation
相位检测器	相位檢測器	phase detector
相位角	相角	phase angle
相位模糊度解算	相位模糊度解算	phase ambiguity resolution
相位漂移	相位漂移	phase drift
相位稳定性	相位穩定性	phase stability
相位信息	相位資訊	phase information
相位周值	相位周值	phase cycle value, lane width
象限角	象限角	bearing
象限罗盘仪	象限羅盤儀	quadrant compass
象限仪	象限儀	quadrant
象形符号	象形符號	replicative symbol
像差	像差	aberration
像场角	視場角	objective angle of image field, angular field of view
像等角点	像等角點	isocenter of photograph
像底点	像底點,天底點	photo nadir point
像底点解析空中三角测量	像底點解析空中三角測量	analytical nadir-point aerotriangulation
像地平线	像片地平線	image horizon
像点	像點	image point, picture point
像点横坐标	像點横坐標	abscissa of image point
像点接合法	像點接合法	point-matching method
像点投影线	影像射線	image ray
像点位移	像點位移	displacement of image
像点纵坐标	像點縱坐標	ordinate of image point
像对	像對	photo pair, homologous photographs
像对共面[条件]	像對共面[條件]	basal coplane
像对水平共面	水平共面	horizontal coplane

大陆名	台湾名	英文名
像方节点	像方節點	nodal point of image space
像幅	像幅	picture format
像机蛇腹	照像機蛇腹	camera bellows
像机伸长度	像機伸長度	camera extension
像机原稿架	像機原稿架	camera copyboard
像机座	照像機臺座	camera pad
像空间坐标系	像空間坐標系	image space coordinate system
像片	像片	photo, photograph
像片比例尺	像片比例尺	photo scale
像片边缘注记	像片邊緣註記	margin data of photograph
像片编号	像片編號	exposure number
像片测图仪	像片測圖儀	paper-print plotting instrument
像片垂线	像片垂線	photograph perpendicular
像片打印号	像片號碼	photo print number
像片导线	像片三角導線	phototrig traverse
像片底图	像片基本圖	photo base map
像片地质判读	像片地質判讀	geological interpretation of photograph
像片方位角	像片方位角	azimuth of photograph
像片方位元素	像片方位元素	photo orientation elements
像片光轴点	像片光軸點	foot of the optical axis
像片基线	像片基線	photo base
像片基准面	像片基準面	photographic datum
像片角锥体	像片角錐體	photo pyramid
像片纠正	像片糾正	photo rectification
像片控制点	像片控制點	picture control point, photocontrol point
像片控制索引图	像片控制點索引圖	photocontrol index, photocontrol diagram
像片量角编图	像片量角編圖	photoalidade compilation
像片略图	複合像片	composite photograph
像片描绘	像片描繪	photodelineation
像片内方位元素	像片內方位元素	elements of interior orientation
像片判读	像片判讀,空照閱讀	photo interpretation, aerial photograph reading
像片判读样片	像片判讀範例	photo-interpretation key
像片平均比例尺	像片平均比例尺	mean scale of photograph
像片平面图	有註記像片鑲嵌圖	photoplan
像片倾角	像片傾角	tilt angle of photograph
像片三角测量	像片三角測量	triangulation from photographs
像片识别	像片認點	photo identification

大 陆 名	台 湾 名	英 文 名
像片视准量角仪	像片量角儀	photoalidade
像片索引图	像片索引圖	photo index map
像片图	像片圖	photomap
像片图背参考图	像片圖背参考圖	photomap back-up
像片外方位元素	像片外方位元元素	elements of exterior orientation
像片镶嵌	像片鑲嵌	photo mosaic
像片镶嵌图	像片鑲嵌圖,像片併合圖	photo mosaic, photo mosaic assembly
像片修测	像片修測	photo revision
像片修测图	像片修測圖	photorevised map
像片旋角	像片旋角	swing angle
像片野外调绘	像片野外調繪	photograph field classification
像片阅读	像片閱讀	photographic reading
像片中心	像片中心	photograph center
像片主距	像主距	principal distance of photo
像片转绘仪	像片草圖測繪儀,像片繪圖儀	sketch master, camera-lucida
像片坐标	像片坐標	photograph coordinates
像片坐标轴	像片坐標軸	axis of the image
像平面	像平面	image plane
像平面坐标系	像平面坐標系	photo coordinate system
像散	像散	astigmatism
像水平线	像横線	photograph parallel
像素(=像元)		
像素复制(=像元复制)		
像移补偿	影像移動補償	image motion compensation, IMC
像元,像素	像元,像元素,圖元	pixel
像元复制,像素复制	畫素複製	pixel copy
像主点	像主點	principal point of photograph
像主点三角测量	像主點三角測量	principal point triangulation
像主点误差	像主點誤差	principal point error
像主横线	像主横線	principal parallel
像主距误差	像主距誤差	principal distance error
像主纵线	像主縱線	principal line [of photograph]
橡皮布	橡皮布	blanket
橡皮滚筒	橡皮轅筒	blanket cylinder
消球差放大镜	消球差放大鏡	aplanatic magnifier
消球差透镜, 不晕透镜	消球差透鏡, 慧差透鏡	aplanatic lens

大陆名	台湾名	英文名
消球差性	消球差性	aplanatism
消色差双透镜	消色雙透鏡	achromatic double lens
消色差透镜	消色差透鏡,濾色透鏡	achromatic lens
消像差反射望远镜	消像差反射望遠鏡	anaberrational reflector telescope
消像散透镜	消像散透鏡	anastigmatlens, anastigmatic lens
销钉定位法	打孔定位法	stud registration
小比例尺地图	小比例尺地圖	small-scale map
小潮	小潮	neap tide
小潮差	小潮差	neap range
小潮低潮	小潮低潮	neap low water
小潮高潮	小潮高潮	neap high water
小潮升	小潮升	neap rise
小船海图(=游艇用图)		
小幅海图	輔助圖	chartlet
小回归潮差	小回歸潮差	small tropic range
小角度法	小角度法	minor angle method
小平板仪	小平板儀	traverse table
小日潮差	小日潮差	small diurnal range
小三角测量	三角圖根測量	topographical triangulation
小像幅航空摄影	小像幅航空攝影	small format aerial photography, SFAP
小行星	小行星	planetoid, minor planets
小型双筒望远镜	小雙筒望遠鏡	opera glasses
小圆	小圓	small circle
楔(=光楔)	光劈,楔	wedge
协方差	協方差	covariance
协方差函数	協方差函數	covariance function
协方差矩阵	協方差矩陣	covariance matrix
协调世界时	協調世界時	coordinated universal time, UTC
协调世界时时号	協調世界時時號	time signal in UTC
斜赤道	斜赤道	oblique equator
斜赤经	斜赤經	oblique ascension
斜笛卡儿坐标系	斜笛卡爾坐標系	oblique Cartesian coordinates system
斜截面法	斜截面法	oblique traces
斜经度	斜經度	oblique longitude
斜距	斜距	slope distance, slant distance
斜距法	斜距法	diagonal offsetting, diagonal setting
斜距分辨率	斜距解析度	slant-range resolution
斜坡量距法	斜坡量距法	slope taping, slope chaining

大　陆　名	台　湾　名	英　文　名
斜坡排水	斜坡排水	slope drain
斜纬度	斜緯度	oblique latitude
斜像差	斜像差	oblique aberration
斜照晕渲	斜照暈渲	oblique hill shading
斜轴投影	斜軸投影	oblique projection
谐函数	諧函數	harmonic function
心理视觉冗余	視覺心理多餘度	psychovisual redundancy
心象地图	心象地圖	mental map
辛普森法则	辛甫生公式	Simpson's rule
辛普森三分法	辛甫生三分之一定則	Simpson's one-third rule
锌版	鋅版	zinc plate
新版海图	新版海圖	new edition of chart
信风带	信風帶	zone of trade wind
信号杆	信號桿	signal pole
信息标准化	資訊標準化	information standardization
信息量	資訊量	contents of information
信息属性	資訊屬性	information attribute
信息提取	資訊萃取	information extraction
信噪比	信號噪聲比	signal-to-noise ratio
星表	星表	star catalogue
FK4 星表	FK4 星表	Fourth Fundamental Catalogue, FK4
FK5 星表	FK5 星表	Fifth Fundamental Catalogue, FK5
星等	星等	magnitude
星历	星曆表	ephemeris
星历秒	星曆秒	ephemeris second
星球测图	地球外測圖	extra terrestrial mapping
星体演化	星體演化論	evolution of stars
星图	星圖	star chart, star map
星团	星團	star cluster
星位角	星位角	parallactic angle
星下点	星下點	substellar point
星云	星雲	nebula
星载遥感器	星載遙感器	satellite-borne sensor
星座	星座	constellation
星座图	星座圖	planisphere
行差	行差	run error
行星	行星	planet
行星测量学	行星圖測制	planetary geodesy

大 陆 名	台 湾 名	英 文 名
行星光行差	行星光行差	planetary aberration
行星几何学	行星幾何學	planetary geometry
行星岁差	行星歲差	planetary precession
行星卫星	行星衛星	planetary satellite
行星系	行星系	planetary system
行政区划略图	行政界線略圖	index to boundaries, index to political boundaries
行政区划示意图	行政區域示意圖	county diagram
行政区划图	行政區劃圖	administrative map
Y 型水准仪(=活镜水准仪)		
修版	修版	retouching
修测,更新	修測	revision
修改液	修塗液	opaque
袖珍经纬仪	袖珍經緯儀	pocket transit
袖珍立体镜	袖珍立體鏡	pocket stereoscope
袖珍罗盘仪	袖珍羅盤儀	pocket compass
袖珍天文表	袖珍天文錶	pocket chronometer
溴化银	溴化銀	bromide silver
虚拟地景	虛擬地景	virtual landscape
虚拟地图	虛擬地圖	virtual map
虚拟距离差,伪距差	虛擬距離差	pseudo range difference
虚拟桩	虛樁	virtual stake
虚拟子午线	虛子午線	fictitious meridian
虚网点(=软点)		
虚线等高线图	示形線圖	form-line plot, dashed-line contour plot
虚像	虛像	virtual image
虚晕	暈點	vignetted dots
序贯平差	序貫平差	successive adjustment
序贯区域平差	序列區域平差	sequential block adjustment
序列像片	連續像片	series photograph
叙述摄影测量学	敘述攝影測量學	descriptive photogrammetry
宣传地图	宣傳地圖	propaganda map
悬锤水位计	懸錘水位計	suspended weight gauge
悬吊式测深	懸吊式測深	trolley sounding
悬谷	懸穀	hanging valley
悬链改正	懸鏈改正	catenary correction to tape
悬链线	懸鏈線	catenary

大陆名	台湾名	英文名
悬式经纬仪	懸式經緯儀	suspension theodolite, handing theodolite
悬式水准仪	懸式水準器	hanging level
旋光性	光性	optical activity
旋桨式流速计(=螺旋桨流速仪)		
旋像棱镜	旋像稜鏡	rotating prism
旋转参数	旋轉參數	rotation parameters
旋转定律	旋轉定律	theorem of rotation
旋转角	旋轉角	angle of swing
旋转椭球偏心率	旋轉橢球體偏心率	eccentricity of spheroid of revolution
旋转椭球体	旋轉橢球體	ellipsoid of rotation, oblate ellipsoid of rotation
旋转椭球体面角	旋轉橢球體面角	spheroidal angle
旋转椭球坐标	旋轉橢球坐標	spheroidal coordinates
旋转位	迴轉位	rotational potential
选取限额	選取限額	norm for selection
选取指标	選取指標	index for selection
选权迭代法	選權迭代法	iteration method with variable weights
雪花	雪花	snowflake
寻北器	尋北器	north-finding instrument, polar finder
寻像圈(=寻星度盘)		
寻星度盘,寻像圈	尋星度盤	finder circle
寻星镜	尋星鏡	finder
巡航测深	航跡水深線	track line of sounding, cruise line of sounding
训练样本	訓練樣本	training sample

Y

大陆名	台湾名	英文名
压力验潮仪	水壓式驗潮儀	pressure gauge
亚太区域地理信息系统基础设施常设委员会	亞太區域地理資訊系統基礎設施常設委員會	Permanent Committee on GIS Infrastructure for Asia and the Pacific, PCGIAP
延迟误差	遲滯誤差	lag error
严密平差	嚴密平差	rigorous adjustment
岩溶地形(=喀斯特地形)		
岩溶河(=喀斯特河)		

大　陆　名	台　湾　名	英　文　名
岩溶景观(=喀斯特景观)		
岩石圈	岩圈	lithosphere
沿岸测量	沿岸測量	coastwise survey
沿岸航路指南	沿海水路誌	coast pilot
沿岸流	沿岸流	coastal current
衍射	繞射	diffraction
衍射光栅	繞射柵	diffraction grating
掩始	入掩	immersion
掩星	掩星	occultation
掩星测量	掩星測量	occultation surveying
掩星仪	月掩星觀測儀	occultation instrument
眼高修正	眼高修正	height of eye correction
眼基距	眼距	interocular distance
眼基线	眼基線	eye base
眼睑式快门	眼瞼式快門	eyelid shutter, eyepiece shutter
演习区	操演區	exercise area
验潮	潮汐觀測	tidal observation
验潮杆	潮標	tidal pole
验潮井	穩定井	tide gauge well
验潮水准点	驗潮水準點	tidal bench mark
验潮仪	驗潮儀,測潮計	tide-meter. tide register
验潮站	驗潮站	tidal station
验潮站零点	驗潮站零點	zero point of the tidal
验流浮标	驗流浮標	drift float
验收测量	驗收測量	final evaluation survey
焰囱	焰囪	flare stack
雁列注记	雁行字列	sloping name
阳像	正像	positive image
洋底	洋底	ocean floor
洋盆	海洋盆地	oceanic basin
洋中脊	中洋脊	mid-ocean ridge
仰角	仰角	angle of elevation
养路测量	養路測量	maintenance survey
氧化铝版	陽極氧化鋁版	anodized aluminum plate
样本	色樣	swatch
样图	樣圖	sample plot
样张	樣張	proof copy

大 陆 名	台 湾 名	英 文 名
遥测平台	遙測載台	platform for remote sensing
遥感	遙感探測	remote sensing
遥感测深	遙感探測	remote sensing sounding
遥感模式识别	遙感模式識別	pattern recognition of remote sensing
遥感平台	遙感平臺	remote sensing platform
遥感器	遙測器	remote sensor
遥感数据获取	遙感資料獲取	remote sensing data acquisition
遥感应用	遙感探測應用	remote sensing application
遥感影像	遙測影像	remote sensing image
遥感影像制图	遙感圖像製圖	mapping from remote sensing image
遥感制图	遙測製圖	remote sensing mapping
遥控潜水器	遙控潛水器	remotely operated vehicle, ROV
遥控装置	輔機	remote unit
咬口,叼口	咬口邊	leading edge
药膜对片基接触晒印	藥膜對片基曬印法	emulsion to base
药膜对药膜接触晒印	藥膜對藥膜曬印法	emulsion to emulsion
药膜面	藥膜面	coated side
野外补测	野外補測	field completion
野外地质图	野外地質圖	field geological map
野外实测等高线	野外實測等高線	field contouring
野外填图	野外填圖	field mapping
野外调绘	野外調繪	field classification
野外修测图	野外修測圖	field correction copy
野外原图	野外原圖	field sheet
夜光	夜光	night sky light, night sky luminescence
夜间能见度	夜間能見度	night-time visibility
夜间摄影	夜間攝影	night photography
夜视范围	夜視程	night visual range
液体罗盘	液體羅盤	spirit compass
一等导线测量	一等導線測量	first order traverse
一等三角测量	一等三角測量	first order triangulation
一等水准测量	一等水準測量	first order leveling
依需印刷	依需印刷	on-demand printing
仪器对中	儀器定心	centering of instrument
仪器校正	儀器校正	instrument adjustment
仪器偏心距	儀器偏心距	eccentricity of instrument
仪器视差	儀器視差	instrument parallax
仪器误差	儀器誤差	instrument errors

大　陆　名	台　湾　名	英　文　名
仪器中心	儀器中心	center of instrument
仪器坐标	儀器坐標	machine coordinates, instrument coordinates
移点器(=求心器)		
移动沙洲	移動沙洲	shifting bar
遗漏性误差	漏列	error of omission
疑存	疑有	existence doubtful
疑位	疑位	position doubtful
异常	異常	anomaly
异常磁变	異常磁變	abnormal magnetic variation
溢洪道	溢洪道	floodplain scour routes, spillway
因瓦	銦鋼	invar
因瓦标尺	銦鋼標尺	invar rod
因瓦带尺	銦鋼帶尺	invar tape
因瓦基线尺	銦鋼基線尺	invar baseline wire
因瓦线尺	銦鋼線尺	invar wire
C 因子	C 因數	C-factor
k 因子	k 因數	k-factor
阴极	陰極	cathode
阴极射线	陰極射線	cathode ray, cathode stream
阴极射线管	陰極射線管	cathode ray tube
阴像	陰像	negative image
阴像改正	陰像改正	negative correction
阴影测高法	陰影測高法	shadow method of height determination
音响方位	音波方位	sonic bearing, acoustic bearing
银道面	銀道面	galactic plane
引潮力	引潮力	tide-generating force
引潮位	引潮位	tide-generating potential
引点	引點	derived point, side shot
引航(=引水)		
引航锚地	引水錨地	pilot anchorage
引航图	航跡圖	pilot trace
引航图集	引航圖集	pilot atlas
引力	萬有引力,引力	gravitation
引力常数	萬有引力常數	gravitation constant
引力潮	引力潮	gravitational tide
引力位	重力位,引力位	gravitational potential
引水,引航	引水	pilot

大　陆　名	台　湾　名	英　文　名
引张线法	引張線法	method of tension wire alignment
印度潮面	印度潮面	Indian tide plane
印度大潮低潮	印度大潮低潮	Indian spring low water
印刷	印刷	printing
印刷版	印刷版,樣張版	printing plate, press plate
印刷成本估价	印刷成本估價	printing cost estimating
印刷成品	完成印件	finished print
印刷程序	印刷色序	printing sequence
印刷废品	印刷耗損	press spoilage
印刷技术	印刷技術	printing technique
印刷科学	印刷科學	printing science
印刷品	印刷品	printed matter
印刷适性	印刷適性	printability
印刷业	印刷工業	printing industry
印刷原图	印刷原圖	smooth-delineation copy
印刷质量	印刷品質	printed matter quality
应用地图学	應用地圖學	applied cartography
英尺烛光	呎燭光	foot candle
1 英寸地图	1 吋地圖	one inch map
英寻	噚, 拓	fathom
迎风潮	上風潮	windward tide
荧光地图	螢光地圖	fluorescent map
影像	影像	image
影像变形	影像變形	image deformation
影像测量学	影像測量學	ikonogrammetry, iconogrammetry
影像处理,图像处理	影像處理	image processing
影像地形图	像片地形圖	photo-contour map
影像地质图	像片地質圖	geological photomap
影像分辨力	地面解像力	image resolution, resolving power of image
影像分类	影像分類	image classification
影像金字塔	影像金字塔	image pyramid
影像亮度	影像明亮度	image brightness
影像亮度增强系统	影像亮度加強系統	imageintersifier system
影像密度分析仪	影像濃度分析器	image density analyzer
影像批处理	影像粗處理	bulk image processing
影像匹配	影像匹配	image matching
影像平面	影像平面	image plane
影像清晰度	影像清晰度	definition of image

大 陆 名	台 湾 名	英 文 名
影像融合	影像融合，影像凝合	image fusion
影像数据库	影像資料庫	image database
影像数据压缩	影像資料壓縮	image data compression
影像衰减	影像衰減	image degradation
影像特征	影像特徵	image feature
影像相关	影像相關，影像關聯	image correlation
影像预处理	影像預先處理	image preprocessing
影像质量	影像品質	image quality
影像主观质量	影像主觀品質	image subjective quality
映绘	映繪	fair tracing
硬调	硬調	hard tone
硬化剂(=坚膜剂)		
硬路面	硬路面	hard pavement
硬目标	硬目標	hard target
硬片	攝影硬片	photographic plate
硬性像纸	硬調像紙	contrast paper
永久水准点	永久水準點	permanent bench mark
邮政地图	郵務圖	postal map
油墨槽	墨槽	ink fountain
油墨干燥抑制剂	印墨乾燥抑製劑	ink anti-skinning
油墨结构	印墨結構	construction of ink
油墨黏度	印墨黏度	ink tack
游标	游標	vernier
游标尺	游標尺	vernier scale
游标重合误差	游標重合誤差	vernier alignment error
游标分度尺	游標分度尺	vernier protractor
游标卡尺	游標卡尺	vernier calliper
游标罗盘仪	游標羅盤儀	vernier compass
游标水准仪	游標水準器	vernier level
游标显微镜	游標顯微鏡	vernier microscope
游艇港	遊艇港	marina
游艇用图,小船海图	遊艇用圖,小船海圖	yacht chart
有潮港	潮汐港	tidal harbor
有潮河	感潮河	tidal river
有航摄资料的地区	像片涵蓋圖	photo coverage
有效孔径	有效孔徑	effective aperture
有效模型	有效模型,重疊區	neat model, gross model
右旋角	右旋角	angle to right

大 陆 名	台 湾 名	英 文 名
右旋角导线	右旋測角導線	angle to right traverse
右转角导线	右旋角導線	traverse by angles to the right
余赤纬	餘赤緯	codeclination
余角	餘角	complementary angle
余流	淨流	residual current
余纬	餘緯	colatitude
余震	餘震	aftershock
鱼形测锤,鱼形水铊	魚形測錘	fish lead
鱼形水铊(=鱼形测锤)		
鱼眼镜头	魚眼透鏡	fish-eye lens
渔礁	魚礁	fishing rock
渔栅	漁柵	fishing stake
渔堰	漁堰	fishing haven
渔业用图	漁業用圖	fishing chart
舆图	輿圖	chorographic map
宇宙制图	宇宙製圖	cosmic mapping
预报潮汐	預報潮汐	predicted tide
预报地图	預報地圖	prognostic map
预打样图	初版樣張	pre-press proof
预制符号	預製符號	preprinted symbol
预制感光版	預塗式感光版	presensitized plate
原点	原點	origin, point of origin
原稿相片	圖像原稿	picture original
原色	原色	primary color
原始地形	原始地形	initial form
原始负片	原始負片	original negative
原图	原圖,原稿	artwork,original copy
原子秒	原子秒	atomic second
原子时	原子時	atomic time
原子钟	原子鐘	atomic clock
圆弧形阶地	劇場河階	amphitheater river terrace
圆偏振光	圓偏光	circularly polarized light
圆曲线	圓曲線	circular curve
圆曲线测设	圓曲線測設	circular curve location
圆水准器	圓水準器	spherical level vial, circular level
[圆心法]曲线测设	圓心法[曲線測設]	circular center method
圆形轨道	圓形軌道	circular orbit
圆-圆定位	圓-圓定位	range-range positioning

大陆名	台湾名	英文名
圆柱投影	圓柱投影	cylindrical projection
圆锥投影	圓錐投影	conic projection
远程定位系统	遠端定位系統	long-range positioning system
远程航行图	長程航行圖	long-range navigation chart
远程倾斜摄影	長距傾斜攝影	long-range oblique photography, LOROP
远程摄影像片	長焦距像片	LOROP photograph
远地点	遠地點	apogee
远地点潮	遠地潮	apogean tide
远拱点,远重心点	遠吸力點	apoapsis
远海测量	遠海測量	pelagic survey
远日点	遠日點	aphelion
远心点	遠心點	apocenter
远星点	遠星點	apastron
远月点	遠月點	apolune, apocynthion
远重心点(=远拱点)		
约化法方程式	約化法方程式	reduced normal equation
约化改正数方程式	約化改正數方程式	reduced residual equation
[月潮]低潮间隙	太陰低潮間隔	low water lunitidal interval, LWI
月潮高潮间隙	月潮高潮間隔,太陰高潮間隔	high water lunitidal interval
月潮间隙	月潮間隔	lunitidal interval
月潮流间隙	月潮流間隔	lunicurrent interval
月光反照器	月光反照器	selenotrope
月角差	月角差	parallactic inequality
月亮交点黄经	月之黃交點	longitude of moon's node, longitude of the node
月平均海面	月平均海面	monthly mean sea level
月球轨道飞行器	月球軌道飛行器	lunar orbiter
月球环形山	月球圓坑	lunar crater
月球角距	月角距	lunar distance
月球日磁变	月球日磁變	lunar daily magnetic variation
月球时差	月球間隔	lunar interval
月球视差	月球視差	lunar parallax
月球天体赤道	月球天體赤道	lunar celestial equator
月球卫星	月球衛星,地球同月衛星	lunar satellite
月球位置摄影法	月球位置攝影法	Moon position camera method
月球学	月質學	selenology

大　陆　名	台　湾　名	英　文　名
月球延迟	月之延遲	lunar retardation
月食	月蝕	lunar eclipse
月行差	月球均差	lunar inequality, evection
月掩星	月掩星	occultation
月掩星测量	月掩星測量	occultation surveying
匀光	匀光曬印	dodging
运动摆	運動擺	working pendulum
运动方程分析解	運動方程分析解	analytical solution of motion equation
运动方程数值解	運動方程數值解	numerical solution of motion equation
运动线法	運動線法	arrowhead method
运河测量	運河測量	canal survey
晕滃	暈滃	caterpillar, hachure
晕滃法	暈滃法	hachuring
晕渲	暈渲	brush shade
晕渲法	山部暈渲	hill shading
晕影,光晕	暈影	halation

Z

大　陆　名	台　湾　名	英　文　名
载波	載波	carrier wave
载波相位测量	載波相位測量	carrier phase measurement
再分结构	再分結構	subdivisional organization
再现立体感比例	誇大立體感比例	appearance ratio
凿井施工测量	鑿井施工測量	construction survey for shaft sinking
造标	造標	construction of signal
噪声	雜訊	noise
噪声等效反射率差	雜訊等效反射率差	noise equivalent reflectivity difference
噪声等效温差	雜訊等效溫差	noise equivalent temperature difference
窄波束测深仪	窄音束測深儀	narrow-beam echo sounder
窄带波光片	窄帶濾光片	narrow bandpass filter
窄水道	窄航道	pass
展点	展點	plot
展绘	展繪	plotting
战术航海图	作戰航圖	operational navigation chart
站心坐标系	地形中心坐標系統	topocentric coordinate system
章动	章動	nutation
章动常数	章動常數	constant of nutation

大 陆 名	台 湾 名	英 文 名
涨潮	漲潮	flood tide, rising tide
涨潮流	漲潮流	flood current, flood stream, ongoing stream
涨潮时	漲潮時間	duration of rise
涨落潮间隙	漲落潮時間間隔	duration of tide
涨落潮流间隙	漲落潮流間隔	duration of flood and duration of ebb
丈量误差	丈量誤差	chaining error
障碍物	障礙物	obstruction
照相分色	照相分色	photography color separation
照相排字机	攝影排版機	phototypesetter
照相原稿	照像原稿	camera copy
照相制版	照相製版	photographic platemaking
照相制版镜头	複照透鏡	printer lens, process lens
照像凹版	照像凹版	photo gravure
照像乳剂粒度	照像乳劑粒度	photographic graininess
照准部偏心	照準規偏心距	eccentricity of alidade
照准点	照準點	sighting point
照准点归心	照準點歸心,偏心覘標歸算	sighting centring, reduction of eccentric signal
照准误差	照準誤差	aiming error
照准线	照準線	aiming line, pointing line
照准轴,视准轴	照準軸, 視準軸	collimation axis
遮光法	遮光法	mask method
遮光纸	遮光紙	goldenrod paper
折尺	折合標尺	folding staff
折叠地图	折式地圖	accordion
折叠游标	摺疊游標	bolded vernier
折反式望远镜	折反射望遠鏡	catodioptric telescope
折角	折角	break angle
折镜经纬仪	折鏡經緯儀	broken transit
折镜子午仪	折鏡子午儀	broken-telescope transit
折射定律	折射定律	law of refraction
折射率	折射指數	index of refraction
折射式望远镜	折光望遠鏡	refracting telescope
折射系数	折射係數	coefficient of refraction
折页	折頁	folding
褶皱	褶曲	fold
侦察摄影	偵察攝影	reconnaissance photography

大陆名	台湾名	英文名
真北(=地理北)		
真赤道	真赤道	true equator
真春分点	真分點	true equinox
真地平线,真水平线	真水平	true horizon
真方位	真方向角	true bearing
真航向	真航向	true course
真黄道	真黃道	true ecliptic
真近点角	真近點角	true anomaly
真空晒版机(=真空晒像框)		
真空晒像框,真空晒版机	真空曬版框	vacuum plate
真空吸气版	真空吸氣板	vacuum suction plate
真实孔径长度	真實孔徑長度	length of real aperture
真实孔径雷达	真實孔徑雷達	real-aperture radar
真水平线(=真地平线)		
真太阳	真太陽	true sun
真太阳日	真太陽日	true solar day
真太阳时	真太陽時	apparent solar time
真位置	真位置	true position, true place
真[误]差,成果误差	真差,結果誤差	true error, resultant error
真值	真值	true value
真子午线	真子午線	true meridian
阵列摄像机	陣列攝影機	array camera
振幅	振幅	amplitude
振幅信息	振幅資訊	amplitude information
震源	震源	hypocenter
震中	震央	epicenter, epicentrum
整体大地测量	整體大地測量	integrated geodesy
整体感	整體感	associative perception
整体结构	整體結構	extensional organization
整体平差	整體平差	adjustment in one case
整体区域网平差	區域聯解平差	simultaneous block adjustment
整站	整樁,整站	full station
正常大地位数	正常重力位數	spheropotential number, normal geopotential number
正常高	正常高,法線高	normal height
正常基线	正常基線	normal baseline

大　陆　名	台　湾　名	英　文　名
正常空间重力异常	正常空間重力異常	normal free-air anomaly
正常力高	正常力高	normal dynamic height
正常水准椭球	水準橢球體	normal level ellipsoid
正常引力位	正常引力位	normal gravitational potential
正常重力	正常重力	normal gravity
正常重力场	正常重力場	normal gravity field
正常重力公式	正常重力公式,理論重力公式	normal gravity formula, formula for theoretical gravity
正常重力位	正常重力位	normal gravity potential
正常重力位函数	正常重力位函數	spheropotential function
正常重力位面	正常重力位面	spheropotential surface, spherop
正常重力线	正常重力線	normal gravity line
正锤[线]观测	正錘[線]觀測	direct plummet observation
正倒镜	縱轉望遠鏡	plunging the telescope
正方位等积投影	正方位等積投影	azimuthal equal-area projection
正方位等距投影	正方位等距離投影	azimuthal equidistant projection
正方形分幅	正方形分幅	square map-subdivision
正高	正高	orthometric height
正高度	正高度	positive altitude
正高改正	正高改正	orthometric correction
正高误差	正高誤差	orthometric error
正横距	正橫距	departure east, departure plus
正交极化雷达影像	正交極化雷達影像	cross polarization radar image
正角	正角	positive angle
正角法导线测量	正角法導線測量	running traverse by direct angle
正镜	正鏡	direct telescope, normal telescope, face left
正镜读数	正鏡讀數	direct reading
正立体效应	正射投影立體觀察	orthostereoscopy
正片	正片	positive
正切螺旋(=微动螺旋)		
正切面	切平面	tangent plane
正色片	正色片	orthochromatic film
正射纠正	正射糾正	orthographic rectification
正射模型	正立體模型	orthoscopic model
正射投影	正射投影	orthographic projection
正射投影仪	正射投影儀	orthoscope
正射像片	正射投影像片	orthophoto
正射像片镶嵌图	正射像片鑲嵌圖	orthophoto mosaic

大　陆　名	台　湾　名	英　文　名
正射影像	正立體像	orthoscopic image
正射影像地图	正射像片圖	orthophoto map
正射影像技术	正射影像技術	orthophoto technique
正射影像立体配对片	正射影像立體配對片	orthophoto stereomate
正射影像投影仪	正射像片製圖儀	orthophotoscope
正态分布	常態分佈	normal distribution
正透镜	正透鏡	positive lens
正图像	正圖像	right reading image
正弦投影	正弦投影	sinusoidal projection
正像读数	正像讀數	right-reading
正像蓝图	正像藍圖	white-line print
正像棱镜	正像稜鏡	erecting prism
正像目镜	正像目鏡	erecting eyepiece
正形投影	正形投影	conformal projection, orthomorphic projection
正形投影地图	正形地圖	orthomorphic map
正则轨道	正常軌道	normal orbit
正直摄影	垂直攝影	normal case photography
正轴投影	正軸投影	normal projection
正轴透视圆柱投影	正軸透視圓柱投影	perspective normal cylindrical projection
郑和航海图	鄭和航海圖	Zheng He's Nautical Chart
政治地图	行政區域圖	political map
之字形线路	之形路線	zigzag route
支导线,无定向导线	展開導線	open traverse, unclosed traverse
支距法	支距法	offset method
支水准路线	支線水準線	spur leveling line
支线	支線	branch line
支线水准测量	支線水準測量	branch line leveling
直尺测距法	直桿測距法	distance measurement with vertical staff
直读标尺	直讀標尺	direct-reading rod
直读游标	順讀游標	direct vernier
直方图规格化	直方圖規格化	histogram specification
直方图均衡	直方圖均衡	histogram equalization
直角尺	直角器	cross staff
直角棱镜	直角稜鏡	prism square, right angle prism
直角坐标网	方格網	rectangular grid
直角坐标展点仪	直角坐標展點儀	rectangular coordinatograph
直接测量	直接量測	direct measurement
直接潮	直接潮	direct tide

大　陆　名	台　湾　名	英　文　名
直接法纠正	直接法糾正	direct scheme of digital rectification
直接分色法	直接分色法	direct color separation method
直接观测	直接觀測	direct observation
直接观测平差	直接觀測平差	adjustment of direct observation
直接扫描摄影机	直接掃描攝影機	direct-scanning camera
直接数字彩色打样	直接數位元化彩色打樣	direct digital color proofing, DDCP
直接水准测量	直接水準測量	direct leveling
直接线性变换	直接線性變換	direct linear transformation, DLT
直接印刷	直接印刷	direct printing
直接制版	直接製版	direct plate making
直升机起降场	直升機起降點	helipad
直丝绺	長絲流	long grain
直线基线	直線基線	straight baseline
直照晕渲	直照暈渲	vertical hill shading, vertical system of shading
纸板	紙板	binder board
纸上定线	紙上定線	paper location
纸条法	紙條法	paper-strip method
纸张结构	紙張結構	construction of paper
[纸张]起毛	拔毛	picking
纸张调湿	紙張調濕	conditioning paper
指北针	指北針	compass
指臂	指臂	index arm
指标差	指標差	index error
指标差改正	指標差改正	index correction
指极星	指極星	pointers
指示界桩	指示界石	indicated corner
至点	至點	solstice
至点潮	至點潮	solsticial tide
志田数	志田數	Shida’s number
制版	製版	plate making
制版照相	製版照相	graphic arts photography
制动螺旋	制動螺旋	clamp screw, stop screw
制动误差	制動誤差	clamping error
制动装置	制動裝置	clamping device
制图	製圖	mapping
制图分级	製圖分級	cartographic hierarchy
制图格网数字注记	梯形方格註記	ladder grid numbers

大　陆　名	台　湾　名	英　文　名
制图简化	製圖簡化	cartographic simplification
制图精度	製圖精度	mapping accuracy
制图局部加强	地圖局部加強	cartographic enhancement
制图夸大	製圖誇大	cartographic exaggeration
制图六体	製圖六體	Pei's principles geographic description and map making
制图卫星	製圖衛星	cartographic satellite
制图选取	製圖選取	cartographic selection
制图仪	製圖儀	cartograph
制图员(=地图制图员)	地圖製圖員,製圖員	cartographer
制图专家系统	製圖專家系統	cartographic expert system
制图资料	編圖資料	cartographic sources
制图综合	地圖簡化	cartographic generalization
质底法	質底法	quality base method
质量感	質量感	qualitative perception
质心	質量中心	center of mass
秩亏平差	秩虧平差	rank defect adjustment
置平	定平	leveling
置信度	信賴度	confidence
中比例尺地图	中比例尺地圖	medium-scale maps
中程定位系统	中程定位系統	medium-range positioning system
中点	中點	middle of curve
中断面法	中斷面法	mid-section method
中高	中空	medium altitude
中国测绘学会	中國測繪學會	Chinese Society of Geodesy, Photpgrammetry and Cartography, CSGPC
中国大地测量星表	中國大地測量星表	Chinese Geodetic Stars Catalogue, CGSC
中间层	中間層	mesosphere
中间定向	中間定向	intermediate orientation
中间轨道	居中軌道	intermediate orbit
中间视	間視	intermediate sight
中间桩	中間樁	mid peg
中丝	中絲	central wire, central thread
中天	中天	culminate, meridian passage
中天法	中天法	transit method
中天观测	子午圈觀測	meridian observation
中纬度	中緯度	middle latitude, midlatitude
中纬度法	中緯度法	method of mid-latitude

大　陆　名	台　湾　名	英　文　名
中误差	中誤差	root mean square error, RMSE
中线测量,线路中线测量	中線測量	center line survey, location of route
中线浮标	航道浮	mid-channel buoy
中心对点法镶嵌	中心重合[鑲嵌]法	center-to-center method
中心方程式	中心方程式	equation of the center
中心快门	鏡間快門,中間快門	between-the-lens shutter, lens shutter
中心投影	中心投影	central projection
中心透视	中心透視	central perspective
中心线	中心線	center line
中心桩	中心樁	center stake
中星仪	子午儀	transit instrument
中性滤光片	中性濾光片	neutral filter
中性色调	中間調	middle tone
中央子午线	中央子午線	central meridian
钟差改正	錶差改正	clock correction, chronometer correction
钟偏	鍾偏	clock offset
钟速	鍾速	clock rate
重锤投点	重錘投點	damping-bob for shaft plumbing
重氮复印	重氮複印	diazo copying
重力	重力	gravity
重力测量	重力測量	gravity measurement
重力测站	重力測站	gravity station
重力常数	重力常數	constant of gravitation
重力场	重力場	gravity field
重力潮汐改正	重力潮汐改正	correction of gravity measurement for tide
重力垂线偏差	重力垂線偏差	gravimetric deflection of the vertical
重力垂直梯度	重力垂直梯度	vertical gradient of gravity
重力大地测量学	重力大地測量學	gravimetric geodesy
重力大地水准面	重力大地水準面	gravimetric geoid
重力等位面	等重力位面	equigeopotential surface
重力等值线	重力等值線	gravity contour
重力点	重力點	gravimetric point
重力方向	重力方向	direction of gravity
重力改正	重力改正	gravity correction
重力公式	重力公式	gravity formula
重力固体潮观测	重力固體潮觀測	gravity observation of Earth tide
重力归算	重力歸算	gravity reduction

大 陆 名	台 湾 名	英 文 名
重力基线	重力基線	gravimetric baseline
重力基准	重力基點	gravity datum
重力计	重力計	gravity meter
重力加速度	重力加速度	acceleration of gravity
重力平差	重力平差	gravity adjustment
重力强度	重力強度	intensity of gravity
重力球谐函数	重力球諧函數	gravitational harmonics
重力扰动	重力幹擾	gravity disturbance
重力摄动	重力攝動	gravitational perturbation
重力数据库	重力資料庫	gravimetric database
重力水平梯度	重力水平梯度	horizontal gradient of gravity
重力梯度测量	重力梯度測量	gravity gradient measurement, gradiometry
重力梯度仪	重力偏差計,傾度計	gravity gradiometer
重力网	重力網	gravity network
重力位	重力位能	gravity potential
重力系统	重力系統	gravity system
重力仪	重力儀	gravimeter
重力异常	重力異常	gravity anomaly
重力异常阶方差	重力異常階方差	degree variance of gravity anomaly
重心	重心	barycenter
重心坐标	重心坐標	barycentric coordinates
重心坐标系统	重心坐標系統	barycentric coordinate system
周年磁变	磁年變	magnetic annual change, annual rate, annual change
周年视差	周年視差	annual parallax
周期摄动	週期攝動	periodic perturbation
周期误差	週期性誤差	periodic error
周日光行差	周日光行差	diurnal aberration, daily aberration
周日[平行]圈(=自转圈)		
周日视差	周日視差	diurnal parallax
周日运动	周日運動	diurnal motion
周跳	周跳	cycle slip
轴颈误差	軸頸誤差	error of pivot
轴向色差	縱向色差	axial color aberration, longitudinal chromatic aberration
朱思本	朱思本	Ju Sz-ben
竹尺	竹[捲]尺	bamboo tape

大陆名	台湾名	英文名
主比例尺(=基本比例尺)		
主测线	本線	main line
主测站	主測站	principal station
主潮	主潮	primary tide
主垂面	像主平面	principal plane [of photograph], principal vertical plane
主动雷达校准器	主動雷達校準器	active radar calibrator
主动式传感器	主動探測器	active sensor
主动式卫星	主動人造衛星	active satellite
主动式遥感	主動式遙感	active remote sensing
主分量变换	主分量變換	principal component transformation
主合点	主遁點	principal vanishing point
主核面	主核面	principal epipolar plane
主核线	主核線	principal epipolar line
主检比对	主檢比對	main/check comparison
主切线	主切線	main tangent
主台	主台	main station
主像片	主像片	master photograph, master print
主行星	主行星	principal planet
主验潮站	主驗潮站	primary tide station
主钟(=母钟)		
主轴	主軸	principal axis
主轴线测设	主軸線測設	setting-out of main axis
主子午线	主子午線	principal meridian
助航标志	導航設備	aids to navigation
助航设施	助航設施	navigational aid
助曲线	助曲線	extra contour
注记,调绘	註記	annotation
注记配置透明片	註記套印圖	annotation overprint
注记透明片	地名覆蓋圖	names overlay
柱[面]透镜	柱狀透鏡	cylindrical lens
专名	專名	specific name
专色	特別色	special color
专题测图仪	主題測圖儀	thematic mapper, TM
专题层	主題層	thematic overlap
专题地图	專用地圖,主題圖	applied map, thematic map
专题地图集	主題地圖集	thematic atlas

大　陆　名	台　湾　名	英　文　名
专题地图学	主題地圖學	thematic cartography
专题海图	主題海圖	thematic chart
专题判读	主題判讀	thematic interpretation
专题数据库	主題資料庫	thematic data base
专业印刷	特殊印刷	specialty printing
专用地图	特種地圖	applied map
专用图例	專用圖例	tailored legend
转潮	潮轉向	change of tide
转点	轉點	turning point
转点仪	像片轉點儀	point transfer device
转镜照准仪	轉鏡照準儀	tube-in-sleeve slidade
桩正法	木樁校正法	peg adjustment
装版	裝版	plate mounting
装订	裝訂	binding
状态向量	狀態向量	state vector
准距常数,准距性	消加常數,準距性	anallatism
准距点,准距中心	準距點, 準距中心	anallatic center
准距式照准仪	自化照準儀	self-reducing alidade
准距透镜	返原透鏡	anallatic lens
准距望远镜	返原望遠鏡	anallatic telescope
准距性(=准距常数)		
准距中心(=准距点)		
准力高	準力高	quasidynamic height, quasidynamic elevation
准平原	準平原	peneplain, rumpfebene
准确度指标	穩定平臺	stabilized platform
准直	視準	collimation, collimate
准直镜	視準鏡	collimation lens
准直望远镜	視準望遠鏡	collimating telescope
桌面出版[系统]	桌上出版	desk top publishing, DTP
着陆跑道	起落地帶	landing strip
着墨(=上墨)		
姿态	姿態	attitude
姿态参数	姿態參數	attitude parameter
姿态测量遥感器	姿態測量遙感器	attitude-measuring sensor
姿态控制系统	姿態控制系統	attitude control system
资源遥感	資源遙測	resources remote sensing
资源与环境遥感	資源與環境遙感	remote sensing for natural resources and environment

大 陆 名	台 湾 名	英 文 名
子午角距	子午角距	meridian angle distance
子午距	子午距,子午圈弧距	meridian distance
子午距改正	子午距改正	reduction to the meridian
子午面	子午面	meridian plane
子午圈	子午圈	meridian
子午圈高度	子午圈高度	meridian altitude
子午圈曲率半径	子午圈曲率半徑	radius of curvature in meridian
子午卫星系统	子午衛星系統	transit
子午线	子午線	meridian
子午线测量	子午線測量	meridian determination
子午线间隔	子午線間隔	meridional interval
子午线收敛角	子午線收斂角,製圖角	meridian convergence, mapping angle
子午线支距	子午線支距	meridional offsets
子午仪	子午儀	astronomical transit
子钟,副钟	子鐘	slave clock
紫外光影像	紫外線影像	ultraviolet image
紫外线辐射	紫外線輻射	ultraviolet radiation
自动安平水准测量	補正器水準測量	compensator leveling
自动安平水准仪	自動水準儀	automatic level, compensator level
自动曝光定时器	自動曝光定時器	automatic exposure timer
自动曝光计	自記曝光計	actinograph
自动冲版机	自動沖版機	plate processing machine
自动冲片机	自動沖片機	image processing machine
自动垂直度盘指标	自動垂直度盤指標	automatic vertical index
自动给纸器	自動給紙器	automatic feeder
自动跟踪	自動追蹤	automatic tracking
自动归零	自動歸零	automatic zero-point correction
自动归算视距仪	自化視距儀	automatic tacheometer
自动化地图学	自動化地圖學	automated cartography
自动化制图	自動化地圖製圖	automatic cartography
自动回波器	自動回訊器	transponder
自动绘图	自動繪圖	automatic plotting
自动绘图机	自動繪圖機	automated plotter
自动加网胶片	自我網點軟片	autoscreen film
自动纠正仪	自動糾正儀	automatic rectifier
自动空中三角测量	自動空中三角測量	automatic triangulation
自动立体测图仪	自動立體測圖儀	automated stereoplotter
自动气压记录器	自動氣壓記錄器	barograph

大 陆 名	台 湾 名	英 文 名
自动视差检测	視差自動檢測	automatic parallax detection
自动送片装置	自動送片裝置	automatic film advanced mechanism
自动调光	自動調光	auto-dodge
自动调焦	自動調焦	automatic focusing
自动调焦纠正仪	自動調焦糾正儀	autofocus rectifier
自动调焦装置	自動調焦裝置	autofocus mechanism
自动相关	自動關聯	automatic correlation
自动相关器	自動關聯器	automatic correlator
自动验潮仪	自動驗潮儀	automatic tide gauge
自动影像相关器	自動影像關聯器	automatic image correlator
自动制图	自動製圖	automated mapping
自动制图软件	自動製圖軟體	automated cartography software
自动制图系统	自動製圖系統	automated cartographic system
自动坐标数字化仪	自動坐標數化器	automated coordinate digitizer
自动坐标仪	自動坐標儀	automatic coordinatograph
自动坐标展点仪	自動坐標展點儀	automatic coordinate plotter
自读式标尺	自讀式標尺	self-reading rod
自归算视距测量	自化視距測量	self-reducing stadia survey
自计流量计	水流記錄器	water flow recorder
自记测流仪	自記驗流儀	recording current meter
自记水位计	自記水位計	automatic gauge, automatic water gauge, recording gauge
自记验潮仪	潮位計	marigraph
自检校	自檢校	self-calibration
自然地理单元,地文单元	地文單位	physiographic unit
自然地理图, 自然地图	自然地理圖, 地文圖	physical map
自然地理学,地文学	地文學	physiography
自然地图(=自然地理图)		
自然立体观察	天然立體觀察	natural stereoscopy
自行	自行	proper motion
自由测站法	自由測站法	method of free station
自由度	自由度	degree of freedom
自由落体重力仪	自由落體重力儀	free-fall gravimeter
自由平差	自由平差	free adjustment
自由旋转摆	自由旋轉擺	free-swinging pendulum
自转圈,周日[平行]圈	自轉圈	diurnal circle

大陆名	台湾名	英文名
自准直	自動視準	autocollimation
自准直目镜	自動視准目鏡	autocollimating eyepiece
自准直望远镜	自動視準望遠鏡	autocollimating telescope
自准直仪	光軸自動檢定儀,自動照準檢驗儀	auto collimator
宗地	宗地	land parcel
宗地号	地號	parcel number
综合测绘系统	綜合測繪系統	general surveying system
综合地图	明細圖	comprehensive map
综合地图集	綜合地圖集	comprehensive atlas
综合法测图	綜合法測圖	photo planimetric method of photogrammetric mapping
棕色版	棕色版	sepia board
总岁差	總歲差	general precession
总图	總圖	general chart
纵断面测量	縱斷面測量	profile survey
纵断面图	縱斷面圖,縱斷面紙	profile diagram
纵方里线	縱方格線	easting line
纵距	縱距	latitude
纵距闭合差	縱距閉合差	closing error in latitude
纵向收缩	縱向收縮	longitudinal shrinkage
纵坐标	縱坐標	ordinate
纵坐标轴	縱坐標軸	axis of ordinates
组合地图	組合地圖	homeotheric map
组合定位	組合定位	integrated positioning
组合透镜	組合透鏡	combination of lens
钻孔位置测量	鑽孔位置測量	bore-hole position survey
最大潮流	最大潮流	strength of current
最大近地点大潮	最大近地點大潮	maximum perigee spring tide
最大落潮流	最大退潮流	ebb strength
最大落潮流间隙	最大退潮流間隔	ebb interval
最大平均日潮差	大日周潮差	great diurnal range
最大似然分类	最大似然分類	maximum likelihood classification
最大误差圆	不定圓	circle of uncertainty
最低大潮低潮面	最低大潮低潮面	lowest low water springs
最低低潮	最低低潮	lowest low water
最低天文潮位	最低天文潮	lowest astronomical tide
最概然值	最或是值	most probable value

大 陆 名	台 湾 名	英 文 名
最高天文潮位	最高天文潮	highest astronomical tide
最小变化摆	最小變化擺	minimum pendulum
最小读数	最小讀數	least count
最小二乘法	最小自乘法	least squares method
最小二乘配置法	最小平方配置法	least squares collocation
最小二乘相关	最小二乘相關	least squares correlation
最小距离分类	最小距離分類	minimum distance classification
最小可觉差	恰可察覺差	just noticeable difference, JND
最小深度	最小深度	least depth
最小约束平差	最小約制平差	adjustment using minimal constraints
左右视差	地平視差,横視差	horizontal parallax, x-parallax
作业进展略图	作業進度圖	progress sketch, gantt chart
作战[地]图	作戰[地]圖	operation map, war map
作者原图	原稿圖	drafted original
坐标尺	坐標尺	coordinate scale
坐标地籍	坐標地籍	coordinate cadastre
坐标法	坐標法	coordinate method
坐标方位角	方格方向角	grid bearing
坐标放样法	坐標放樣法	coordinate layout method
坐标格网	坐標網格	coordinate grid
坐标换算	坐標換算	coordinate conversion
坐标计算	坐標計算	computation of coordinates
坐标量测仪	坐標量測儀	comparator, coordinate measuring instrument
坐标平差	坐標平差	adjustment by coordinates
坐标仪	坐標儀	coordinatograph
坐标原点	坐標原點	origin of coordinates
坐标增量	坐標增量	increment of coordinates
坐标增量闭合差	坐標增量閉合差	closing error in coordinate increment
坐标增量表(=导线测量用表)		
坐标中误差	坐標中誤差	mean square error of coordinates
坐标转换	坐標轉換	coordinate transformation

副 篇

A

英 文 名	大 陆 名	台 湾 名
abate process	减薄法	減薄法
Abbe comparator principle	阿贝比长原理	亞貝比長原理
Abbe condenser	阿贝聚光镜	亞貝聚光透鏡
aberration	像差	像差
aberration correction	光行差改正	光行差改正
aberration of light	光行差	光行差
aberration of sphericity	球面像差	球面像差
ablatograph	融化测量仪	融化測量儀
ablaze	发光作用	發光作用
Abney level	阿伯尼水准仪	阿伯尼水準儀
abnormal magnetic variation	异常磁变	異常磁變
aboriginal reserve	山地保留地	山地保留地
abscissa	横坐标	橫坐標
abscissa of image point	像点横坐标	像點橫坐標
absolute altitude	绝对高度	絕對高度
absolute datum	绝对基准	絕對基準
absolute error	绝对误差	絕對誤差
absolute flying height	绝对航高	絕對航高
absolute gravimeter	绝对重力仪	絕對重力儀
absolute gravity	绝对重力	絕對重力
absolute gravity measurement	绝对重力测量	絕對重力測量
absolute magnitude	绝对星等	絕對星等
absolute orientation	绝对定向	絕對方位判定
absolute parallax	绝对视差	絕對視差
absolute proper motion	绝对自行	絕對自行
absolute radial velocity	绝对径向速度	絕對射線速度
absolute reflector	完全反射体	完全反射體
absolute[star]catalog	绝对星表	絕對星表

英　文　名	大　陆　名	台　湾　名
absolute stereoscopic parallax	绝对立体视差	絕對立體視差
absolute threshold	绝对阈	絕對界檻值
absorption	吸收	吸收
absorption band	吸收波段	吸收波段
absorption filter	吸收波光片	吸收濾光片
abstract symbol	抽象符号	抽象符號
abyss(=trench)	海沟	海溝
abyssal	深渊	深淵
abyssal basin	深海盆地	深海盆地
abyssal hill	深海丘陵	深海山丘
abyssal plain	深海平原	深海平原
acceleration of gravity	重力加速度	重力加速度
accident error	偶然误差	偶然誤差,不規則誤差
acclivity	上升坡	上升坡
accommodation of human eye	人眼调节	人眼調節
accordion	折叠地图	折式地圖
accumulated divergence	累积闭合差	累積閉合差
accumulated error	累积误差	累積誤差
accuracy	精[确]度	精度
accuracy checking	精度检查	精度檢查
accuracy testing	精度测试	精度測試
acetate film	醋酸盐胶片	醋酸鹽膠片
achromatic double lens	消色差双透镜	消色雙透鏡
achromatic film	盲色片	消色片
achromatic lens	消色差透镜	消色差透鏡,濾色透鏡
aclinic line(=magnetic equator)	磁赤道	磁赤道
acoustic beacon on bottom	海底声标	海底聲標
acoustic bearing(=sonic bearing)	音响方位	音波方位
acoustic doppler current profiler(ADCP)	声学多普勒海流剖面仪	都卜勒流剖儀
acoustic holography system	水声全息系统	水聲全像系統
acoustic positioning	水声定位	水聲定位
acoustic positioning system	水声定位系统	水聲定位系統,水下定位系統
acoustic responder	水声应答器	水聲應答器
acoustic water level	声学水位计	聲學水位計
actinic light	①感光灯 ②光化光	①感光燈 ②光化光
actinograph	光能测定仪,自动曝光计	光能測定儀,自記曝光計

英 文 名	大 陆 名	台 湾 名
actinometer	测光计	測光計
active radar calibrator	主动雷达校准器	主動雷達校準器
active remote sensing	主动式遥感	主動式遙感
active satellite	主动式卫星	主動人造衛星
active sensor	主动式传感器	主動探測器
actual error	实际误差	實際誤差
adaptation level	适应性水平	適應性水平
ADCP(=acoustic doppler current profiler)	声学多普勒海流剖面仪	都卜勒流剖儀
additional potential	附加位	附加位
addition constant	加常数	加常數
additive color mixing	加色混合	加色混合
additive primary colors	加色法原色	加色法原色
additive process	加色法	加色法
adhesive binding	胶黏装订	膠裝
adhesive tester	附着力测试仪	附著力測試儀
adit	坑道	横坑
adit planimetric map	坑道平面图	坑道平面圖
adit prospecting engineering survey	坑探工程测量	坑探工程測量
adjacent flight line	相邻航线	相鄰航線
adjacent map	相邻地图	接邊地圖
adjacent model	相邻模型	相鄰模型
adjoining sheet(=continuation sheet)	相邻图幅	相鄰圖幅,鄰接圖幅
adjustable eyepiece	可调目镜	可調目鏡
adjustable legs	伸缩式脚架	伸縮式腳架
adjustable mount	可调座架	可調座架
adjusted angle	平差角	改正角
adjusted elevation	平差高程	平差高程
adjusted position	平差点位	平差位置
adjusted quantity(=adjusted value)	平差值	平差值
adjusted value	平差值	平差值
adjustment by coordinates	坐标平差	坐標平差
adjustment by method of junction point	结点平差	結點平差
adjustment by method of polygon	多边形平差法	多邊形平差法
adjustment correction	平差改正	平差改正
adjustment in groups	分组平差	分組平差
adjustment in one case	整体平差	整體平差
adjustment leveling correction	水准平差改正	水準平差改正

英 文 名	大 陆 名	台 湾 名
adjustment of astro-geodetic network	天文大地网平差	天文大地網平差
adjustment of condition observation	条件观测平差	條件觀測平差
adjustment of correlated observation	相关平差	相關觀測平差
adjustment of direct observation	直接观测平差	直接觀測平差
adjustment of indirect observation	间接观测平差	間接觀測平差
adjustment of leveling circuit	水准路线平差	水準路線平差
adjustment of observations	观测值平差	觀測值平差
adjustment of typical figures	典型图形平差	典型圖形平差
adjustment using minimal constraints	最小约束平差	最小約制平差
administrative map	行政区划图	行政區劃圖
advance	前移	前移
advanced edition	试印版,临时版	試印版
advance heading(=pilot drift)	超前巷道	導坑
advanced very high resolution radiometer	改进型甚高分辨率辐射计	先進高解析率輻射計
advance of a shoreline	岸线前移	岸線前移
aerial antenna	天线	天線
aerial camera	航空摄影机	航攝儀
aerial camera cone	航空摄影机镜筒	航空攝影機鏡筒
aerial camera mount	航空摄影机座架	航空攝影機座架
aerial cartographic photography	航测制图摄影	航測製圖攝影
aerial cartography(=aerial mapping)	航摄制图	航攝製圖
aerial coverage	航摄像片覆盖区	航攝像片涵蓋區
aerial film	航摄软片	航攝底片
aerial mapping	航摄制图	航攝製圖
aerial mapping camera	航测制图摄影机	航測製圖攝影機
aerial navigation	空中导航	空中航行術
aerial photogrammetry(=aerophotogrammetry)	①航空摄影测量 ②航空摄影测量学	①航空攝影測量 ②航空攝影測量學
aerial photograph	航摄像片	航攝像片,空中照片
aerial photographic gap	航摄漏洞	航照空隙
aerial photographic sortie	航摄飞行架次	航攝飛行架次
aerial photograph interpretation	航片判读	空照判讀
aerial photograph mosaic	航空像片镶嵌图	航攝像片鑲嵌圖
aerial photograph reading(=photo interpretation)	像片判读	像片判讀,空照閱讀
aerial photograph rectification	航空像片纠正	航攝像片糾正
aerial photography	航空摄影	航空攝影

英 文 名	大 陆 名	台 湾 名
aerial photomapping	航空像片测图,航摄像片测图	航空像片測圖
aerial platform	空中平台	空中載台
aerial reconnaissance	航空侦察	空中偵察
aerial reconnaissance photography	航空侦察摄影	空中偵察攝影
aerial remote sensing	航空遥感	航空遙測
aerial spectrograph	航空摄谱仪	航空攝譜儀
aerial strip camera	航带摄影机	航帶攝影機
aerial strip photography	航带摄影	航帶攝影
aerial survey craft	航测飞行器	航測飛機
aerial surveying camera	航测摄影机	航測攝影機
aerograph(=aerometeorograph)	高空气象仪	高空氣象儀
aeroleveling	空中水准测量	空中水準測量
aeromarine light	海上航空灯	海空航行燈
aerometeograph	航空气象仪	空中氣象儀
aerometeorograph	高空气象仪	高空氣象儀
aeronautical chart	航空图	航空圖
aerophotogrammetry	①航空射影测量 ②航空摄影测量学	①航空攝影測量 ②航空攝影測量學
aerophotogrammetry control	航空摄影测量控制	航測控制
aeropolygonometry	空中导线测量	空中導線測量
aerospace	航空航天	太空
aerotriangulation	空中三角测量	空中三角測量
aerotriangulation adjustment	空中三角测量平差	空中三角平差
affine deformation	仿射变形	仿射變形
affine film shrinkage	胶片仿射变形	底片仿射伸縮
affine plotting	变换光束测图	仿射測圖
affine projection	仿射投影	仿射投影
affine rectification	仿射纠正	仿射轉換
affine shrinkage	仿射收缩	仿射收縮
affine stereoplotter	仿射立体测图	仿射立體測圖儀
aftershock	余震	餘震
agonic line	零磁偏线	零磁偏線
aground sweeping	拖底扫海	拖底掃海
aids to navigation	助航标志	導航設備
aiming error	照准误差	照準誤差
aiming line	照准线	照準線
air base(=photographic baseline)	摄影基线	空中基線,空間基線

英 文 名	大 陆 名	台 湾 名
airborne control survey	机载控制测量	空中控制測量
airborne control system	机载控制系统	空中控制系統
airborne gravity measurement	航空重力测量	空中重力測量
airborne infrared scanner	航空红外扫描仪	航空紅外線掃描儀
airborne laser sounding	机载激光测深	機載雷射測深
airborne multispectral scanner	机载多光谱扫描仪	空載多譜段掃描儀
airborne platform	机载平台	航空平臺
airborne profile recorder	机载剖面记录仪	空中縱斷面記錄儀
airborne profile thermometer	机载剖面热量计	空中剖面熱量計
airborne sensor	机载遥感器	空載遙感器
airborne sonar	机载声呐	空載聲納
air brush	喷笔	噴筆
airfield runway survey	机场跑道测量	機場跑道測量
airing paper	晾纸	晾紙
air photographic crew	航摄队	空照組員
airport survey	机场测量	機場測量
airspace(=aerospace)	航空航天	太空
air speed	空速	空速
air station	空中摄站	空中攝影站
airway map	航空线图	航空線圖
Airy floating theory	艾里悬浮理论	愛黎托浮理論
Airy-Heiskanen gravity correction	艾里-海斯卡宁重力改正	愛黎-海斯堪寧重力改正
Airy-Heiskanen gravity reduction	艾里-海斯卡宁重力化算	愛黎-海斯堪寧重力化算
Airy's hypothesis of isostasy(=Airy's theory of isostasy)	艾里地壳均衡理论	愛黎地殼均衡理論
Airy's theory of isostasy	艾里地壳均衡理论	愛黎地殼均衡理論
albedo	反照率	反照率
albedometer	反照率计	反照率計
Albers' projection	阿贝投影	亞爾勃斯投影
albumin process	蛋白制版法	蛋白製版法
alidade method	图解交会法	圖解交會法
alignment correction to taped length	量距准直改正	量距定直線改正
alignment curve	定曲线	定曲線
alignment of sounding	测深校准	水深點調整
alignment of underground center-line	地下中心线标定	地下中心線標定
alignment stake	定线桩	定線樁

英 文 名	大 陆 名	台 湾 名
alignment survey	定线测量	定線測量
alluvial fan	冲积扇	沖積扇
altazimuth	地平经纬仪,高度方位仪	地平經緯儀,高度方位儀
alternate station method	隔站观测法	隔站觀測法
altimeter	测高仪	測高儀
altimetry	测高学	測高術
altitude	高度	高度
altitude angle(=elevation angle)	高度角	仰角
altitude circle	地平纬圈	地平緯圈
altitude scale	高度标尺	高度表
altitude-tint legend	分层设色高度表	分層設色高度表
altitude tints(=altitude scale)	高度标尺	高度表
alto-relievo map(=relief map)	立体图	立體圖
aluminum plate	铝版	鋁版
ambient temperature	环境温度	環境溫度
ammonia process	氨水法	氨氣法
amount of crown	路拱高度	路拱高度
amphibious map	两栖图	兩棲圖
amphitheater river terrace	圆弧形阶地	劇場河階
amplifying lens	放大透镜	放大透鏡
amplitude	①天体出没方位角 ②振幅	①天體出沒方位角 ②振幅
amplitude information	振幅信息	振幅資訊
amplitude of partial tide	分潮振幅	潮差幅
Amsler planimeter	安氏求积仪	安氏求積儀
anaberrational reflector telescope	消像差反射望远镜	消像差反射望遠鏡
anaglyph	互补色立体像片	互補色立體像片
anaglyphical stereoscopic viewing	互补色立体观察	互補色立體觀測
anaglyphic map	互补色地图	互補色立體圖
anaglyphic method	互补色观察法	互補色立體觀察法
anaglyphic photomap	互补色像片图	互補色立體像片圖
anaglyphic plotter	互补色立体测图仪	互補色立體測圖儀
anaglyphic presentation	互补色立体显示	互補色立體顯示
anaglyphic principle	互补色原理	互補色原理
anaglyphoscope	互补色镜	互補色眼鏡
anaglyph process	互补色法	互補色法
analemma	日晷	日晷

英 文 名	大 陆 名	台 湾 名
anallatic center	准距点,准距中心	準距點,準距中心
anallatic lens	准距透镜	返原透鏡
anallatic telescope	准距望远镜	返原望遠鏡
anallatism	准距常数,准距性	消加常數,準距性
analog aerotriangulation	模拟空中三角测量	類比空中三角測量
analog bridging(=analog plotter)	模拟测图仪	類比測圖儀,類比接橋
analog map	模拟地图	類比地圖
analog photogrammetric plotting	模拟法测图	類比法測圖
analog photogrammetry	模拟摄影测量	類比攝影測量
analog plotter	模拟测图仪	類比測圖儀,類比接橋
analog stereoplotter	模拟立体测图仪	類比立體測圖儀
analog tape	模拟磁带	類比磁帶
analog-to-digital conversion	模[拟]数[字]转换	類比至數位轉換
analysis of satellite resonance	卫星共振分析	衛星共振分析
analytical aerotriangulation	解析空中三角测量	解析空中三角測量,解析像片三角測量
analytical map	分析地图	分析地圖
analytical mapping	解析测图	解析測圖
analytical nadir-point aerotriangulation	像底点解析空中三角测量	像底點解析空中三角測量
analytical orientation	解析定向	解析定位
analytical photogrammetry	解析摄影测量	解析攝影測量學
analytical phototriangulation(=analytical aerotriangulation)	解析空中三角测量	解析空中三角測量,解析像片三角測量
analytical plotter	解析测图仪	解析測圖儀
analytical radial triangulation	解析辐射三角测量	解析法輻射三角測量
analytical rectification	解析纠正	解析糾正
analytical solution of motion equation	运动方程分析解	運動方程分析解
analytical stereo-plotter	解析立体测图仪	解析立體測圖儀
analytical three-point resection radial triangulation	三点交会解析辐射三角测量	三點交會解析輻射三角測量
analytic mapping control point	解析图根点	解析圖根點
anamorphotic optical system	变形光学系统	光學變像系統
anastigmatic lens(=anastigmatlens)	消像散透镜	消像散透鏡
anastigmatlens	消像散透镜	消像散透鏡
anchorage area	锚地	錨泊區
anchorage atlas	港湾锚地图集	港灣錨地圖集
anchorage buoy	锚地浮标	錨地浮

英 文 名	大 陆 名	台 湾 名
anchorage-prohibited area	禁[止抛]锚区	禁[止抛]錨區
anchor position	锚位	錨位
anchor station	锚泊测站	錨碇測站
ancient map	古地图	古地圖
aneroid barometer	空盒气压计,无液气压计	空盒氣壓計,無液氣壓計
aneroid height control	气压高程控制	氣壓高程控制
angle	角[度]	角[度]
angle closing error of traverse	导线角度闭合差	導線角度閉合差
angle condition	角条件	角條件
angle equation	角方程	角方程式
angle method of triangulation adjustment	角平差法	角平差法
angle mirror	角镜	角鏡
angle of aperture	孔径角	孔徑角
angle of crab	航差角	側航角
angle of depression	俯角	俯角
angle of drift	漂角	漂移角
angle of elevation	仰角	仰角
angle of inclination	倾角	傾角,偏斜角
angle of intersection	交角	交角
angle of parallax	视差角	視差角
angle of photographic coverage	摄影视场角	攝影視場角
angle of swing	旋转角	旋轉角
angle of tilt	倾斜角	傾斜角
angle of yaw	偏航角	偏航角
angle prism	角棱镜	角稜鏡
angle to right	右旋角	右旋角
angle to right traverse	右旋角导线	右旋測角導線
angular accuracy	测角精度	測角精度
angular adjustment(=angle method of triangulation adjustment)	角平差法	角平差法
angular condition(=angle condition)	角条件	角條件
angular discrepancy	角度较差	角度較差
angular error	角度误差	角度誤差
angular error of closure	角度闭合差	角度閉合差
angular field of view(=objective angle of image field)	像场角	視場角
angular intersection	角度交会法	角度交會法

英文名	大陆名	台湾名
angular measurement	角度测量	角度測量
angular misclosure(=angular error of closure)	角度闭合差	角度閉合差
angular momentum	角动量	角動量
angular resolving power	角分解力	角分解力
angular velocity	角速度	角速度
angular vernier	测角游标	測角游標
angulateration(=triangulateration)	三角三边测量,边角测量	三角三邊測量
anilex roller	网纹墨辊	網紋墨輥
aniline ink	苯胺油墨	苯胺印墨
animated mapping	动画制图	動畫地圖製作
animated steering	动画引导	動畫引導
annexed leveling line	附合水准路线	附合水準路線
annexed triangulation net	强制附合三角网	強制附合三角網
annotation	注记,调绘	註記
annotation overprint	注记配置透明片	註記套印圖
annual change(=magnetic annual change)	周年磁变	磁年變
annual change of magnetic variation	年差	周年光行差
annual mean sea level	年平均海面	年平均海面
annual parallax	周年视差	周年視差
annual rate(=magnetic annual change)	周年磁变	磁年變
annular drainage	环状水系	環狀水系
anodized aluminum plate	氧化铝版	陽極氧化鋁版
anomalistic month	近点月	近日點月
anomalistic period	近地点周期	近日點週期
anomalistic year	近点年	近日點年
anomaly	①近点角 ②异常	①近點角 ②異常
antarctic circle	南极圈	南極圈
antarctic mapping	南极制图	南極製圖
antenna efficiency	天线效率	天線效率
antenna gain and noise temperature ratio	天线增益与噪声温度比	天線增益與雜訊溫度比
antenna height	天线高度	天線高度
antenna pattern	天线方向图	天線方向圖
antenna servo system	天线伺服系统	天線伺服系統
anticlinal axis	背斜轴	背斜軸
anticlinorium	复背斜	複背斜

英 文 名	大 陆 名	台 湾 名
anticlockwise reading	逆时针方向读数,反时针方向读数	反時針方向讀數
anti-halation layer	防光晕层	防光暈層
anti-offset spray	防反印喷雾器	防反印噴霧器
anti-static spray	防静电喷雾器	防靜電噴霧器
apastron	远星点	遠星點
aperture	光圈,孔径	孔徑,光孔
aperture diaphragm	孔径光阑	孔徑光欄
aperture ratio	孔径比	孔徑比
aphelion	远日点	遠日點
aplanatic lens	消球差透镜,不晕透镜	消球差透鏡,慧差透鏡
aplanatic magnifier	消球差放大镜,不晕放大镜	消球差放大鏡,彗差放大鏡
aplanatism	消球差性	消球差性
apoapsis	远拱点,远重心点	遠吸力點
apocenter	远心点	遠心點
apochromatic lens	复消色差透镜	消三色差透鏡
apocynthion(=apolune)	远月点	遠月點
apogean tide	远地点潮	遠地潮
apogee	远地点	遠地點
Apollo mapping camera system	阿波罗测图摄影机系统	阿波羅製圖攝影機系統
Apollo panoramic camera	阿波罗全景照相机,阿波罗全景摄影机	阿波羅全景攝影機
apolune	远月点	遠月點
apparent altitude	视高度	視高度
apparent declination	视赤纬	視赤緯
apparent error	视误差	視誤差
apparent horizon	视地平线	視地平,視地平線
apparent magnitude	视星等	視星等
apparent midnight	视子夜	視子正
apparent noon	视正午	視午
apparent place	视位置	視位置
apparent places of fundamental stars	基本恒星视位置	基本恆星視位置
apparent right ascension	视赤经	視赤經
apparent shoreline	视岸线	視岸線
apparent sidereal day	视恒星日	視恆星日
apparent sidereal time	视恒星时	視恆星時
apparent solar day	视太阳日	視太陽日

英 文 名	大 陆 名	台 湾 名
apparent solar time	①视太阳时 ②真太阳时	①視太陽時 ②真太陽時
apparent sun	视太阳	視太陽
apparent time	视时间	視時
appearance ratio	再现立体感比例	誇大立體感比例
applied cartography	应用地图学	應用地圖學
applied map	①专题地图 ②专用地图	①專用地圖,主題圖 ②特種地圖
approximate adjustment	近似平差	近似平差
approximate altitude	近似高度	近似高度
approximate contour	近似等高线	近似等高線
approximate relief	概略地貌	概略地貌
approximate solution	近似解法	近似解法
a priori mean square error	先验中误差	先验中誤差
apsidal line	拱线	遠近線
apsis	拱点	遠近點
arbitrary axis meridian	任意轴子午线	任意軸子午線
arbitrary grid	任意格网	任意坐標格
arbitrary origin	任意原点	任意原點
arbitrary projection	任意投影	任意投影
arbitrary scale	任意比例尺	任意比例尺
arc correction to pendulum period	摆幅周期弧改正	擺幅週期弧改正
arc definition	弧定义	弧定義
archaeological photogrammetry	考古摄影测量	考古攝影測量
archipelagic baselines	群岛基线	群島基線
architectural engineering survey	建筑工程测量	建築工程測量
architectural photogrammetry	建筑摄影测量	建築攝影測量
arc lamp	弧光灯	弧光燈
arc measurement	弧度测量	弧度測量
arc of visibility	可见弧	明弧
arc-second	弧秒	弧秒
arc-sine correction	弧弦改正	弧弦改正
arctic circle	北极圈	北極圈
arc-to-chord correction in Gauss projection	高斯投影方向改正	高斯投影方向改正
arc triangulation	弧形三角测量	弧形三角測量
area by triangles	三边求面积法	三邊法,三線法,三斜法
area charts	区域航空图	區域航空圖
area leveling	面水准测量	面積水準測量法
area leveling method	面水准计算法	面積水準[土方]計演

英文名	大陆名	台湾名
		算法
area measurement	面积测量	面積測量
area method	范围法	範圍法
area of construction base	建筑基地面积	建築基地面積
area symbol	面状符号	面狀符號
area test	全面检查法	全面檢查法
area-weighted average resolution(AWAR)	面积加权平均分辨率	面積加權平均解析率
argentometer	测银比重计	測銀比重計
argument of latitude	纬度自变量	緯度引數
argument of perigee	近地点引数	近地點引數
arming	测锤脂	測錘填料
arrangement of curve(=curve setting)	曲线测设	曲線測設,中長法[曲線測設]
array camera	阵列摄像机	陣列攝影機
arrowhead method	运动线法	運動線法
artificial horizon	假设地平	假地平
artificial marked point(=artificial point)	人工标志点	人工標誌點
artificial point	人工标志点	人工標誌點
artificial satellite	人造卫星	人造衛星
artificial stereoscopy	人造立体观测	人工立體觀察
artificial target	人工标志	人造標
artillery survey	炮兵测量	砲兵測量
art paper	铜版纸	銅版紙
artwork	原图	原圖,原稿
as-built measurement	检校量测	檢校量測
ascending node	升交点	昇交點
aspheric lens	非球面透镜	非球面透鏡
associative perception	整体感	整體感
assumed coordinate system	假定坐标系	假定坐標系
assumed plane coordinates	假定平面坐标	假定平面坐標
assumed vertical datum	假定高程基点	假定高程基點
assuring rate of depth datum	深度基准面保证率	深度基準面保證率
astatic gravimeter	无定向重力仪,不稳型重力仪	無定向重力儀,不穩型重力儀
asthenosphere	软流圈	軟流圈
astigmatism	像散	像散
astrodynamics	天文动力学	天文力學
astrogeodetic coordinate system	天文大地坐标系	大地天文坐標系

英 文 名	大 陆 名	台 湾 名
astrogeodetic datum	天文大地基准	大地天文基準
astrogeodetic deflection of the vertical	天文大地垂线偏差	大地天文垂線偏差
astrogeodetic method	大地天文法	大地天文法
astrogeodetic method of geoid determination(=astronomical leveling)	天文大地水准,天文水准	大地天文水準測量,天文水準測量
astrogeodetic network	天文大地网	天文大地網
astrogeodetic point	大地天文点	大地天文點
astrograph	天体摄影仪	天體攝影儀
astrography	天体摄影学	天體攝影學
astro-gravimetric leveling	天文重力水准	天文重力水準測量
astrolabe	等高仪	等高儀
astrometry	天文测量学	天體測量學
astro-navigation	天文航海学	天文航海[學]
astronomical almanac(=astronomical ephemeris)	天文年历	天文年曆
astronomical altitude	天文高度[角]	天文高度
astronomical azimuth	天文方位角	天文方位角
astronomical clock	天文钟	天文時鐘
astronomical constants	天文常数	天文常數
astronomical coordinate measuring instrument	天文坐标量测仪	天文坐標量測儀
astronomical date	天文日期	天文日曆
astronomical day	天文日	天文日
astronomical ephemeris	天文年历	天文年曆
astronomical latitude	天文纬度	天文緯度
astronomical leveling	天文大地水准,天文水准	大地天文水準測量,天文水準測量
astronomical longitude	天文经度	天文經度
astronomical measurement(=astronomic observation)	天文观测	天文觀測
astronomical meridian plane	天文子午面	天文子午面
astronomical orientation	天文定向	天文定向
astronomical point	天文点	天文點
astronomical positioning system	天文定位系统	天文定位系統
astronomical refraction	蒙气差	濛氣差,天文折射
astronomical theodolite	天文经纬仪	天文經緯儀
astronomical tide	天文潮	天文潮
astronomical tide constituents	天文潮因子	天文潮因數

英 文 名	大 陆 名	台 湾 名
astronomical time	天文时	天文時
astronomical transit	子午仪	子午儀
astronomical traverse	天文导线	天文導線
astronomical triangle	天文三角形	天文三角形,導航三角形
astronomical unit	天文单位	天文單位
astronomic coordinates	天文坐标	天文坐標
astronomic coordinate system	天文坐标系	天文坐標系
astronomic equator	天文赤道	天文赤道
astronomic meridian	天文子午线	天文子午線
astronomic observation	天文观测	天文觀測
astronomic parallel	天文纬圈	天文緯圈
astronomic position	天文位置	天文位置
astronomic traverse	天文导线测量	天文導線測量
astronomic year	天文年	天文年
astronomy	天文学	天文學
astrophotocamera(=astrograph)	天体摄影仪	天體攝影儀
astrophotography(=astrography)	天体摄影学	天體攝影學
astrophotometry	天体光度测量学	天體測光學
astrophysics	天体物理学	天文物理學
astrospectroscopy	天体光谱学	天體分光學
asymmetry of object	目标不对称	觀標不對稱
atlas	地图集	地圖集
atlas cartography	地图集制图学	地圖集地圖學
atlas grid	地图集格网	地圖集方格
atlas information system	地图集信息系统	地圖集資訊系統
atlas touring	地图集浏览	地圖集遊覽
atlas type	地图集类型	地圖集類型
atmosphere	大气层	大氣層
atmosphere zenith delay	大地天顶延迟	大地天頂延遲
atmospheric correction	大气改正	大氣改正
atmospheric drag	大气阻力	大氣阻力
atmospheric drag perturbation	大气阻力摄动	大氣阻力攝動
atmospheric noise	大气噪声	大氣噪音
atmospheric transmissivity	大气透过率	大氣透過率
atmospheric window	大气窗	大氣窗
atomic clock	原子钟	原子鐘
atomic second	原子秒	原子秒

英 文 名	大 陆 名	台 湾 名
atomic time	原子时	原子時
attitude	姿态	姿態
attitude control system	姿态控制系统	姿態控制系統
attitude-measuring sensor	姿态测量遥感器	姿態測量遙感器
attitude parameter	姿态参数	姿態參數
attribute accuracy	属性精度	屬性精度
attribute data	属性数据	屬性資料
autocollimating eyepiece	自准直目镜	自動視准目鏡
autocollimating telescope	自准直望远镜	自動視準望遠鏡
autocollimation	自准直	自動視準
auto collimator	自准直仪	光軸自動檢定儀,自動照準檢驗儀
auto-dodge	自动调光	自動調光
autofocus mechanism	自动调焦装置	自動調焦裝置
autofocus rectifier	自动调焦纠正仪	自動調焦糾正儀
autokinetic effect	动感	動感
automated cartographic system	自动制图系统	自動製圖系統
automated cartography	自动化地图学	自動化地圖學
automated cartography software	自动制图软件	自動製圖軟體
automated coordinate digitizer	自动坐标数字化仪	自動坐標數化器
automated mapping	自动制图	自動製圖
automated plotter	自动绘图机	自動繪圖機
automated stereoplotter	自动立体测图仪	自動立體測圖儀
automatic cartography	自动化制图	自動化地圖製圖
automatic coordinate plotter	自动坐标展点仪	自動坐標展點儀
automatic coordinatograph	自动坐标仪	自動坐標儀
automatic correlation	自动相关	自動關聯
automatic correlator	自动相关器	自動關聯器
automatic exposure timer	自动曝光定时器	自動曝光定時器
automatic feeder	自动给纸器	自動給紙器
automatic film advanced mechanism	自动送片装置	自動送片裝置
automatic floating station	系留浮标	自記浮台
automatic focusing	自动调焦	自動調焦
automatic gauge	自记水位计	自記水位計
automatic hydrographic survey system	水深测量自动化系统	水深測量自動化系統
automatic image correlator	自动影像相关器	自動影像關聯器
automatic level	自动安平水准仪	自動水準儀
automatic parallax detection	自动视差检测	視差自動檢測

英 文 名	大 陆 名	台 湾 名
automatic plotting	自动绘图	自動繪圖
automatic rectifier	自动纠正仪	自動糾正儀
automatic tacheometer	自动归算视距仪	自化視距儀
automatic tide gauge	自动验潮仪	自動驗潮儀
automatic tracking	自动跟踪	自動追蹤
automatic triangulation	自动空中三角测量	自動空中三角測量
automatic vanishing point control	合点自动控制器	遁點自動控制器
automatic vertical index	自动垂直度盘指标	自動垂直度盤指標
automatic water gauge(=automatic gauge)	自记水位计	自記水位計
automatic zero-point correction	自动归零	自動歸零
automobile map(=highway map)	公路图	公路圖
autoscreen film	自动加网胶片	自我網點軟片
autumnal equinoctial tide	秋分大潮	秋分大潮
autumnal equinox	秋分点	秋分點
auxiliary guide meridian	辅助子午线	輔助子午線
auxiliary level	辅助水准器	輔助水準器
auxiliary reflector	辅助反射镜	輔助反光鏡
auxiliary stake	辅助桩	副樁
auxiliary standard parallel	辅助标准纬圈	輔助標準緯線
auxiliary station	辅助测站	輔助測站
auxiliary telescope	辅助望远镜	輔助望遠鏡
average end area method	平均端面积计算法	平均端面積計演算法
average error	平均误差	平均誤差
AWAR(=area-weighted average resolution)	面积加权平均分辨率	面積加權平均解析率
axial color aberration	轴向色差	縱向色差
axial lateral observation	侧方交会观测	側方交會觀測
axis of abscissas	横坐标轴	横坐標軸
axis of camera	摄影机轴	攝影機軸
axis of channel	航道中线	航道軸線
axis of ordinates	纵坐标轴	縱坐標軸
axis of the image	像片坐标轴	像片坐標軸
axometer	测[光]轴计	測軸計
azimuth	方位角	方位角,天體方位角
azimuthal equal-area projection	正方位等积投影	正方位等積投影
azimuthal equidistant projection	正方位等距投影	正方位等距離投影
azimuthal projection	方位投影	方位投影,正方位投影

英 文 名	大 陆 名	台 湾 名
azimuth angle(=azimuth)	方位角	方位角,天體方位角
azimuth direction	方位方向	方位方向
azimuthdistance positioning system(=polar positioning system)	极坐标定位系统	極坐標定位系統
azimuth equation	方位角方程式	方位角方程式
azimuth error	方位角误差	方位角誤差
azimuth method	方位角法	方位角法
azimuth of photograph	像片方位角	像片方位角
azimuth star	方向星	方向星
azimuth table	方位角表	方位角表
azimuth traverse	方位角导线	方位角導線

B

英 文 名	大 陆 名	台 湾 名
back azimuth	反方位角	反方位角
back bearing	反方向角	反方向角
back focal point(=real focus)	后焦点	後焦點
backing frame	安片框	裝片框
backshore	后滨	後濱
backsight	后视	後視,反覘
backsight method	后视法	後視法
back solution(=inverse position computation)	大地位置反算	大地位置反算
back-up photomap	背面影像地图	背面像片圖
Baker-Nunn camera	贝克-纳恩摄影机	貝克能攝影機
balancing	平差	配賦
balancing a survey	测量误差配赋	測量配賦
balancing the traverse angle	导线角度配赋	導線角度配賦
ball and socket joint	球窝关节	球窩關節
ballistic camera	弹道摄影机	彈道攝影機
ballistic photogrammetry	弹道摄影测量	彈道攝影測量
ball socket base	球面基座	球窩基座
bamboo tape	竹尺	竹[捲]尺
bandpass filter	带通滤光片	帶通濾光片
band spectrum	带谱	帶光譜
band-stop filter	带阻滤光片	波段外濾光片
bandwidth	带宽	頻寬

英　文　名	大　陆　名	台　湾　名
bank slope	路堤边坡	路堤邊坡
bank survey	堤岸测量	堤岸測量
bar buoy	浅滩浮标	沙洲浮
bar check	杆校准	測深校正板檢校
bar code	条码	條碼
bar code rod	条码尺	條碼式標尺
bare rock	明礁	明礁,上升礁
bar magnet	磁棒	磁棒
barograph	自动气压记录器	自動氣壓記錄器
barometer scale	气压表刻度	氣壓計刻度
barometric altimeter	气压测高仪	氣壓測高計
barometric elevation	气压高程	氣壓高程
barometric gradient	气压梯度	氣壓梯度,壓力梯度
barometric hypsometry	沸点气压测高	沸點氣壓測高法
barometric leveling	气压高程测量	氣壓高程測量
barometric pressure sensor	气压表压力传感器	氣壓感測器
baroswitch	气压转换开关	氣壓轉換開關
barrage	拦河坝	攔河壩
barrier	堤	堤
Barr & Stroud double image coincidence range finder	巴尔-斯特劳德双像符合测距仪	巴斯特雙像符合測距儀
bar sweeping	杆式扫海	橫桿掃海
barycenter	重心	重心
barycentric coordinates	重心坐标	重心坐標
barycentric coordinate system	重心坐标系统	重心坐標系統
barye	微巴	微巴
basal coplane	像对共面[条件]	像對共面[條件]
basal orientation	基线定位	基線定位
basal plane	基线平面	基線平面
base	基座	基座
base apparatus	基线尺	基線尺,基線捲尺
base color	底色	底色
base course	基本航向	基本航向
base expansion	基线扩大	基線擴大
base extension triangulation(=base extension triangulation network)	基线扩大网	三角法基線延長網
base extension triangulation network	基线扩大网	三角法基線延長網
base-height ratio	基-高比	基線航高比

英　文　名	大　陆　名	台　湾　名
base-in	基线内	基線內
base level	水准基面	水準基面
baseline	基线	基線
baseline extension(=base expansion)	基线扩大	基線擴大
baseline measurement	基线测量	基線測量
baseline network	基线网	基線網
base map of topography	地形底图	基本地形圖
base measuring apparatus	基线测量尺	基線測量尺
base measuring tape	带状基线尺	帶狀基線尺
base measuring wire	线状基线尺	線狀基線尺
base-out	基线外	基線外
basepoint	领海基点	領海基點
base ratio	基线比	基線比
base station	基点	基點
base tape(=base apparatus)	基线尺	基線尺,基線捲尺
base terminals	基线端点	基線終測站
basic control	基本控制	基本控制
basic gravimetric point	基本重力点	基本重力點
basic scale(=principal scale)	基本比例尺,主比例尺	主比例尺
basin	盆地	盆地
bathometer(=depth gauge)	深度计	深度計
bathymetric chart	海底地形图	等深線圖,海底地形圖
bathymetric data	测深数据	水深資料
bathymetric surveying	海底地形测量	水深測量,測深
bathymetric tints	深度分层设色	水深分層設色
bathymetry	测深学	測深學
bathythermogram	温深记录图	溫深記錄圖
batter board	龙门板	水平樁
batter peg	坡脚桩	坡腳樁
baume hydrometer	波度比重计	波梅比重計
Bayesian classification	贝叶斯分类	貝葉斯分類
beach	海滩	海灘
beacon	立标	標桿
beaconage	立标系统	標桿系統
beam angle(=wave beam angle)	波束角	波束角
Beaman's stadia arc	比曼视距弧	貝門視距弧
beam splitter	分光镜	分光鏡

英 文 名	大 陆 名	台 湾 名
beam width	波束宽度	波束寬度,音鼓束寬
bearer	简枕	轅枕
bearing	方向角,象限角	方向角,象限角
bearing picket	方向桩	方向樁
beginning of curve	曲线起点	曲線起點
Beijing Geodetic Coordinate System 1954	1954 年北京坐标系	1954 年北京坐標系
bellows	蛇腹	蛇腹
benchmark	水准点	水準點
bent tubular level	弯管水准器	曲管水準器
berm line	堤岸线	堤岸線
berth	泊位	航席,停船位置
Bessel ellipsoid	贝塞尔椭球	白塞爾橢球體
Bessel formula for solution of geodetic problem	贝塞尔大地主题解算公式	白塞爾大地主題解算公式
Besselian day number	贝塞尔日数	白塞爾日數
Besselian elements	贝塞尔根数	白塞爾基數
Besselian interpolation coefficients	贝塞尔内插系数	白塞爾內插係數
Besselian star constant	贝塞尔恒星常数	白塞爾恆星常數
Besselian star number	贝塞尔星数	白塞爾恆星數
Besselian year	贝塞尔年	白塞爾年
Bessel method	贝塞尔法	白塞爾法
Bessel's formula	贝塞尔公式	白塞爾公式
Bessel's interpolation formula	贝塞尔内插公式	白塞爾內插法公式
between-the-lens shutter	中心快门	鏡間快門,中間快門
BIH(=bureau international de I'heure)	国际时间局	國際時間[辰]局
bilateral leveling, two-turningpoint leveling	双转点水准测量	雙轉點水準測量
Bilby steel tower	毕氏钢标	畢爾貝鋼標
Billet split lens	比耶对切透镜	比勒對切透鏡
binary image	二值图像	二值圖像
binder board	纸板	紙板
binding	装订	裝訂
binnacle	罗经盒,罗经座	羅盤盒,羅盤座
binocular stereo-camera	双镜立体摄影机	雙鏡立體攝影機
binocular vision	双眼观察	雙目觀察
biomass index transformation	生物量指标变换	生物量指標變換
biomedical photogrammetry	生物医学摄影测量	生物醫學攝影測量學
biprism	双棱镜	雙稜鏡,複稜鏡

英 文 名	大 陆 名	台 湾 名
bird's eye view map	鸟瞰图	鳥瞰圖
bisecting method	等分法,双定心法	分中法
Bjerhammar problem	布耶哈马问题	布耶哈馬問題
black-and-white film	黑白片	黑白片
black-and-white photography	黑白摄影	黑白攝影
black body	黑体	黑體
black-body radiation	黑体辐射	黑體輻射
black body radiator	黑色辐射体,黑体辐射体	黑色輻射體
black printer	黑色版	黑版
blanket	橡皮布	橡皮布
blanket cylinder	橡皮滚筒	橡皮轆筒
bleaching	漂白,脱色	漂白
bleeding edge	破图廓,出边	破圖廓,出面邊
blinking method of stereoscopic viewing	闪闭法立体观察	閃閉法立體觀察
blistering	起泡	起泡
blister ink	发泡油墨	發泡印墨
block adjustment	区域网平差	區域平差
block adjustment by strips	航带法区域网平差	航帶區域平差
block aerial triangulation	区域网空中三角测量	區域空中三角測量
block diagram	块状图	方塊立體透視圖,塊狀圖
block formation and adjustment	分区和平差	區域聯組及平差
blocking-out	涂墨	去背景
block level	框式水准计	框式水準器
block spirit level	平放水准器	平放水準器
blow up	放大	放大
blue key	蓝底图	藍晒圖
blue line	蓝色线划	藍色線
blueline board(=blue[printing]plate)	水系版,蓝版	水系版,藍版
blue print	晒蓝图	藍曬圖
blueprint drawing	蓝图清绘	藍圖清繪
blue[printing]plate	水系版,蓝版	水系版,藍版
board chart	图版	圖版
boat sheet	外业图板	小艇底圖
body-fixed coordinate system	地固坐标系	地固坐標系,地球固定坐標系統
bolded vernier	折叠游标	摺疊游標

英 文 名	大 陆 名	台 湾 名
Bonne's projection	彭纳投影	彭納氏投影
border break(=bleeding edge)	破图廓,出边	破圖廓,出面邊
border data	图廓外注释	圖廓外資料
border line	图廓线	圖廓線
border map scale	图廓比例尺	圖比例尺
border of chart	图界	圖界
border pile	边桩	邊樁
bore hole(=peep hole)	觇孔	覘孔
bore-hole position survey	钻孔位置测量	鑽孔位置測量
borrowing area	取土区	取土區
borrow pit	取土坑	借坑
borrow pit survey	借坑测量	借坑測量
Boss's catalog of stars	博斯星表	鮑氏星表
bottom characteristic(=quality of the bottom)	底质	底質
bottom characteristics exploration	底质调查	底質調查
bottom characteristics sampling	底质采样	底質採樣
bottom sediment chart	底质分布图	底質分佈圖
Bouguer anomaly	布格异常	布格異常
Bouguer correction	布格改正	布格改正
Bouguer gravity	布格重力	布格重力
Bouguer gravity reduction(=Bouguer reduction)	布格校正	布格化算
Bouguer plate	布格平板	布格平板
Bouguer reduction	布格校正	布格化算
boundary adjustment	界线调整	界線調整,地界整正
boundary demarcation	界线标定,界线勘定	界線標定,界線勘定
boundary line	境界线	境界線
boundary mark	界址点	界標,界點,四至點
boundary monument	界桩	界樁,線樁
boundary point(=boundary mark)	界址点	界標,界點,四至點
boundary settlement	勘界	勘界
boundary survey	边界测量	經界測量,鑑界測量
boundary-value problem of physical geodesy	物理大地测量边值问题	邊值問題
bourne(=land boundary)	界线	界線,經界
Bowie effect	鲍伊效应	鮑威效應
Bowie method of triangulation adjustment	鲍伊三角平差法	鮑威平差法
box chronometer	盒式定时器	方盒計時器

英 文 名	大 陆 名	台 湾 名
box classification method	盒式分类法	盒式分類法
box compass(=trough compass)	方框罗针	方框羅針
box staff	箱尺	箱尺
braided stream	网状河流	網狀河流
branch line	支线	支線
branch line leveling	支线水准测量	支線水準測量
break angle	折角	折角
breaker	浪花	浪花
break of slope	坡折点	坡折點
breakthrough survey(=holing through survey)	贯通测量	貫通測量
breakwater	防波堤,海堤	防波堤,海堤
bridge axis location	桥梁轴线测设	橋樑軸線測設
bridge construction control survey	桥梁控制测量	橋樑控制測量
bridge survey	桥梁测量	橋位測量
bridge-type stereoscope	桥式立体镜	橋式立體鏡
bridging	连续像片衔接	接橋
bridging error	衔接误差	接橋誤差
bridging instrument	衔接仪器	接橋儀器
bridging of model	模型连接	模型連接
brightness(=lightness)	亮度	亮度
brightness characteristic of aerial photo object	航摄景物亮度特征	航攝景物亮度特性
brightness contrast	亮度对比	亮度對比
brightness scale	亮度比	亮度比尺
brightness temperature	亮温度	亮度溫度
broad bandpass filter	宽带滤光片	寬帶濾光片
broadcast ephemeris	广播星历	廣播星曆
broken parcel	破图廓地区	破圖廓地區
broken-telescope transit	折镜子午仪	折鏡子午儀
broken transit	折镜经纬仪	折鏡經緯儀
bromide silver	溴化银	溴化銀
Bruns equation	布隆斯方程	布隆斯方程式
Bruns formula	布隆斯公式	布隆斯公式
Bruns term	布隆斯项	布隆斯項
Brunton pocket compass	布伦顿袖珍罗盘	布倫頓羅盤
brush shade	晕渲	暈渲
bubble gauge(=bubbler gauge)	气泡式验潮仪	氣泡式驗潮儀

英 文 名	大 陆 名	台 湾 名
bubbler gauge	气泡式验潮仪	氣泡式驗潮儀
bubble sextant	气泡六分仪	氣泡六分儀
bubble tester	水准泡检验仪	水準管檢驗器
builder's level	建筑水准仪	建築水準儀
building coverage ratio	建筑物覆盖率	建蔽率
building land	建筑用地	建築用地
building layout plan	建筑物测量图	建物測量圖
building line	建筑红线	建築線
building location map	建筑物位置图	建物位置圖
building plan	建筑物平面图	建物平面圖
building revision	建筑物复测	建物複丈
building-site survey	建筑用地测量	建地測量
building subsidence observation	建筑物沉降观测	建築物沉降觀測
building surveying	建筑测量	建築測量
bulk image processing	影像批处理	影像粗處理
bundle adjustment	光束法平差	光束法平差
bundle aerial triangulation	光束法空中三角测量	光束法空中三角測量
buoy	浮标	浮標,浮筒
buoyage system	浮标系统	浮標系統
buoyant beacon	浮动立标	浮立標桿
buoy-control method	浮标控制法	浮標控制法
bureau international de l'heure(BIH)	国际时间局	國際時間[辰]局
burn-out mask	晒掉片	曬掉片

C

英 文 名	大 陆 名	台 湾 名
cable	链	錨鏈
CAC(=computer-assisted cartography)	机助地图制图	電腦輔助編圖
C/A code(=coarse /acquisition code)	C/A 码,粗码	C/A 電碼,粗碼
CAD(=computer-aided design)	计算机辅助设计	電腦輔助設計
cadastral control survey	地籍控制测量	地籍控制測量
cadastral district	地籍区段	地籍區段
cadastral inventory	地籍调查	地籍調查
cadastral lists	地籍册	地籍冊
cadastral management	地籍管理	地籍管理
cadastral map	地籍图	地籍圖
cadastral mapping	地籍制图	地籍圖測製

英　文　名	大　陆　名	台　湾　名
cadastral map series	地籍图系列	地籍圖系列
cadastral revision	地籍修测	地籍圖複丈
cadastral sheet	地籍图幅	地籍圖幅
cadastral survey	地籍测量	地籍測量
cadastre	地籍	地籍
calendar month	历月	曆月
calibrated focal length	检定焦距	檢定焦距
calibration baseline	检定基线	檢定基線
calibration of tape	卷尺检定	測尺檢定
calling the soundings	报水深	報水深
Callippic cycle	卡里匹克周期	卡裏匹克週期
calorimeter	量热器,热量计	量熱器
cam controller	凸轮控制器	凸輪控制器
camera	摄影机	攝影機
camera angle	摄影机视场角	攝影機視角
camera back	摄影机机背	機背
camera bellows	像机蛇腹	照像機蛇腹
camera caliberation	摄影机检校	攝影機檢校
camera copy	照相原稿	照像原稿
camera copyboard	像机原稿架	像機原稿架
camera extension	像机伸长度	像機伸長度
camera-lucida(=sketch master)	像片转绘仪	像片草圖測繪儀,像片繪圖儀
camera mount	摄影机机座	攝影機座架
camera pad	像机座	照像機臺座
camera port(=camera window)	摄影窗口	攝影窗口
camera-read theodolite	摄影读数经纬仪	攝影讀數經緯儀
camera station	摄站	攝影站
camera window	摄影窗口	攝影窗口
canal survey	运河测量	運河測量
cantilever aerial triangulation	伸展式空中三角测量	伸展式空中三角測量
capillary pen	毛细管绘图笔	毛細管繪圖筆
captive balloon	系留气球	繫留氣球
carbon paper	炭素纸	碳素紙
cardinal	基本方向	基本方向
cardinal direction(=cardinal)	基本方向	基本方向
Carpentier inverter	卡彭铁尔控制器	卡本替爾控制器
carrier phase measurement	载波相位测量	載波相位測量

英 文 名	大 陆 名	台 湾 名
carrier wave	载波	載波
carrying contour	合并等高线	併合等高線
Cartesian coordinates	笛卡儿坐标	笛卡兒坐標
Cartesian coordinate system	笛卡儿坐标系	笛卡兒坐標系
carto-bibliography(=map catalog)	地图目录	地圖目錄,地圖書目
cartodiagram method (=chorisogram method)	分区统计图表法	分區統計圖表法
cartogram method	分区统计图法	分區著色圖法,分區統計圖法
cartograph	制图仪	製圖儀
cartographer	①地图学者 ②地图制图员,制图员	①地圖學者 ②地圖製圖員,製圖員
cartographical surveying	测图	製圖測量
cartographic analysis	地图分析	地圖分析
cartographic classification	地图分类	地圖分類
cartographic communication	地图传输	地圖傳輸
cartographic database	地图数据库	地圖資料庫
cartographic draftsman	地图绘图员	地圖繪圖員
cartographic draughtsman(=cartographic draftsman)	地图绘图员	地圖繪圖員
cartographic enhancement	制图局部加强	地圖局部加強
cartographic evaluation	地图评价	地圖評價
cartographic exaggeration	制图夸大	製圖誇大
cartographic expert system	制图专家系统	製圖專家系統
cartographic feature	地图要素	地圖地物
cartographic generalization	制图综合	地圖簡化
cartographic hierarchy	制图分级	製圖分級
cartographic information	地图信息	地圖資訊
cartographic information system(CIS)	地图信息系统	地圖資訊系統
cartographic language	地图语言	地圖語言
cartographic methodology	地图研究法	地圖研究法
cartographic model	地图模型	地圖模型
cartographic organization	地图内容结构	地圖內容結構
cartographic potential information	地图潜信息	地圖潛資訊
cartographic pragmatics	地图语用	地圖語用
cartographic presentation	地图表示法	地圖表示法
cartographic satellite	制图卫星	製圖衛星
cartographic scalling	定制图比例	按比展繪

英 文 名	大 陆 名	台 湾 名
cartographic scanner	地图扫描仪	地圖掃描儀
cartographic selection	制图选取	製圖選取
cartographic semantics	地图语义	地圖語義
cartographic semiology	地图符号学	地圖符號學
cartographic simplification	制图简化	製圖簡化
cartographic software	地图制图软件	地圖製圖軟體
cartographic sources	制图资料	編圖資料
cartographic syntactics	地图语法	地圖語法
cartography	地图学	製圖學
cartography department	地图制图专业	地圖製圖科
cartometry	地图量算	地圖量算
carto-tape	地图数据磁带	製圖磁帶
cartridge paper	绘图纸	繪圖紙
Cassini coordinates	卡西尼坐标	凱西尼坐標
Cassini coordinate system	卡西尼坐标系	凱西尼坐標系
Cassini's refraction formula	卡西尼蒙气差公式	凱西泥濛氣差公式
catchment area	汇水区	集水區
catchment area survey	汇水面积测量	集水域測量
catchment basin	汇水盆地	集水域
catenary	悬链线	懸鏈線
catenary correction to tape	悬链改正	懸鏈改正
caterpillar	晕滃	暈滃
cathode	阴极	陰極
cathode ray	阴极射线	陰極射線
cathode ray tube	阴极射线管	陰極射線管
cathode stream(=cathode ray)	阴极射线	陰極射線
catodioptric telescope	折反式望远镜	折反射望遠鏡
catoptric light	反射光	反射光
catoptric system	反射系统	反射系統
catoptric telescope	反射望远镜	反射望遠鏡
cavity resonator	空腔谐振器	空腔諧振器
CCD(=charge-coupled device)	电荷耦合器件	電荷耦合器件
CCD camera(=charge-coupled device camera)	电荷耦合摄影机	電荷耦合攝影機
CC filter(=color compensating filter)	色彩补偿滤色镜	彩色補償濾色片
CCT(=computer compatible tape)	计算机兼容磁带	電腦兼容磁帶
CD(=compact disc)	光盘	光碟
celestial body	天体	天體

英 文 名	大 陆 名	台 湾 名
celestial coordinate system	天球坐标系	天球坐標
celestial equator	天球赤道	天球赤道
celestial equator system of coordination	天球赤道坐标系	天球赤道坐標系統
celestial fix	天文定位	天文定位
celestial geodesy	天体大地测量学	天文大地測量學
celestial guidance	天文航海	天文導航
celestial horizon	天球地平	天球地平
celestial latitude	天球纬度	天球緯度
celestial line of position	天体位置线	天體位置線
celestial longitude	天球经度	天球經度
celestial mechanics	天体力学	天體力學
celestial meridian	天球子午圈	天球子午圈
celestial navigation(=celestial guidance)	天文航海	天文導航
celestial pole	天极	天極
celestial refraction	天体蒙气差	天體濛氣差
celestial sphere	天球	天球
celestial triangle(=astronomical triangle)	天文三角形	天文三角形,導航三角形
cell	格网单元	網格單元
celluloid	赛璐珞	賽璐珞
cellulose gum	纤维素胶	纖維素膠
centering	定心	定心
centering device	对点器	對點器
centering error	对中误差,偏心误差	定心誤差
centering of instrument	仪器对中	儀器定心
centering of level bubble	气泡居中	氣泡居中定平
centering rod	对中杆	對中桿,對點桿
centering tripod	对中三脚架	求心三腳架
center line	中心线	中心線
center line survey	中线测量,线路中线测量	中線測量
center of collineation	共线中心	共線中心
center of curvature	曲率中心	曲率中心
center of earth	地心	地心
center of instrument	仪器中心	儀器中心
center of mass	质心	質量中心
center of oscillation of pendulum	摆动中心	擺動中心
center of projection	投影中心	投影中心

英 文 名	大 陆 名	台 湾 名
center of sheet	图幅中心	圖幅中心
center of track	轨道中心	軌道中心
center of vision	目视中心	目視中心
center stake	中心桩	中心樁
center-to-center method	中心对点法镶嵌	中心重合[鑲嵌]法
central meridian	中央子午线	中央子午線
central perspective	中心透视	中心透視
central projection	中心投影	中心投影
central thread(=central wire)	中丝	中絲
central wire	中丝	中絲
centrifugal force	离心力	離心力
centrifugal potential	离心力位	離心力位
centring bracket(=plumbing arm)	求心器,定点器,移点器	求心器,定點器,移點器
centring under point	点下对中	點下對中
centripetal drainage	向心水系	向心狀水系
centrosphere(=center of earth)	地心	地心
C-factor	C 因子	C 因數
CGSC(=Chinese Geodetic Stars Catalogue)	中国大地测量星表	中國大地測量星表
chain	测链	測鎖,測鏈
chain gauge	链式水尺	鏈式水尺
chaining	链测法	鏈測法
chaining error	丈量误差	丈量誤差
chaining pin	测钎	測針
chain-leader	前尺手	前尺手
chainman	司尺手	司尺手
chain survey	测链丈量	測鏈測量
chambered spirit level	气室水准器	氣室水準器
Chandlerian term(=Chandler's period)	钱德勒周期	陳德勒週期
Chandler's period	钱德勒周期	陳德勒週期
Chandler wobble	钱德勒摆动	陳德勒擺動
change in land category	地类变更	地目變更
change line of slope	倾斜变换线	傾斜變換線
change of boundary	地界变更	經界變更,地域變更
change of tide	转潮	潮轉向
channel(=fairway)	航道,水道	航路,水道
channel line	航道线	航道線
channel pattern	水系类型	水系類型

英 文 名	大 陆 名	台 湾 名
characteristic curve	特征曲线	特性曲線
characteristic curve of photographic emulsion	感光特性曲线	感光特性曲線
characteristic of light	灯[光性]质	燈質
characteristic point	特征点	特徵點
characteristics of atmospheric transmission	大气传输特性	大氣傳輸特性
character of light	光特性	光態
charge-coupled device camera(CCD camera)	电荷耦合摄影机	電荷耦合攝影機
charge-coupled device(CCD)	电荷耦合器件	電荷耦合器件
chart amendment patch	贴图	貼圖
chart boarder	海图图廓	海圖圖廓
chart compilation	海图编制	海圖編制
chart correction	海图改正	海圖改正
chart datum	海图基准面	海圖基準面,水文基準面
charted depth	图载深度	圖載深度
charting	海图制图	海圖製圖
chart large correction	海图大改正	海圖大改正
chartlet	小幅海图	輔助圖
chart numbering	海图编号	海圖編號
chart of marine gravity anomaly	海洋重力异常图	海洋重力異常圖
chart projection	海图投影	海圖投影
chart relationship	接图表	接圖表,圖幅關係位置圖
chart scale	海图比例尺	航圖比例尺
chart series	图组	圖組,圖集
chart sheet(=map sheet)	地图图幅	地圖圖幅
chart small correction	海图小改正	海圖小改正
chart subdivision	海图分幅	海圖分幅
chart title	海图标题	海圖標題
Chasles theorem(=rotation axiom of the perspective)	透视旋转定律,沙尔定律	透視旋轉定律,沙爾定律
checkerboard method(=square method)	方格法[水准]	方格法[水準]
checking traverse	检核导线	檢核導線
check line	检查线	檢核線
check lines of sounding	水深检测线	水深檢測線
check point	检校点	檢核點

英 文 名	大 陆 名	台 湾 名
check station(=monitor station)	监测台	監測台
check survey	检核测量	檢核測量
chemical fog	显像朦翳	化學朦翳
chemical graining	化学磨版	化學磨版
chemical printing	化学印刷	化學印刷
Chinese Geodetic Stars Catalogue(CGSC)	中国大地测量星表	中國大地測量星表
Chinese Society of Geodesy, Photogrammetry and Cartography(CSGPC)	中国测绘学会	中國測繪學會
chirp	线性调频脉冲	線性調頻脈衝
chord definition	弦定义	弦定義
chord deflection	弦偏距	弦偏距
chord deflection angle	弦偏角	弦偏角
chord deflection method	弦线偏距法	弦線偏距法
chord off-set method	弦线支距法	弦線支距法
chord tangent angle	弦切角	弦切角
chorisogram method	分区统计图表法	分區統計圖表法
chorographic map	舆图	輿圖
chorography	地志	地誌
choroisopleth	等值区域线	等值區域線
choromorphographic map	地貌形态图	地貌形態圖
choroplethic method(=cartogram method)	分区统计图法	分區著色圖法,分區統計圖法
choropleth map	等值区域图	分級著色圖
choropleth technique	分级统计图法	分級統計圖法
chroma	色度	彩度
chromatic aberration	色[像]差	色像差
chromotype	彩色凸版印刷	彩色凸版印刷
chronograph	记时仪	計時器
chronometer correction(=clock correction)	钟差改正	錶差改正
chronometer error	表差	錶差
Church's method	丘奇法	丘奇法
CIO(=Conventional International Origin)	国际协议原点	國際通用原點
circle	度盘	度盘
circle of equal altitude	等高圈	高度圈
circle of uncertainty	最大误差圆	不定圓
circle setting	度盘变换	度盤設定
circle setting knob	度盘变换钮	對零螺旋

英 文 名	大 陆 名	台 湾 名
circuit	环	環線
circuit closure	环线闭合差	環線閉合差
circular-arc rule	曲线板	曲線板,曲線規
circular center method	[圆心法]曲线测设	圓心法[曲線測設]
circular curve	圆曲线	圓曲線
circular curve location	圆曲线测设	圓曲線測設
circular level(=spherical level vial)	圆水准器	圓水準器
circularly polarized light	圆偏振光	圓偏光
circular orbit	圆形轨道	圓形軌道
circular rod level	标尺圆水准器	標尺圓水準器
circumferentor	觇板罗盘仪	覘板羅盤儀
circum-meridian altitude	近子午圈高度	近子午圈高度,近中天高度
circumpolar star	拱极星	環極星
cirque	冰斗	冰斗
CIS(=cartographic information system)	地图信息系统	地圖資訊系統
city layout(=urban planning)	城市规划	城市規劃,都市計劃
city map	城市图	城市圖
city panorama	城市全景图	城市全景圖
city region	城市区域	城市區域
civil day	民用日	民用日
civil time	民用时	民用時
Clairaut theorem	克莱罗定理	克來勞原理
clamping device	制动装置	制動裝置
clamping error	制动误差	制動誤差
clamp screw	制动螺旋	制動螺旋
Clarke's spheroid	克拉克椭球体	克拉克橢球體
classes of map scale	地图比例尺分类	地圖比例尺分類
classification land boundary	地类界	地類界
classified image	分类影像	分類影像
classifier	分类器	分類器
clearance limit survey	净空区测量	淨空區測量
cleared sweeping	净深	淨深
climatic map	气候图	氣候圖
clinometer	倾斜仪	測斜儀
clinometer compass	测斜罗经	測斜羅盤儀
clipping	剪辑	剪輯
clock correction	钟差改正	錶差改正

英 文 名	大 陆 名	台 湾 名
clock frequency	时钟频率	時鐘頻率
clock offset	钟偏	鍾偏
clock rate	钟速	鍾速
clockwise angle	顺时针角度	順時針角度
closed leveling line	闭合水准路线	閉合水準路線
closed traverse	闭合导线	閉合導線,閉合支[導]線
close-range photogrammetry	近景摄影测量	近景攝影測量學
closing azimuth	闭合方位角	閉合方位角
closing direction	方向闭合	方向閉合
closing error	闭合差	閉合差
closing error in coordinate increment	坐标增量闭合差	坐標增量閉合差
closing error in departure	横距闭合差	橫距閉合差
closing error in latitude	纵距闭合差	縱距閉合差
closing line	闭合线	閉合線
closing station	闭合点	閉合點
closing the horizon	测站水平角闭合差	測站水平角閉合差
closure(=closing error)	闭合差	閉合差
closure error of triangle(=closure of triangle)	三角形闭合差	三角形閉合差
closure of triangle	三角形闭合差	三角形閉合差
clothoid curve	回旋线曲率	克羅梭曲線
cluster analysis	聚类分析	集群分析
CMG(=course made good)	实际航向	實際航向
coarse /acquisition code(C/A code)	C/A 码,粗码	C/A 電碼,粗碼
coarse texture topography	粗结构地形	粗大地形
coast	海岸	海岸
coastal current	沿岸流	沿岸流
coastal feature	海岸地形	海岸地形
coastal survey	海岸测量	海岸測量
coast chart	海岸图	海岸圖
coastline	海岸线,岸线	海岸線,海濱線
coastline measurement	海岸线测量,岸线测量	海岸線測量,海濱線測量
coast pilot	沿岸航路指南	沿海水路誌
coast topographic survey	海岸地形测量	海岸地形測量
coastwise survey	沿岸测量	沿岸測量
coated lens	镀膜透镜	鍍膜透鏡

英 文 名	大 陆 名	台 湾 名
coated paper	涂料纸	塗料紙
coated side	药膜面	藥膜面
coater	涂布机	鍍膜機
coating	涂膜	塗布藥膜
coating machine	镀膜机	流佈機
cockpit	石灰岩盆地	灰岩盆地
codeclination	余赤纬	餘赤緯
code theodolite	编码经纬仪	編碼經緯儀
coefficient matrix	系数矩阵	係數矩陣
coefficient of expansion	膨胀系数	膨脹係數
coefficient of refraction	折射系数	折射係數
coefficient of sectorial harmonics	扇谐系数	扇諧係數
coefficient of tesseral harmonics	田谐系数	田諧係數
coefficient of zonal harmonics	带谐系数	帶諧係數
COG(=course over ground)	对地航向	越地航向
cogeoid(=compensated geoid)	补偿大地水准面,调整大地水准面	補償大地水準面,補助大地水準面
cognitive map	认知地图	認知地圖
cognitive mapping	认知制图	認知製圖
coherent ladar	相干光雷达	相干雷射雷達
coherent radar	相干雷达	同相雷達
coincidence rangefinder(=split-image rangefinder)	双像符合测距仪	雙像符合測距儀
coincidence rangefinding	双像[符合]测距	符合測距
colatitude	余纬	餘緯
cold color	冷色	冷色
collating	配页	配帖
collective lens	聚光透镜	聚光透鏡
collimate(=collimation)	准直	視準
collimating telescope	准直望远镜	視準望遠鏡
collimation	准直	視準
collimation adjustment	视准校正	視準校正
collimation axis	照准轴,视准轴	照準軸,視準軸
collimation correction	视准差改正	視準差改正
collimation lens	准直镜	視準鏡
collimation line method	视准线法	視準線法
collimation plane	视准面	視準面
collinear	共线	共線,共線性

英　文　名	大　陆　名	台　湾　名
collinear equation correction	共线方程校正法	共線方程校正法
collinearity condition	共线条件	共線條件
collinearity equation	共线方程式	共線方程式
collinearity method	共线法	共線法
collotype	珂罗版	珂羅版
collotype press	珂罗版印刷机	珂羅版印刷機
collotype process	珂罗版印刷	珂羅版法
color balance	色彩平衡	色彩平衡
color change	色彩变化	色相變化
color chart	地图色标	演色表
color coding	彩色编码	彩色編碼
color compensating filter(CC filter)	色彩补偿滤色镜	彩色補償濾色片
color compensation	色彩补偿	補償濾色鏡
color coordinate system	彩色坐标系	彩色坐標系
color correction	色彩改正	色彩改正
color enhancement	彩色增强	彩色增強
color film	彩色片	彩色軟片
color filter	滤色镜	濾色鏡
color filter method	滤色法	濾色法
color guide	色谱	色譜
colorimeter	比色计,色度计	比色計,色度計
colorimetry	色度学	色度學
color infrared film	彩色红外片	彩色紅外片
color ink-jet spray plotter	彩色喷墨绘图仪	彩色噴墨繪圖機
color management system	色彩管理系统	色彩管理系統
color manuscript	彩色样图	彩色樣圖
color masking	彩色蒙片法	修色片
color mixing	混色	色混合
color photograph	彩色相片	彩色相片
color photography	彩色摄影	彩色攝影
color printing	彩色印刷	彩色印刷
color process	三原色印刷	三色版法
color proof	彩色校样	多色打樣
color proof sheet	彩色样张	彩色樣張
color ream	色令	色令
color reproduction	彩色复制	彩色複製
color scanner	电子分色机	電子分色機
color sense	色觉	色覺

英 文 名	大 陆 名	台 湾 名
color sensitive material	彩色感光材料	彩色感光材料
color separation	①分色 ②分色参考图	①分色 ②分色参考圖
color space	色空间	顏色空間
color temperature	色温	色溫
color tone correction	色调校正	色調修整
color transformation	彩色变换	彩色變換
color wheel	色环	色環
coma	彗[形像]差	彗形像差
combination of lens	组合透镜	組合透鏡
combined adjustment	联合平差	綜合平差法
comet	彗星	彗星
commercial and industrial sites	工商业用地	工商業用地
communication device of water level	水位遥报仪	水位遙報儀
communications map	交通图	交通圖
compact disc(CD)	光盘	光碟
comparative cartography	比较地图学	比較地圖學
comparator	坐标量测仪	坐標量測儀
comparison survey	联测比对	聯測比對
comparison viewer	比较观察镜	比較觀察鏡
comparison with adjacent chart	邻图拼接比对	鄰圖拼接比對
compass	①指北针 ②罗盘仪,罗经	①指北針 ②羅盤儀
compass adjustment beacon	罗经[校正]标	羅經校正標
compass course	[磁]罗经航向	[磁]羅經航向
compass rose	方位圈	羅盤分劃圖
compass rule	罗经法则	羅盤儀法則
compass survey	罗盘仪测量	羅盤儀測量
compass theodolite	罗盘经纬仪	羅盤經緯儀
compass traverse	罗经导线	羅盤儀導線
compensated geoid	补偿大地水准面,调整大地水准面	補償大地水準面,補助大地水準面
compensating error of compensator	补偿器补偿误差	補償器補償誤差
compensating filter	补偿滤色镜	補正濾光片
compensating planimeter	辅正求积仪	補正求積儀
compensation equivalent land	抵价地	抵價地
compensation of undulation(=heave compensation)	波浪补偿	起伏補償
compensator	补偿器	補正器

英 文 名	大 陆 名	台 湾 名
compensator level(= automatic level)	自动安平水准仪	自動水準儀
compensator leveling	自动安平水准测量	補正器水準測量
compilation	编绘	編纂
compilation board	编绘图板	編纂圖版
compilation flow chart	编绘流程图	編圖流程表
compilation manuscript	编稿图	編稿圖
compilation process	编图程序	編圖程式
compilation scale	编图比例尺	編纂比例尺
compiled map	编绘图	編纂圖
compiled original	编绘原图	編繪原圖,編審原圖,編製原圖
complementary angle	余角	餘角
complementary color principle(= anaglyphic principle)	互补色原理	互補色原理
complementary colors	互补色	補色
complementary image	互补色影像	互補色影像
complete sets of direction	完全方向观测组	完全方向觀測組
complete topographic gravity correction	完全地形重力改正	完全地形重力改正
complex dielectric constant	复介电常数	複介電常數
composing	排版	排版,組版
composite photograph	像片略图	複合像片
composition	拼版	拼版
compound curve	复曲线	複曲線
compound lens	复合透镜	複透鏡
compound pendulum	复摆	複擺
comprehensive atlas	综合地图集	綜合地圖集
comprehensive map	综合地图	明細圖
compression of the earth(= flattening of the earth)	地球扁率	地球扁平率
computation and adjustment of traverse	导线平差计算	導線平差計算
computation of adjustment	平差计算	平差計算
computation of coordinates	坐标计算	坐標計算
computer-aided design(CAD)	计算机辅助设计	電腦輔助設計
computer-aided mapping(= computer-assisted pllotting)	机助测图	電腦輔助製圖
computer-assisted cartography(CAC)	机助地图制图	電腦輔助編圖
computer-assisted classification	机助分类	電腦輔助分類
computer-assisted pllotting	机助测图	電腦輔助製圖

英 文 名	大 陆 名	台 湾 名
computer cartographic generalization	计算机制图综合	電腦製圖簡化
computer compatible tape(CCT)	计算机兼容磁带	電腦兼容磁帶
computer control inker system	计算机油墨控制系统	電腦控墨系統
computerized publishing system(CPS)	计算机出版系统	電腦出版系統
computerized type-setting	计算机排版	電腦排版
computer mapping	计算机制图	計算機製圖
computer page-make up system(CPMS)	计算机拼版	電腦拼版
computer photocomposition work	计算机照相排版	電腦照排作業
computer to plate	计算机直接制版	電腦直接製版
computer vision	计算机视觉	電腦視覺
concave-convex lens	凹凸透镜	凹凸透鏡
concave lens	凹透镜	凹透鏡
concave-plane lens(=plano-concave lens)	平凹透镜	平凹透鏡,凹平透鏡
concluded angle	闭合角	閉合角
condition adjustment	条件平差	條件平差
condition adjustment with parameters	附参数条件平差	附參數條件平差
conditional observation	条件观测	條件觀測
condition equation	条件方程	條件方程式
condition for constrained annexation	强制符合条件	強制符合條件
conditioning paper	纸张调湿	紙張調濕
condition of intersection	交线条件,向甫鲁条件	交會條件,賽因福祿條件
conductivity-temperature-depth probe (CTD probe)	温盐深仪	鹽溫深儀
confidence	置信度	信賴度
conformal projection	正形投影	正形投影
confusion matrix(=error matrix)	误差矩阵	誤差矩陣
conical equidistant projection	等距圆锥投影	等距圓錐投影
conic projection	圆锥投影	圓錐投影
conjugate angles	共轭角	共軛角
conjugate distance	共轭距离	共軛距離
conjugate image rays	同名光线	共軛像光束,相應光線
conjugate photo points	同名像点	共軛像點,相應像點
connecting traverse	附合导线	附合導線
connection point(=connection point for orientation)	定向连接点	定向連接點
connection point for orientation	定向连接点	定向連接點

英 文 名	大 陆 名	台 湾 名
connection survey	联系测量	聯繫測量
connection survey in mining panel	采区联系测量	礦區聯繫測量
connection triangle method	联系三角形法	聯繫三角形法
Consol chart	康索尔海图	無線電導航圖
constant aperture system	固定光圈系统	固定光圈系統
constant of aberration	光行差常数	光行差常數
constant of gravitation	重力常数	重力常數
constant of nutation	章动常数	章動常數
constant time system	固定时间系统	固定時間系統
constellation	星座	星座
constituent	分潮	因數潮,潮因數
constraining condition(=condition for constrained annexation)	强制符合条件	強制符合條件
construction control network	施工控制网	施工控制網
construction detail	施工详图	施工詳圖
construction of geographical names	地名结构	地名結構
construction of ink	油墨结构	印墨結構
construction of paper	纸张结构	紙張結構
construction of signal	造标	造標
construction survey	施工测量	施工測量
construction survey for shaft sinking	凿井施工测量	鑿井施工測量
contact print	接触印刷	接觸曬像,接觸曬像機
contact printing	接触晒印	接觸曬像
contact screen	接触网屏	接觸網目屏
contact screen method	接触网屏法	接觸網屏法
contents of information	信息量	資訊量
contiguous sheet	邻幅	鄰幅
contiguous zone	毗连区	鄰接區
continental drift	大陆漂移	大地漂移
continental drift theory	大陆漂移说	大陸漂移說
continental margin	大陆边缘	大陸邊緣
continental shelf	大陆架	大陸棚
continental shelf topographic survey	大陆架地形测量	大陸棚地形測量
continental slope	大陆坡	大陸斜坡
continuation sheet	相邻图幅	相鄰圖幅,鄰接圖幅
continuing reaction	连续反应	連續反應
continuous attenuator	连续减光板	連續減光板
continuous mode	连续方式	連續方式

英 文 名	大 陆 名	台 湾 名
continuous spectrum	连续光谱	連續光譜
continuous strip aerial camera	连续航带摄影机	連續航帶攝影機
continuous strip aerial photograph	连续航带摄影像片	連續航帶攝影像片
continuous strip camera	条幅[航带]摄影机	航帶攝影機
continuous strip photography	连续航线摄影	連續航帶攝影
continuous tone	连续调	連續色調
continuous tone photography	连续色调摄影	連續調攝影
contour	等高线	水平曲線
contour interval	等高距	等高線間隔
contour interval note	等高距注记	等高距註記
contour map	等高线图	等高線圖
contour method	等高线法	等高線[土方計算]法
contour of water table	等水位线	等水位線
contour pen(=swivel pen)	曲线笔	曲線筆
contour prism	等高棱镜	等高稜鏡
contrast	反差	反差,對比
contrast coefficient	反差系数	反差係數
contrast control	反差控制	反差控制
contrast enhancement	反差增强	反差增強,反差擴展
contrast paper	硬性像纸	硬調像紙
contrast stretch(=contrast enhancement)	反差增强	反差增強,反差擴展
control diagram	控制点图	控制點圖
controlled photograph mosaic	控制像片镶嵌图	控制像片鑲嵌圖
controlling depth	限航深度	限航深度
controlling point method	定点法	定點法
control network	控制网	控制網
control network for deformation observation	变形观测控制网	變形觀測控制網
control of intersection of plans	交面控制	交線控制
control photography	控制摄影	控制攝影
control point	控制点	控制點
control station	控制测站	控制測站
control strip	骨架航线,构架航线	控制航線,控制用航線
control survey	控制测量	控制測量
control survey classification	控制测量分类	控制測量分類
control survey of mining area	矿区控制测量	礦區控制測量
conurbation	[大型]城市	都會
Conventional International Origin(CIO)	国际协议原点	國際通用原點
conventional name	惯用名	慣用名

英 文 名	大 陆 名	台 湾 名
convergent camera	交会摄影机	交會攝影機
convergent lens	会聚透镜	會聚透鏡
convergent photographs(=convergent photography)	交向摄影	交會攝影,交會攝影像片
convergent photography	交向摄影	交會攝影,交會攝影像片
convertible lens	变焦镜头	變焦鏡頭
convex lens	凸透镜	凸透鏡
convexo-concave lens	凸凹透镜	凸凹透鏡
convexo-plane lens(=plano-convex lens)	平凸透镜	平凸透鏡,凸平透鏡
coordinate cadastre	坐标地籍	坐標地籍
coordinate conversion	坐标换算	坐標換算
coordinated universal time(UTC)	协调世界时	協調世界時
coordinate grid	坐标格网	坐標網格
coordinate layout method	坐标放样法	坐標放樣法
coordinate measuring instrument(=comparator)	坐标量测仪	坐標量測儀
coordinate method	坐标法	坐標法
coordinate scale	坐标尺	坐標尺
coordinate system of the pole	地极坐标系	地極坐標系
coordinate transformation	坐标转换	坐標轉換
coordinatograph	坐标仪	坐標儀
coplanarity condition	共面条件	共面條件
coplanarity condition equation	共面条件方程式	共面條件方程式
coplanarity equation	共面方程	共面方程式
coplane	共面	共面
copper printing process	凹版印刷法	凹版印刷法
copy	拷贝	複製品
copy holder	稿图架	原稿架
copyright	版权	版權
co-range line	等潮差线	等潮差線
Coriolis force	科里奥利力	科利奧利氏力,地球自轉偏向力
corner cuber	角锥棱镜	四方角鏡
corner fiducial mark	角框标	角框標
correcting	审校	校對
correction for centring	归心改正,归心计算	歸心改正,歸心計算
correction for deflection of the vertical	垂线偏差改正	垂線偏差改正

英 文 名	大 陆 名	台 湾 名
correction for distortion	畸变差改正	畸變差校正
correction for inclination	倾斜改正	傾斜改正
correction for radio wave propagation of time signal	电磁波传播[时延]改正	電磁波傳播[時延]改正
correction for relief(=correction for relief displacement)	投影差改正,高差位移改正	投影差改正,高差位移改正
correction for relief displacement	投影差改正,高差位移改正	投影差改正,高差位移改正
correction for sag	垂曲改正	下垂改正
correction for skew normals	标高差改正	標高差改正
correction for tape length	尺长改正	尺長改正
correction from normal section to geodesic	截面差改正	截面差改正
correction of depth	测深改正	測深修正
correction of gravity measurement for tide	重力潮汐改正	重力潮汐改正
correction of scale difference	档差改正	檔差改正
correction of sounding wave velocity	声速改正	聲速改正
correction of tidal zoning	水位分带改正	水位分帶改正
correction of transducer baseline	换能器基线改正	換能器基線改正
correction of transducer draft	换能器吃水改正	換能器吃水改正
correction of water level	水位改正	水位改正
correction of zero drift	零漂改正	零漂改正
correction of zero line	零[位]线改正	零[位]線改正
correction to time signal	时号改正数	時號改正數
correlate	联系数	關聯值
correlate equation	相关方程式	關聯值方程式
correlation	相关	關聯
correlation coefficient	相关系数	關聯係數
correlation correspondence	相关点	關聯點
correlation method	关联法	關聯法
correlator	相关器	相關器
corresponding epipolar line	同名核线	相應核線
corresponding image points(=conjugate photo points)	同名像点	共軛像點,相應像點
corresponding image rays(=conjugate image rays)	同名光线	共軛像光束,相應光線
corrosion	腐蚀	腐蝕
corrosion topography	侵蚀地形	溶蝕地形
cosmic mapping	宇宙制图	宇宙製圖

英 文 名	大 陆 名	台 湾 名
cost equivalent land	抵费地	抵費地
cotidal current chart	等潮流图	等潮流圖
cotidal hour	等潮时	等潮時
cotidal line	等潮时线	等潮時線
counter tide	反潮	反潮
counterweight	平衡锤	平衡器
county diagram	行政区划示意图	行政區域示意圖
course	航向	航向
course made good(CMG)	实际航向	實際航向
course of traverse(=traverse)	导线	導線
course over ground(COG)	对地航向	越地航向
covariance	协方差	協方差
covariance function	协方差函数	協方差函數
covariance matrix	协方差矩阵	協方差矩陣
coverage diagram	区域示意图	圖料表
covering districts building	跨区建筑物	跨區建物
CPMS(=computer page-make up system)	计算机拼版	電腦拼版
CPS(=computerized publishing system)	计算机出版系统	電腦出版系統
crabbing	侧航法	側航法
credit legend	出版说明	出版說明,信託附註
credit note(=credit legend)	出版说明	出版說明,信託附註
creeping	蠕动	蠕動
crest(=ridge)	山脊	山脊
crest line(=ridge line)	山脊线	山脊線
critical sounding	临界水深	臨界水深
cromalin proofing	克罗马林打样	柯馬林打樣
cronak treatment	防蚀处理	抗氧處理
crooked alignment	曲折定线	曲折定線
cross-coupling effect	交叉耦合效应	交叉耦合效應
cross hair	①交叉丝 ②十字丝	①交合絲 ②十字絲,叉絲
cross lines of sounding	交叉测深线	交叉測深線
cross polarization radar image	正交极化雷达影像	正交極化雷達影像
cross ratio(=law of anharmonic)	交比定律	交比定律
cross-ruling	交叉网线	交叉網線
cross section	横断面	橫斷面
cross sectional area	断面面积	橫斷面面積
cross section leveling	横断面水准测量	橫斷面水準測量

英文名	大陆名	台湾名
cross section lines of sounding	横断面测深线	横截測深線
cross-section profile	横断面图	橫斷面圖
cross-section survey	横断面测量	橫斷面測量
cross section test	断面检测	斷面檢查法
cross staff	直角尺	直角器
cross wire(=cross hair)	十字丝	十字絲,叉絲
crown-section of tunnel	隧道顶截面	隧道頂截面
cruise line of sounding(=track line of sounding)	巡航测深	航跡水深線
crust deformation measurement	地壳形变观测	地殼變動觀測
CSGPC(=Chinese Society of Geodesy, Photogrammetry and Cartography)	中国测绘学会	中國測繪學會
CTD probe(=conductivity-temperature-depth probe)	温盐深仪	鹽溫深儀
cube corner reflector	角反射器	角反射器
cubic spiral	三次螺[旋]线	三次螺旋線
cuesta	单面山	單面山
culminate	中天	中天
cultural map	文化地图	文化地圖
culture board	人文要素版,人工地物版	人文版
culvert	涵洞	涵洞
cumulative error(=accumulated error)	累积误差	累積誤差
cure oven(=forming machine)	成型机	成型機,立體壓模機
current	流	流
current cycle	流周期	潮流週期
current difference	潮流差	潮流差
current meter	海流计	流速儀
current surveying	测流	水流觀測
current table	潮流表	潮流表
curtain shutter(=focal plane shutter)	帘幕式快门	焦點快門
curvature	曲率	曲率
curvature correction	曲率改正	曲率改正
curvature of earth	地球曲率	地球曲率
curvature of the image field	场曲	像場彎曲
curve	曲线	曲線
curve compensation	坡度斜率	坡度折減率
curve setting	曲线测设	曲線測設,中長法[曲

英文名	大陆名	台湾名
		線測設]
curves of water level	水位曲线	水位曲線
curve widening	曲线加宽	曲線加寬
curvilinear coordinates	曲线坐标	曲線坐標
cushion	垫圈	襯墊
cut	挖方	挖方
cut and fill slop	半挖半填斜坡	半挖半填斜坡
cut of cylinder	垂直杆	垂直桿
cutoff corner	截角	截角
cut-off filter	截止滤光片	止透濾光片
cut-off lake(=ox-bow lake)	牛轭湖	牛軛湖,割斷湖
cut-off line(=closed traverse)	闭合导线	閉合導線,閉合支[導]線
cut-on filter	透过滤光片	起透濾光片
cutting marks	裁切线	裁切線
cutting reducer	减薄液	減薄液
cycle of erosion	侵蚀周期	侵蝕循環
cycle slip	周跳	周跳
cyclic revision	定期修测	定期修測
cylinder press	滚筒印刷机	圓壓式印刷機
cylindrical equidistant projection	等距圆柱投影	等距圓柱投影
cylindrical lens	柱[面]透镜	柱狀透鏡
cylindrical level	管状水准器	管狀水準器
cylindrical projection	圆柱投影	圓柱投影

D

英文名	大陆名	台湾名
daily aberration(=diurnal aberration)	周日光行差	周日光行差
daily magnetic variation	日磁变	每日磁變
daily mean sea level	日平均海面	日平均海面
daily retardation	潮汐延时	潮遲率
dampening system	润湿系统	潤濕系統
damping-bob for shaft plumbing	重锤投点	重錘投點
dam site investigation	坝址勘查	壩址勘查
danger line	危险线	危險線
dangerous rock	险礁	危險石
dangerous sunken wreck	危险沉船	礙航沉船

英 文 名	大 陆 名	台 湾 名
danger to navigation	航行危险物	航行危險物
dark reaction	暗反应	黑暗反應
dark room	暗室	暗室
dark slide	暗匣	底片暗匣
dashed-line contour plot(=form-line plot)	虚线等高线图	示形線圖
dasymetric map	分区密度地图	區域密度圖
dasymetric representation	密度表示法	密度表示法
data	数据	資料
data acquisition	数据获取	資料獲取
data bank	数据库	資料庫
data base(=data bank)	数据库	資料庫
data base for urban survey	城市测量数据库	城市測量資料庫
data buoy(=weather buoy)	气象浮标	海氣象浮標
data capture	数据采集	資料蒐集
data classification	数据分类	資料分類
data collection(=data acquisition)	数据获取	資料獲取
data collector	数据收集器	資料蒐集器
data combination	数据组合	資料組合
data consistency	数据一致性	資料一致性
data editing	数据编辑	資料編輯
data formating	数据格式	資料格式
data integrity	数据完整性	資料完整性
data management	数据管理	資料管理
data model	数据模型	資料模式
data processing	数据处理	資料處理
data processing system	数据处理系统	資料處理系統
data protection	数据保护	資料保護
data quality control	数据质量控制	資料品質控制
data recorder	电子手簿	電子手簿
data reduction	数据压缩	資料化算
data revision	数据更新	資料更新
data sampler	数据样品	資料樣品
data snooping	数据探测法	資料探測法
data standard	数据标准	資料標準
data transfer	数据转换	資料轉換
data transmission	数据传输	資料傳輸
data update(=data revision)	数据更新	資料更新

英 文 名	大 陆 名	台 湾 名
date line	日界线	換日線
datum	基准点	基準點
datum for sounding reduction	测深基准面	深度化歸基準面
datum level	水准基准面	水準基準面
datum mark(=datum)	基准点	基準點
datum nadir point	基准面底点	基準面底點
datum of tide prediction	潮汐预报基准面	潮汐預報基準面
datum origin(=origin of datum)	基准原点	基準原點
datum plane	基准面	基準面
datum point(=datum)	基准点	基準點
datum position parameter	大地基准定位参数	大地基準定位參數
datum principal line	基准面主线	基準面主縱線
datum principal point	基准面主点	基準面主點
datum transformation	基准转换,基准变换	基準轉換
DCDB(=digital cadastral database)	数字地籍数据库	數值地籍資料庫
DDCP(=direct digital color proofing)	直接数字彩色打样	直接數位元化彩色打樣
deadbeat compass	无振荡罗经	呆羅經
dead reckoning	航位推算法	推算航法
debris flow(=solifluction)	泥石流	土石流
Decca chart	台卡海图	笛卡海圖
Decca positioning system	台卡定位系统	笛卡定位系統
December solstice(=winter solstice)	冬至	冬至
declination	赤纬	赤緯
declination arc	磁偏角弧	磁偏角弧
declination circle(=parallel of declination)	赤纬圈	赤緯圈
declination of the needle	磁针偏角	磁針偏角
declinometer	磁偏计	磁偏計
declivity	下降坡	下降坡
deep-etched process	平凹版印刷	平凹版法
deep scattering layer	深海散射层	深海散射層
deep-sea basin(=abyssal basin)	深海盆地	深海盆地
deep-sea camera	深海摄影机	深海攝影機
deep-sea channel	深海谷地	深海海縠
deep-sea graben	深海地堑	深海地塹
deep-sea lead	深海测锤	深海測錘
deep-sea sounding	深海测量	深海測量
deep-sea trough	深海海槽	深海海槽

英 文 名	大 陆 名	台 湾 名
deep water route	深水航路	深水航路
defense mapping agency(DMA)	国防制图局	國防製圖局
definition	清晰度	清晰度
definition of image	影像清晰度	影像清晰度
deflection angle	偏角	偏角
deflection angle traverse	偏角导线	偏角導線
deflection anomaly	垂线偏差异常	異常偏差
deflection component	垂线偏差分量	垂線偏差分量
deflection observation	挠度观测	撓度觀測
deflection of the plump line	[铅]垂线偏差	鉛垂線偏差
deflection of the vertical	垂线偏差	垂線偏差
deformation	变形	變形
deformation observation	变形观测	變形觀測
deformed land	畸零地	畸零地
degree of curve	曲度	曲度
degree of freedom	自由度	自由度
degree variance of gravity anomaly	重力异常阶方差	重力異常階方差
delimitation	定界,划定境界	定限,劃定境界
delimited area	定界区	劃界區
delineater	道路标线	道路標線
delta	三角洲	三角洲
DEM(=digital elevation model)	数字高程模型	數值高程模型
demarcation	标界,分界	定界,分界
dendritic drainage	树枝状水系	樹枝狀水系
Denoyer's semilliptical projection	德诺耶半椭圆投影	德諾葉半橢圓投影
densification network	加密网	密度網
densitometer	密度计	密度計
density exposure curve	曝光密度曲线	曝光密度曲線
density of detail	地物密度	地物密度
density of soundings	水深点密度	水深點密度
density range(DR)	密度范围	密度範圍
density slicing	密度分割	灰度分割
departure east	正横距	正橫距
departure minus(=departure west)	负横距	負橫距
departure plus(=departure east)	正横距	正橫距
departure west	负横距	負橫距
depressed area	深海区	深海海域
depression contour	洼地等高线	窪地等高線

英 文 名	大 陆 名	台 湾 名
depressor	定深器	定深器
depth	深度	深度
depth contour	等深线	等深線
depth datum	深度基准面	深度基準面
depth difference	深度差	深度差
depth digitizer	水深数字化器	水深數值化器
depth gauge	深度计	深度計
depth note	深度说明	深度附記
depth numbers	水深注记	深度註記,水深點
depth of field	景深	明視距離
depth of isostatic compensation	地壳均衡补偿深度	地殼均衡補償深度
depth perception	深度判析	深度判析
depth signal pole	水深信号杆	水深信號桿
depth sounder	测深仪	測深儀
derived map	派生地图	編纂地圖
derived point	引点	引點
descending node	降交点	降交點
description of benchmark	水准点之记	水準點之記
description of station	点之记	點之記
descriptive photogrammetry	叙述摄影测量学	敘述攝影測量學
design water level	设计水位	設計水位
desk top publishing(DTP)	桌面出版[系统]	桌上出版
detail point	碎部点	碎部點
detail survey	碎部测量	碎部測量,細部測量
detector	探测器	檢波器
developing	显影	顯影
developing agent	显影剂	顯影劑
development examination	加密探测	加密探測
development temperature	显影温度	顯影溫度
deviating wedge	偏向光楔	偏向光楔
deviation prism	偏折棱镜	折光稜鏡
diagonal eyepiece	对角目镜	對角目鏡,折軸目鏡
diagonal offsetting	斜距法	斜距法
diagonal setting(=diagonal offsetting)	斜距法	斜距法
diagrammatic curve	图解曲线	圖解曲線
diagrammatic section	图解断面	圖解斷面
diamagnetism	抗磁性	反磁性
diapositive	透明正片	透明正片

英 文 名	大 陆 名	台 湾 名
diapositive printer	透明正片晒像机	透明正片曬像機
diazo copying	重氮复印	重氮複印
difference of elevation	高差,高程差	高差,高程差
difference of latitude	纬差	緯差
difference of longitude	经差	經差,經距
difference threshold	差异阈	差異界檻值
differential aberration	微分光行差	微差光行差
differential-absorption ladar	差分吸收激光雷达	差分吸收雷射雷達
differential adjustment	微分平差	微差平差法
differential equation of geodesic	大地线微分方程	大地線微分方程
differential GPS	差分全球定位系统	差分全球定位系統
differential leveling	微差水准测量	逐差水準測量
differential method of photogrammetric mapping	分工法测图,微分法测图	分工法測圖,微分法測圖
differential parallax(=parallax difference)	视差较	視差較,視差差數
differential rectification	微分纠正	微分糾正
differential shrinkage	不均匀收缩	伸縮差
differentiation positioning	差分[法]定位	差分定位
diffraction	衍射	繞射
diffraction grating	衍射光栅	繞射柵
diffusion	漫射	漫射
diffusion transfer	扩散转印	擴散轉印
digital cadastral database(DCDB)	数字地籍数据库	數值地籍資料庫
digital camera	数码相机	數位式相機
digital cartographic data standard	数字制图数据标准	數值製圖資料標準
digital cartography	数字地图学	數值地圖學
digital chart	数字海图	數值海圖
digital color proof	数字彩色打样	數位元彩色打樣機
digital correlation	数字相关	數值相關
digital data	数字资料	數值資料
digital elevation model(DEM)	数字高程模型	數值高程模型
digital file	数字化文件	數值化文件
digital geometric correction	数字几何校正	數值幾何校正
digital graphic processing	数字图形处理	數值圖形處理
digital image	数字影像	數值影像
digital image processing	数字图像处理	數值影像處理
digital map	数字地图	數值地圖、數位地圖

英 文 名	大 陆 名	台 湾 名
digital map data base	数字地图数据库	數值地圖資料庫
digital mapping	数字测图	數值測圖
digital mosaic	数字镶嵌	數值鑲嵌
digital orthoimage	数字正射影像	數值正射影像
digital orthophoto map(DOM)	数字正射影像图	數值正射影像圖
digital photogrammetric work station	数字摄影测量工作站	數值攝影測量工作站
digital photogrammetry	数字摄影测量	數值航空攝影測量學
digital planimeter	数字求积仪	數字求積儀
digital plotter	数字绘图仪	數值繪圖機
digital rectification	数字纠正	數值糾正
digital surface model(DSM)	数字表面模型	數值表面模型
digital tape	数字磁带	數值磁帶
digital terrain model(DTM)	数字地形模型	數值地型模型
digital theodolite	数字经纬仪	數值經緯儀
digital-to-analog conversion	数-模转换	數位至類比轉換
digital tracing table	数控绘图桌	數值繪圖桌
digitized image	数字化影像	數值影像
digitizer	数字化器	數化器
dihedral angle	两面角	兩面角
dilution of precision(DOP)	精度衰减因子	精度釋度
dip circle(=magnetic dip circle)	磁倾仪	磁傾度盤
dip equator(=magnetic equator)	磁赤道	磁赤道
dip needle	磁倾针	磁傾計
dip of horizon	地平俯角	地平俯角
dip of sea horizon	海平俯角	海平俯角
dipsey lead(=deep-sea lead)	深海测锤	深海測錘
direct color separation method	直接分色法	直接分色法
direct digital color proofing(DDCP)	直接数字彩色打样	直接數位元化彩色打樣
direct geodetic problem(=direct position computation)	大地主题正算	大地位置正算,大地位置正算問題
directional antenna	定向天线	定向天線
direction-annexed traverse	方向附合导线	方向附合導線
direction method of triangulation adjustment	三角测量方向平差法	三角測量方向平差法
direction of camera axis	摄影[轴]方向	攝影[軸]方向
direction of gravity	重力方向	重力方向
direction of tilt	倾角方向	傾角方向
direction theodolite instrument	方向经纬仪	方向經緯儀

英 文 名	大 陆 名	台 湾 名
directivity of antenna	天线方向性	天線方向性
direct leveling	直接水准测量	直接水準測量
direct linear transformation(DLT)	直接线性变换	直接線性變換
direct measurement	直接测量	直接量測
direct observation	直接观测	直接觀測
direct plate making	直接制版	直接製版
direct plummet observation	正锤[线]观测	正錘[線]觀測
direct position computation	大地主题正算	大地位置正算,大地位置正算問題
direct printing	直接印刷	直接印刷
direct reading	正镜读数	正鏡讀數
direct-reading rod	直读标尺	直讀標尺
direct run	往测	往測
direct-scanning camera	直接扫描摄影机	直接掃描攝影機
direct scheme of digital rectification	直接法纠正	直接法糾正
direct solution of geodetic problem	大地主题正解	大地主題正解
direct telescope	正镜	正鏡
direct tide	直接潮	直接潮
direct vernier	直读游标	順讀游標
discolored water	变色海水	變色水
disc polar planimeter	极坐标求积仪	極式圓盤求積儀
discrepancy	不符值,偏差	不符值,偏差
discrepancy between twice collimation error	二倍照准部互差	二倍照準部互差
discrepancy in condition equation	条件不符值	條件不符值
dispersion	色散	色散
displacement	位移	位移
displacement method of height determination	位移测高法	位移測高法
displacement method of tilt determination	位移求倾角法	位移求傾角法
displacement observation	位移观测	位移觀測
displacement of image	像点位移	像點位移
display	显示器	顯示器
display device(=display)	显示器	顯示器
disposition sketch	配置略图	配置略圖
distance angle	求距角,传距角	距離角
distance correction in Gauss projection	高斯投影距离改正	高斯投影距離改正
distance decision function	距离判决函数	距離判決函數

英 文 名	大 陆 名	台 湾 名
distance measurement	距离测量	距離量測
distance measurement with fixed length (=stadia surveying)	视距测量	視距測量,定距測量
distance measurement with subtense bar	横基尺测距法	横桿測距法
distance measurement with vertical staff	直尺测距法	直桿測距法
distance-measuring error	测距误差	測距誤差
distance measuring instrument	测距仪	測距儀
distance measuring wedge	测距光楔	測距光楔
distance theodolite	测距经纬仪	測距經緯儀
distomat	威特光电测距仪	威特光波測距儀
distortion	畸变[差]	畸變差
distortion compensating plate	畸变补偿板	畸變差補償版
distortion curve	畸变曲线	畸變差曲線
distortion isograms	等变形线	等變形線
distortion of projection	投影变形	投影變形
distributed target	分布目标	分佈目標
distribution of error	误差分布	誤差分佈
disturbed orbit	扰动轨道	受攝軌道
disturbing force	摄动力	攝動力
disturbing function	摄动函数	攝動函數
disturbing potential	扰动位	攝動勢能
diurnal aberration	周日光行差	周日光行差
diurnal circle	自转圈,周日[平行]圈	自轉圈
diurnal current	全日潮流	日周潮流
diurnal inequality	日潮不等	日周潮不等
diurnal motion	周日运动	周日運動
diurnal parallax	周日视差	周日視差
diurnal tidal harbor	日潮港	日潮港
diurnal tide	[全]日潮	日周潮
divergent photography	离向摄影	分向攝影
diverging lens	发散透镜	發散透鏡
DLT(=direct linear transformation)	直接线性变换	直接線性變換
DMA(=defense mapping agency)	国防制图局	國防製圖局
dodging	匀光	匀光曬印
Doli prism	多利棱镜	多利稜鏡
DOM(=digital orthophoto map)	数字正射影像图	數值正射影像圖
domestic map	国内地图	本國地圖
Doodson constant	杜德森常数	杜德森常數

英 文 名	大 陆 名	台 湾 名
DOP(=dilution of precision)	精度衰减因子	精度釋度
Doppler count	多普勒计数	都卜勒計數
Doppler effect	多普勒效应	都卜勒效應
Doppler frequency	多普勒频率	都卜勒頻率
Doppler navigation system	多普勒导航系统	都卜勒導航系統
Doppler Orbitograph and Radio Positioning Intergrated by Satellite(DORIS)	多里斯系统	多里斯系統
Doppler point positioning	多普勒单点定位	都卜勒單點定位
Doppler positioning by the short arc method	多普勒短弧法定位	都卜勒短弧法定位
Doppler positioning system	多普勒定位系统	都卜勒定位系統
Doppler radar	多普勒雷达	都卜勒雷達
Doppler shift	多普勒频移	都卜勒位移
Doppler sonar	多普勒声呐	都卜勒聲納
Doppler translocation	多普勒联测定位	都卜勒聯測定位
DORIS(=Doppler Orbitograph and Radio Positioning Intergrated by Satellite)	多里斯系统	多里斯系統
dot [distribution] map	点值法地图	點描法地圖
dot gain	网点扩大	網點擴大
dot method	点值法	點圓法
dots(=stipple)	网点	網點
double-base method	双基点气压测高法	雙基點法
double-black duotone	双黑色调	雙黑色調
double centering(=bisecting method)	等分法,双定心法	分中法
double center theodolite	复轴经纬仪	複軸經緯儀
double center transit(=double center theodolite)	复轴经纬仪	複軸經緯儀
double circle theodolite	双度盘经纬仪	雙度盤經緯儀
double coincidence reading	二次符合读数	二次符合讀數
double-concave lens	双凹透镜	雙凹透鏡
double-convex lens	双凸透镜	雙凸透鏡
double difference phase observation	双差相位观测	雙差相位觀測
double high water	双高潮	雙高潮
double image range finder(=double image telemeter)	双像测距仪	雙像測距儀
double image telemeter	双像测距仪	雙像測距儀
double line stream	双线河	雙線河
double low water	双低潮	雙低潮

英 文 名	大 陆 名	台 湾 名
double meridian distance	倍子午距	倍子午距
double parallel distance	倍纬距,倍平行距	倍緯距
double-plumbing of a shaft	矿井双垂线法	礦井雙垂線法
double prism(=biprism)	双棱镜	雙稜鏡,複稜鏡
double projection	双重投影	雙重投影法
double reading	重复读数	重複讀定
double-rodded leveling	双标尺水准测量	雙標尺水準測量
double-run leveling	双程水准测量	往返水準測量
double-simultaneous leveling	双读数水准测量	雙讀數水準測量
double tide	双潮	雙潮
double vernier	双游标	複游標
doubling an angle	倍角复测法	倍角測量
doubtful sounding	可疑水深	可疑水深
Dove prism	道威棱镜	杜夫稜鏡
down link	下行链路	下行線聯路
draconic month	交点月	交點月
draft	吃水	吃水
drafted original	作者原图	原稿圖
drafting board	清绘版	清繪版
draft mark	吃水标志	吃水標記
drag-free satellite	无阻尼卫星	無阻力衛星
drainage map	水系图	流域圖
DR(=density range)	密度范围	密度範圍
dredged area	疏浚区	挖浚區
drift float	验流浮标	驗流浮標
drifting buoy	漂流浮标	漂流浮標
drifting pole(=float rod)	浮杆,漂流杆,测流杆	浮桿,測流漂桿
drift sight	偏航指示器	偏航觀測器
drift sounding	偏航测深	偏航測深
drive screw	微调螺旋	微調螺旋
dry compass	干罗经	乾羅盤
drying height	干出高度	涸高度
drying line	干出线	涸線
drying reef	干出礁	涸礁,可淹及可涸礁
drying sounding	干出水深	涸深度
dry photography	干式摄影	乾式照像
dry planography	干版平版印刷	乾式平印
dry plate	干版	乾平版

英 文 名	大 陆 名	台 湾 名
dry shoal	干出滩	潮間灘
dry strip method	干撕膜法	乾揭膜法
DSM(=digital surface model)	数字表面模型	數值表面模型
DTM(=digital terrain model)	数字地面模型	數值地型模型
DTP(=desk top publishing)	桌面出版[系统]	桌上出版
dual-frequency sounder	双频测深仪	雙頻測深儀
duct	墨斗	墨斗
duotone	双色版	雙色調
duplicate plate	复制版	複製版
duplicating film	复制软片	複製軟片
durability	耐印力	耐印力
duration of fall	落潮时	落潮時間
duration of flood and duration of ebb	涨落潮流间隙	漲落潮流間隔
duration of rise	涨潮时	漲潮時間
duration of tide	涨落潮间隙	漲落潮時間間隔
dye line proof	彩色线划校样	彩色線劃校樣
dynamical ellipticity	动力学扁率	力學扁率
dynamical form factor	动力形状因子	動力扁率
dynamic astronomy(=celestial mechanics)	天体力学	天體力學
dynamic correction	力高改正	力高改正
dynamic ellipticity of the earth	地球动力扁率	地球動力扁率
dynamic factor of the earth	地球动力因子	地球動力因數
dynamic geodesy	动力大地测量学	動力大地測量學
dynamic height	力高	力高
dynamic landscape simulation	动态地景仿真	動態景觀模擬
dynamic map	动态地图	動態圖
dynamic meter	力学尺	力學尺
dynamic satellite geodesy	动力卫星大地测量	衛星大地測量動力法
dynamic sensor	动态遥感器	動態遙感器
dynamic variables	动态变量	動態變數
dynamo theory	发电机学说	發電機學說

E

英 文 名	大 陆 名	台 湾 名
earth axis	地轴	地軸
earth-centered ellipsoid	地心椭球体	地心橢球體
earth ellipsoid	地球椭球	地球橢球體
earth-fixed coordinate system(=body-fixed coordinate system)	地固坐标系	地固坐標系,地球固定坐標系統
earth gravity model	地球重力场模型	地球重力場模型
earth inductor	地磁感应器	地磁感應器
earth magnetism	地磁	地磁
earth mass estimate(=earthwork computation)	土方计算	土方計算
earth model	地球模型	地球模式
earth orientation parameter(EOP)	地球定向参数	地球定向參數
earthquake wave(=seismic wave)	地震波	地震波
earth radius	地球半径	地球半徑
earth resources observation satellite	地球资源观测卫星	地球資源觀測衛星
earth rotation parameter(ERP)	地球自转参数	地球自轉參數
earth satellite	地球卫星	地球衛星
earth shape	地球形状	地球形狀,地球原子
earth-spherop	[地球]正常等位面	地球正常重力位面
earth-synchronous orbit	地球同步轨道	地球同步軌道
earthwork computation	土方计算	土方計算
easement curve(=transition curve)	介曲线,缓和曲线	介曲線,緩和曲線
east declination	东偏	東偏
eastern elongation	东距角,东大距	東距角
easting	向东横坐标	向東橫坐標
easting line	纵方里线	縱方格線
ebb current	落潮流	退潮流
ebb interval	最大落潮流间隙	最大退潮流間隔
ebb stream(=ebb current)	落潮流	退潮流
ebb strength	最大落潮流	最大退潮流
ebb tide	落潮	退潮,落潮
eccentric anomaly	偏近点角	偏近點角
eccentric correction	偏心改正	偏心改正

英文名	大陆名	台湾名
eccentric direction	偏心方向	偏心方向
eccentric distance	偏心距	偏心距
eccentricity	偏心率	偏心率
eccentricity of alidade	照准部偏心	照準規偏心距
eccentricity of circle	度盘偏心,度盘偏心差	度盤偏心,度盤之離心誤差
eccentricity of collimation axis	视准轴偏心	照準軸之離心誤差
eccentricity of ellipsoid	椭球偏心率	橢球扁心率
eccentricity of instrument	仪器偏心距	儀器偏心距
eccentricity of spheroid of revolution	旋转椭球偏心率	旋轉橢球體偏心率
eccentricity of telescope	望远镜偏心距	望遠鏡偏心距
eccentric observation	偏心观测	偏心觀測
eccentric radius	偏心半径	偏心半徑
eccentric reduction	偏心归算	偏心歸算,偏心測站歸算
eccentric signal	偏心觇标	偏心覘標
eccentric station	偏心测站	偏心測站
ECDB(=electronic chart database)	电子海图数据库	電子海圖資料庫
ECDIS(=electronic chart display and information system)	电子海图显示与信息系统	電子海圖顯示及資訊系統
echelon lens	阶梯透镜	梯狀稜鏡
echo	回声	回聲
echo amplitude	回波振幅	回波振幅
echo depth	声测深度	回聲深度
echogram	回声图	回聲測深圖,水深線圖
echo ranging	回声测距	回音測距
echo signal of sounder	测深仪回波信号	測深儀回波信號
echo sounder	回声测深仪	回聲測深儀,超音波測深儀
echo sounding	回声测深	回聲測深法,音波測深法
Eckert's IV projection	埃克特第四投影	艾克特第四投影
eclipse	食	蝕
eclipse year	食年	蝕年
ecliptic	黄道	黃道
ecliptic coordinates	黄道坐标	黃道坐標
ecliptic latitude	黄纬	黃緯
ecliptic longitude	黄经	黃經

英 文 名	大 陆 名	台 湾 名
ecliptic meridian	黄道子午圈	黄道子午圈
ecliptic parallel	黄道平行圈	黄道平行圈
ecliptic polar distance	黄极距	黄極距
ecliptic pole	黄极	黄極
ecliptic system of coordinates	黄道坐标系	黄道坐標系
economic map	经济地图	經濟地圖
ectype	凸雕模型	凸雕模型
edge detection	边缘检测	邊緣檢測
edge enhancement	边缘增强	邊緣增強
edge matching	图幅接边	圖幅接邊
edge of the format	图廓	圖廓
edition code	版次	版次,發行版次
edition note	版本注释	版本附註
EDM(=electronic distance measurement)	电子测距	電子測距
EDMI(=electronic distance measuring instrument)	电子测距仪	電子測距儀
EDM traverse	光电测距导线	電子測距導線
effective aperture	有效孔径	有效孔徑
effective radius of the earth	地球有效半径	地球有效半徑
efficiency of transmission of a shutter	快门透光效率	快門露光效率
electro-forming(=electronic platemaking)	电子制版	電子製版,電鑄版
electrography	电子刻版法	電子刻版法
electro magnetic distance measurement	电磁波测距	電磁測距
electromagnetic distance measuring instrument	电磁波测距仪	電磁波測距儀
electron correlation	电子相关	電子相關
electronic atlas	电子地图集	電子地圖集
electronic chart	电子海图	電子海圖
electronic chart database(ECDB)	电子海图数据库	電子海圖資料庫
electronic chart display and information system(ECDIS)	电子海图显示与信息系统	電子海圖顯示及資訊系統
electronic color retouching	电子彩色修版	電子彩色修整
electronic digitized theodolite	电子数字经纬仪	電子數值經緯儀
electronic distance measurement(EDM)	电子测距	電子測距
electronic distance measuring instrument (EDMI)	电子测距仪	電子測距儀
electronic dot generation	电子网点发生器	電子網點產生器
electronic engraved gravure	电子雕刻凹版印刷	電子雕刻凹版

英 文 名	大 陆 名	台 湾 名
electronic flash equipment	电子闪光装置	電子閃光燈
electronic image correlator	电子图像相关器	電子影像關聯器
electronic level	电子水准仪	電子水準儀
electronic map	电子地图	電子地圖
Electronic Navigational Chart(ENC)	电子航海图	電子航圖
electronic page-makeup system(EPMS)	电子组页系统	電子組頁系統
electronic pen	电子笔	電子筆
electronic planetable	电子平板仪	電子平板儀
electronic planimeter	电子求积仪	電子求積儀
electronic platemaking	电子制版	電子製版,電鑄版
electronic printer	电子印像机	電子曬像機
electronic publishing system	电子出版系统	電子出版系統
electronic ranging system	电子测距系统	電子測距系統
electronic scanning	电子扫描	電子掃描
electronic screening	电子挂网	電子過網
electronic tacheometer	电子速测仪	電子速測儀
electronic theodolite	电子经纬仪	電子經緯儀
electron lens	电子透镜	電子透鏡
electronographic printing	电子印刷	電子印刷
electro-optical distance measurement (EODM)	光电测距	光電測距
electro-optical distance measuring instrument	光电测距仪	光電測距儀,大地測距儀
electro-optical V/H sensor	光电 V/H 传感器	光電航速航高感測器
electroplate	电镀版	電鍍版
electrostatics platemaking	静电制版	靜電製版
electrotape	电子测距尺	電子測距尺
electrotyping	电铸版	電鍍凸版
element of rectification	纠正元素	糾正元素
elements of absolute orientation	绝对定向元素	絕對定向元素
elements of centring	归心元素	歸心元素
elements of exterior orientation	像片外方位元素	像片外方位元元素
elements of interior orientation	像片内方位元素	像片內方位元素
elements of relative orientation	相对定向元素	相對定向元素
elevation(=height)	高程	高程,標高
elevation angle	高度角	仰角
elevation meter(=level rod)	水准标尺	水準標尺,高程尺
elevation notation(=elevation number)	高程注记	高程註記

英 文 名	大 陆 名	台 湾 名
elevation number	高程注记	高程註記
elevation of sight	视线高程	視線高程
elevation point	高程点	高程點
elevation point by independent intersection	独立交会高程点	獨立交會高程點
elevation tints	分层设色	分層設色
ellipsoid(=spheroid)	椭球体	橢球體
ellipsoidal coordinate system	椭球坐标系	橢球坐標系
ellipsoidal geodesy	椭球面大地测量学	橢球面大地測量學
ellipsoidal height(=geodetic height)	大地高,椭球面高	橢球面高
ellipsoidal reflector	椭球形反射器	橢球反射器
ellipsoid of rotation	旋转椭球体	旋轉橢球體
ellipticity	椭圆率	橢圓率
ellipticity of an ellipse(=ellipticity)	椭圆率	橢圓率
elongation	距角,大距	距角
embankment slope(=bank slope)	路堤边坡	路堤邊坡
embossing	凹凸印刷	壓凹凸
emergent nodal point	出射节点	發射節點
emergent vertex	出射顶点	發射頂點
emulsification	乳化	乳化
emulsion	感光乳剂	感光乳劑
emulsion to base	药膜对片基接触晒印	藥膜對片基曬印法
emulsion to emulsion	药膜对药膜接触晒印	藥膜對藥膜曬印法
ENC(=Electronic Navigational Chart)	电子航海图	電子航圖
endless paper	卷筒纸	捲筒紙
end of curve	曲线终点	曲線終點
energy	能量	能量
energy collection optics	能量收聚镜	能量收聚鏡
energy sources	能源	能源
engineering control network	工程控制网	工程控制網
engineering map	工程图	工程地圖
engineering photogrammetry	工程摄影测量	工程攝影測量
engineering survey	工程测量	工程測量
engineering surveying	工程测量学	工程測量學
engineering survey of missile test site	导弹试验场工程测量	導彈試驗場工程測量
engineer's chain	工程测链	工程測鏈
engineer's level	工程水准仪	工程水準儀
engineer's theodolite	工程经纬仪	工程經緯儀
engraved copper plate	雕刻铜版	雕刻凹銅版

英 文 名	大 陆 名	台 湾 名
engraving plate	雕刻版	雕版
engraving table	刻图桌	雕刻桌
enlarger	放大机	放大機
entrance pupil	入射光瞳	入射瞳孔
entrance window	入射窗	入射視野
entropy coding	熵编码	熵編碼
environmental map	环境地图	環境地圖
environmental remote sensing	环境遥感	環境遙測
environmental survey satellite	环境探测卫星	環境探測衛星
EODM(=electro-optical distance measurement)	光电测距	光電測距
EOP(=earth orientation parameter)	地球定向参数	地球定向參數
Eötvös effect	厄特沃什效应	厄特沃什效應
ephemeris	星历	星曆表
ephemeris day	历书日	曆日
ephemeris second	星历秒	星曆秒
epicenter	震中	震央
epicentrum(=epicenter)	震中	震央
epipolar axis	核轴	核軸
epipolar correlation	核线相关	核線相關
epipolar line	核线	核線
epipolar plane	核面	核面
epipolar ray(=epipolar line)	核线	核線
epipole	核点	核點
EPMS(=electronic page-makeup system)	电子组页系统	電子組頁系統
epoch	历元	曆元
epoch of partial tide	分潮迟角	分潮遲角
equal-altitude method of multi-star	多星等高法	多星等高法
equal-altitude observation	登高观测	等高觀測
equal altitudes	等高法	等高法
equally tilted photography	等倾摄影	等傾攝影
equal value gray scale	等值灰度尺	等值灰度尺
equal-zenith-distance method longitude determination	等天顶距测经法	等天頂距定經度
equation of LOP	位置线方程	位置線方程
equation of satellite motion	卫星运动方程	衛星運動方程
equation of the center	中心方程式	中心方程式
equation of the equinoxes	二分差	分點差

英 文 名	大 陆 名	台 湾 名
equation of time	时差	時差
Equator	赤道	赤道
equatorial	赤道仪	赤道儀
equatorial axis	赤道轴	赤道軸
equatorial circle	赤道圈	赤道圈
equatorial horizontal parallax	赤道地平视差	赤道地平視差
equatorial intervals	赤道星距	赤道星距
equatorial plane	赤道平面	赤道平面
equatorial radius	赤道半径	赤道半徑
equatorial satellite	赤道卫星	赤道衛星
equatorial stars	赤道星	赤道星體
equatorial telescope	赤道仪望远镜	赤道儀望遠鏡
equatorial tide	赤道潮	赤道潮
equiaccuracy chart	等精度[曲线]图	等精度[曲線]圖
equiangular positioning grid	等角定位格网	等角定位格網
equiangulator	等角仪	等角儀
equidistant projection	等距投影	等距投影
equigeopotential surface	重力等位面	等重力位面
equilibrium tide	平衡潮	平衡太陽潮
equilong circle arc grid	等距圆弧格网	等距圓弧網格
equinoctial colure	二分圈	分點圈
equinoctial coordinate system	赤道坐标系	赤道坐標系
equinoctial spring	分点大潮	二分點大潮
equinoctial system of coordinates(=celestial equator system of coordination)	天球赤道坐标系	天球赤道坐標系統
equinoctial tide	分点潮	二分點潮
equinoctial year(=tropical year)	回归年	回歸年
equinox	二分点	分點
equinox of date	春分点时间	分點時間
equipotential surface	等势面	等勢面,等位面
equivalent focal length	等值焦距	等值焦距
equivalent projection	等积投影	等積投影
erecting eyepiece	正像目镜	正像目鏡
erecting prism	正像棱镜	正像稜鏡
ERP(=earth rotation parameter)	地球自转参数	地球自轉參數
error due to curvature and refraction	地球曲率与折光差	地球曲度差與折光差,兩差
error ellipse	误差椭圆	誤差橢圓

英 文 名	大 陆 名	台 湾 名
error equation	误差方程式	誤差方程式
error matrix	误差矩阵	誤差矩陣
error of closure in azimuth	方位角闭合差	方位角閉合差
error of closure in leveling	水准测量闭合差	水準測量閉合差
error of collimation	视准差	視準差
error of commission	分类误差	分類誤差
error of focusing	调焦误差	調焦誤差
error of horizontal axis	水平轴误差	水平軸誤差
error of magnetic compass	磁罗盘误差	磁羅盤誤差
error of omission	遗漏性误差	漏列
error of pivot	轴颈误差	軸頸誤差
error propagation	误差传播	誤差傳播
error test	误差检验	誤差檢驗
ERS(=Europe Remote Sensing Satellite)	欧洲遥感卫星	歐洲遙感衛星
establishment of the port(=high water interval)	高潮间隙	高潮間隔,港埠標準潮信
estimating paper	估价单	估價單
estimation microscope	带尺显微镜	分微尺顯微鏡
etch(=corrosion)	腐蚀	腐蝕
etching dye	蚀刻染色	腐蝕染色
etching machine	腐蚀刻板机	腐蝕機
Eulerian method	欧拉测流法	歐拉測流法
Euler's theorem	欧拉定理	歐拉定理
Europe Remote Sensing Satellite(ERS)	欧洲遥感卫星	歐洲遙感衛星
eustasy	海平面升降	海準變動
eustatic movement(=eustasy)	海平面升降	海準變動
eustatic oscillation	海面升降运动	海準振動
eustatic rejuvenation	侵蚀旋回	海準變動回春
evection(=lunar inequality)	月行差	月球均差
Everest ellipsoid(1831)(=Everest spheroid(1830))	埃佛勒斯椭球	埃弗爾士橢球體
Everest spheroid(1830)	埃佛勒斯椭球	埃弗爾士橢球體
evolution of stars	星体演化	星體演化論
exaggerated relief	夸张立体	誇張立體
excavation(=cut)	挖方	挖方
excavation line	开挖线	開挖線
excess condemnation	超额征收	超額徵收
exchanging documents of mining survey	矿山测量交换图	礦山測量交換圖

英 文 名	大 陆 名	台 湾 名
exercise area	演习区	操演區
existence doubtful	疑存	疑有
exit pupil	出射光瞳	出射瞳孔
exit window	出射窗	出射視野
ex-meridian altitude(=circum-meridian altitude)	近子午圈高度	近子午圈高度,近中天高度
exosphere	外[逸]层	外氣層
expectation value	期望值	期望值
explanatory note	图外说明	附註
explanatory text	说明注记	說明註記
explementary angles(=conjugate angles)	共轭角	共軛角
exploration map(=reconnaissance map)	勘测图	勘測圖
exposure	曝光	曝光
exposure calculator	曝光计	曝光計
exposure interval	曝光间隔	曝光間隔
exposure number	像片编号	像片編號
exposure station(=camera station)	摄站	攝影站
express highway(=freeway)	高速公路	高速公路
extended vernier	扩展游标	伸展游標
extensional organization	整体结构	整體結構
extension bellow(=bellows)	蛇腹	蛇腹
extension of control	控制扩展	控制擴展,控制點擴展
extension rod	伸缩尺	伸縮尺
extension tripod	伸缩三脚架	伸縮三腳架
extensometer	伸缩仪	伸縮儀
exterior angle	外角	外角
exterior focusing telescope	外调焦望远镜	外調焦望遠鏡
exterior frame	外图廓	外圖廓
exterior orientation	外部定向	外方位判定
exterior perspective center	外透视中心	外透視中心
external distance	矢距,外距	矢距,外距
external error	外部误差	外在誤差
external focusing	外调焦	外調焦
external gravity anomaly	外部重力异常	外重力異常
external perspective projection	外心透视投影	外心透視投影
extra contour	助曲线	助曲線
extra foresight	额外前视	額外前視
extragalastic compact radio source	河外致密射电源	河外緻密射電源

英文名	大陆名	台湾名
extra terrestrial mapping	星球测图	地球外測圖
extra terrestrial photography	地球外摄影	地球外攝影
extrawide angle lens	超广角镜头	超廣角鏡頭
eye base	眼基线	眼基線
eye lens	接目镜	接目透鏡
eyelid shutter	眼睑式快门	眼瞼式快門
eyepiece	目镜	目鏡
eyepiece lamp	目镜照明灯	目鏡照明器
eyepiece shutter(=eyelid shutter)	眼睑式快门	眼瞼式快門
eyesight adjustment	目镜调焦	目鏡調焦

F

英文名	大陆名	台湾名
face left(=direct telescope)	正镜	正鏡
face right(=reversed telescope)	倒镜	倒鏡
facsimile edition	传真版	傳真版
fair chart	清绘图	清繪圖
fair drawing	清绘	清繪
fair tracing	映绘	映繪
fairway	航道,水道	航路,水道
falling tide(=ebb tide)	落潮	退潮,落潮
fally register(=pace counter)	计步器,步程计	計步器,步測計,步度計
false bottom	假海底	假海底
false color	假彩色	偽造色
false color composite	假彩色合成	合成假彩色像片
false color image	假彩色图像	假色圖像
false color photography	假彩色摄影	假色攝影
false coordinates	伪坐标	假定坐標
false echo	伪回声	假回聲
false origin	伪原点	假定原點
false parallax	伪视差	假視差
fan cameras	扇形摄影机	扇形攝影機
fanion	测旗	測量旗
farewell buoy	[航道]进口浮标	外海浮標
farm land	农用地	農地
farm land consolidation	农田规划	農地重劃
farm land readjustment(=farm land con-	农田规划	農地重劃

英文名	大陆名	台湾名
solidation)		
farmland surveying	农田测量	農地測量
fata morgana	复杂蜃景	蜃景
fathogram(=echogram)	回声图	回聲測深圖,水深線圖
fathom	英寻	嚩,拓
fault	断层	斷層
Faye anomaly	法伊异常	空間變異
Faye correction	法伊改正	法伊改正
feature	地物	地物
feature codes	特征码	物件碼
feature codes menu	特征码清单	特徵碼清單
feature coding	特征编码	特徵編碼
feature extraction	特征提取	特徵萃取
feature selection	特征选择	特徵選擇
Fédération Internationale des Géométres (FIG)	国际测量师联合会	國際測量師聯合會
feeder	给纸	給紙
Ferrero's formula	菲列罗公式	菲列羅公式
Ferro meridian	费罗子午线	斐洛子午線
F-G discrimination(=figure-ground discrimination)	图形-背景辨别	圖形-背景辨别
fictitious equator	假赤道	假想赤道
fictitious meridian	虚拟子午线	虛子午線
fictitious sun	假太阳	假太陽
fictitious year	假年	虛年
fiducial axis	框标坐标轴	像框坐標軸
fiducial mark	框标	框標
fiducial point	框标点	框標點
field book	外业手簿	外業手簿,野簿
field chart(=field sketch)	外业草图	外業草圖
field classification	野外调绘	野外調繪
field completion	野外补测	野外補測
field computation	概算,初算	概算,初算
field contouring	野外实测等高线	野外實測等高線
field control	外业控制	實測控制
field correction copy	野外修测图	野外修測圖
field geological map	野外地质图	野外地質圖
field lens	场镜	場鏡

英 文 名	大 陆 名	台 湾 名
field mapping	野外填图	野外填圖
field of view	视场	視場,視野
field sheet	野外原图	野外原圖
field sketch	外业草图	外業草圖
field stop	场阑	視野限度
Fifth Fundamental Catalogue(FK5)	FK5 星表	FK5 星表
FIG(=Fédération Internationale des Géométres)	国际测量师联合会	國際測量師聯合會
figure adjustment	图形平差	圖形平差
figure-ground discrimination(F-G discrimination)	图形-背景辨别	圖形-背景辨別
figure of the earth(=earth shape)	地球形状	地球形狀,地球原子
filar pendulum	线状摆	線狀擺
filling	填方	填方,填土
film-filter combinations	底片滤光镜组合	底片濾光鏡組合
film support	片基	片基
filter	滤波器	濾波器
filter effective transmittance	滤光片有效透过率	濾光片有效透射率
filter factor	滤光系数	濾光片係數
final evaluation survey	验收测量	驗收測量
final great circle course	大圆航线终航向	終程大圈航向
final original	出版原图	出版原圖
finder	寻星镜	尋星鏡
finder circle	寻星度盘,寻像圈	尋星度盤
fine drive	微调	微調
fine-grain developer	微粒显影剂	微粒顯影劑
fine movement	微动	微動
fine texture topography	细部地形	細緻地形
finish construction survey	竣工测量	竣工測量
finished print	印刷成品	完成印件
first cover	封面	封面
first nodal point	第一节点	第一節點
first order leveling	一等水准测量	一等水準測量
first order traverse	一等导线测量	一等導線測量
first order triangulation	一等三角测量	一等三角測量
first point of Aries	春分点	春分點
fish-eye lens	鱼眼镜头	魚眼透鏡
fishing chart	渔业用图	漁業用圖

英 文 名	大 陆 名	台 湾 名
fishing haven	渔堰	漁堰
fishing rock	渔礁	魚礁
fishing stake	渔栅	漁柵
fish lead	鱼形测锤,鱼形水铊	魚形測錘
fissure observation	裂缝观测	裂縫觀測
fixed elevation	固定高程	固定高程
fixed error	固定误差	固定誤差
fixed hair method	定丝法	定絲法[視距測量]
fixed mean pole	固定平极	固定平極
fixed phase drift	固定相移	固定相移
fixed station	固定测站	固定測站
fixed tube alidade	定镜照准仪	定鏡照準儀
fixing	定影	定影
fizeau interferometer(=interferometer)	干涉仪	干涉儀
FK4(=Fourth Fundamental Catalogue)	FK4 星表	FK4 星表
FK5(=Fifth Fundamental Catalogue)	FK5 星表	FK5 星表
flag(=fanion)	测旗	測量旗
flank observation	侧方观测	側方觀測
flaps	分版原图	分版原圖,分色原稿
flare stack	焰囱	焰囪
flare triangulation	闪光三角测量	閃光三角測量
flash exposure	闪光曝光	閃光曝光
flashing rhythm of light	灯光节奏	燈光節奏
flash method	闪光法	閃光法
flash shot	闪光摄影	閃光攝影
flat color printing	平版彩色印刷	平網彩印
flat negative(=soft negative)	软性底片	軟調底片
flat polar quartric equal-area projection	极平面四次方等积投影	平極四分等積投影
flattening(=oblateness)	扁率	扁率,地球扁率
flattening of ellipsoid	椭球扁率	地球扁率
flattening of the earth	地球扁率	地球扁平率
flexure of pendulum	摆仪架弯曲	彎曲擺
flickering device	闪光器	閃光器
flicker principle	闪闭法,闪烁法	閃視法
flight block	摄影分区	攝影分區
flight height(=flying height)	航高	飛行高度
flight height for photography	摄影航高	攝影航高
flight line of aerial photography	摄影航线	攝影航線

英　文　名	大　陆　名	台　湾　名
flight line spacing	航线间隔	航線間隔
flight map of aerial photography	航摄飞行图	攝影航線圖
flight plan of aerial photography	航摄计划	飛行計劃,航攝計劃
flight strip	航带	單連續航帶
flint glass	火石玻璃	火石玻璃
float gauge	浮子验潮仪	浮動驗潮計,浮筒式驗潮計
floating breakwater	浮式防波堤	浮式防波堤
floating mark	浮动测标	浮動測標
float rod	浮杆,漂流杆,测流杆	浮桿,測流漂桿
float run	浮标测流法	浮標測流法
flocking	静电植绒	靜電植毛
flood current	涨潮流	漲潮流
flood plain	泛滥平原	氾濫平原
floodplain scour routes	溢洪道	溢洪道
flood stream(=flood current)	涨潮流	漲潮流
flood tide	涨潮	漲潮
floor area ratio(=floor space ratio)	容积率	容積率
floor space ratio	容积率	容積率
floor station	底板测点	底板測點
fluorescence ink	发光油墨	發光油墨
fluorescent map	荧光地图	螢光地圖
flux-gate magnetometer	磁通门磁力仪	磁閘式地磁儀
flying height	航高	飛行高度
flying leveling	速测水准测量	速測水準
flying spot scanner	飞点扫描仪	飛點掃描器
fly leveling(=flying leveling)	速测水准测量	速測水準
FMS(=frequency modulation screening)	调频加网	調頻過網
F-number	光圈号数	光圈指數,光圈數字
focal depth(=focal range)	焦深	焦深,焦點深度
focal length	焦距	焦距
focal plane	焦平面	焦點面
focal plane frame	焦面框	焦面框
focal plane plate	接触压平板	焦面板
focal plane shutter	帘幕式快门	焦點快門
focal point(=focus)	焦点	焦點
focal range	焦深	焦深,焦點深度
focus	焦点	焦點

英 文 名	大 陆 名	台 湾 名
focused synthetic antenna	聚集合成天线	聚焦合成天線
focusing adjustment	调焦改正	調焦改正
focusing drive knob	调焦螺旋,调焦旋钮	調焦螺旋
focusing optical system	调焦光学系统	調焦式光學系統
focusing ring	调焦环,调焦圈	調焦環
focus in object space	物方焦点	物方焦點
fogging	起矇翳	矇翳
fog signal	雾[信]号	霧[信]號
fold	褶皱	褶曲
folding	折页	折頁
folding staff	折尺	折合標尺
footage measurement of workings	巷道验收测量	巷道驗收測量
foot candle	英尺烛光	呎燭光
foot of the optical axis	像片光轴点	像片光軸點
foot pin	尺桩	水準尺樁
foot plate	尺台	標尺台
forbidden zone boundary line	禁区界线	禁區界線
foreign placename	外国地名	外國地名
foreland	岬角	地岬
foreshore	前滨	前濱
foresight	前视	前視,直覘
forest basic map	林业基本图	林業基本圖
forest distribution map	森林分布图	森林分佈圖
forest map	森林地图	森林圖
forest surey	林业测量	森林測量
formation sounding	编队测深	編隊測深
forming machine	成型机	成型機,立體壓模機
form-line plot	虚线等高线图	示形線圖
form press	报表轮转印刷机	電腦報表輪轉機
formula for theoretical gravity(=normal gravity formula)	正常重力公式	正常重力公式,理論重力公式
forwarding roller	前进轮	前進輪
[forward] intersection	前方交会	前方交會
forward overlap(=longitudinal overlap)	航向重叠	縱向重疊,前後重疊
foul berth	不良锚地	不良泊位
foul ground	险恶地	危險地
four color printing	四色印刷	四色印刷
Fourier analysis	傅里叶分析	傅立葉分析

英 文 名	大 陆 名	台 湾 名
four-point method	四点法	四點法
Fourth Fundamental Catalogue(FK4)	FK4 星表	FK4 星表
fractional scale(=representative fraction)	分数比例尺	分數比例尺
frame camera	框幅摄影机	像框攝影機
frame level(=block level)	框式水准计	框式水準器
freaking tape	分段丈量	分段丈量
free adjustment	自由平差	自由平差
free-air anomaly	空间异常	自由空間異常
free-air cogeoid	空间改正的调整大地水准面	空間改正補助大地水準面
free-air correction	空间改正	自由空間改正
free-air reduction	空间归算	自由空間歸算
free-fall gravimeter	自由落体重力仪	自由落體重力儀
free-swinging pendulum	自由旋转摆	自由旋轉擺
freeway	高速公路	高速公路
French legal meter	法制米尺	法制公尺
frequency	频率	頻率
frequency band	频带	頻帶
frequency drift	频[率]漂[移]	頻[率]漂[移]
frequency error	频率误差	頻率誤差
frequency modulation screening(FMS)	调频加网	調頻過網
frequency offset	频[率]偏[移]	頻[率]偏[移]
frequency of soundings	测深密度	測深密度
front focal point	前焦点	前焦點
front nodal point	前节点	前節點
front of lot	临街界线	臨街界線
front vertex	前顶点	前頂點
front view	对景图	對景圖
full-color-printing	全色印刷	全彩印刷
full scan	全色扫描	全色掃描
full station	整站	整樁,整站
functional diagram	施工图	施工圖
Fundamental Catalogue	基本星表	基本星表,基本星位表
fundamental circle	基本圈	基準圈
fuzzy classification method	模糊分类法	模糊分類法
fuzzy image	模糊影像	模糊影像

G

英 文 名	大 陆 名	台 湾 名
gal	伽	加爾
galactic plane	银道面	銀道面
Gall's projection	戈尔投影	高爾投影
Gamma	伽马	伽瑪
gantt chart(=progress sketch)	作业进展略图	作業進度圖
gas laser	气体激光器	氣體雷射器
Gauss	高斯	高斯
Gauss eyepiece	高斯目镜	高斯目鏡
Gauss grid convergence	高斯平面子午线收敛角	高斯子午線收斂
Gaussian elimination	高斯约化法	高斯約化法
Gauss-Krüger projection	高斯-克吕格投影	高斯-克呂格投影
Gauss method of subsitution(=Gaussian elimination)	高斯约化法	高斯約化法
Gauss mid-latitude formula	高斯中纬度公式	高斯中緯度公式
Gauss plane coordinate system	高斯平面坐标系	高斯平面坐標系
Gauss's variational equations	高斯摄动方程	高斯衛星運動方程式
gazetteer	地名录	地名辭彙
GCR(=gray compoment replacement)	灰色置换	灰色置換
GEBCO(=general bathymetric chart of the oceans)	大洋地势图	大洋地勢圖
GEK(=geomagnetic electrokinetograph)	电磁海流计	地磁測流器
general atlas	普通地图集	普通地圖集
general bathymetric chart of the oceans (GEBCO)	大洋地势图	大洋地勢圖
general chart	总图	總圖
general chart of the sea	海区总图	總圖
general map	普通地图	一覽圖,總圖,簡圖
general precession	总岁差	總歲差
general surveying system	综合测绘系统	綜合測繪系統
generic name	通名	通名
geocentric coordinates	地心坐标	地心坐標
geocentric coordinate system	地心坐标系	地心坐標系統
geocentric datum	地心基准	地心基準

英 文 名	大 陆 名	台 湾 名
geocentric distance	地心距	地心距
geocentric geodetic datum	地心大地基准	地心大地基準
geocentric gravitational constant	地心引力常数	地心引力常數
geocentric latitude	地心纬度	地心緯度
geocentric longitude	地心经度	地心經度
geocentric parallax	地心视差	地心視差
geocentric zenith	地心天顶	地心天頂
geodesic	大地线	大地線
geodesy	大地测量学	大地測量學
geodetic adjustment	大地测量平差	大地測量平差
geodetic astronomy	大地天文学	大地天文學
geodetic azimuth	大地方位角	大地方位角,指角
geodetic azimuth mark	大地方位标	大地方位標
geodetic boundary value problem	大地测量边值问题	大地測量邊值問題
geodetic circle	大地圆	大地圓
geodetic computation	大地计算	大地計算
geodetic control	大地控制点	大地控制點
geodetic coordinates	大地坐标	大地坐標
geodetic coordinate system	大地坐标系	大地坐標系
geodetic database	大地测量数据库	大地測量資料庫
geodetic datum	大地基准	大地基準,大地基準點
geodetic equator	大地赤道	大地赤道
geodetic height	大地高,椭球面高	橢球面高
geodetic instrument	大地测量仪器	大地測量儀器
geodetic latitude	大地纬度	大地緯度
geodetic leveling	大地水准测量	大地水準測量
geodetic longitude	大地经度	大地經度
geodetic meridian	大地子午线,大地子午圈	大地子午線,大地子午圈
geodetic network	大地网	大地網
geodetic origin	大地原点	大地原點
geodetic parallel	大地平行圈	大地平行圈
geodetic photogrammetry	大地摄影测量	大地攝影測量
geodetic position	大地位置	大地位置
geodetic reference system	大地测量参考系	大地參考系統
geodetic survey	大地测量	大地測量
geodetic triangle	大地三角形	大地三角形
geodetic zenith	大地天顶	大地天頂

英 文 名	大 陆 名	台 湾 名
geodimeter(=electro-optical distance measuring instrument)	光电测距仪	光電測距儀,大地測距儀
geodynamic meter(=dynamic meter)	力学尺	力學尺
geodynamics	地球动力学	地球力學
geographical general name	地理通名	地名通名
geographical location(=geographic position)	地理位置	地理位置
geographical map	地理图	地理圖
geographical name	地名	地名
geographical name index	地名索引	地名索引
geographical name transcription	地名转写	地名譯註
geographical name transliteration(=geographical name transcription)	地名转写	地名譯註
geographical north	地理北,真北	地理北
geographical reference system	地理坐标参考系	地理坐標參考系統
geographical viewing distance	地理视距	地理視距
geographic center	地理中心	地理中心
geographic coordinates	地理坐标	地理坐標
geographic data	地理数据	地理資料
geographic data base	地理数据库	地理資料庫
geographic element	地理要素	地理要素
geographic grid	地理格网	地理方格
geographic information communication	地理信息传输	地理資訊傳輸
geographic information system(GIS)	地理信息系统	地理資訊系統
geographic latitude	地理纬度	地理緯度
geographic longitude	地理经度	地理經度
geographic position	地理位置	地理位置
geographic survey	地理调查	地理調查
geography paper	地图纸	地圖紙
geoid	大地水准面	大地水準面,大地平均面
geoidal height	大地水准面高	大地水準面高
geoidal undulation	大地水准面起伏,大地水准面差距	大地水準面起伏
geoid contour	大地水准面等高线	大地水準面等高線
geological interpretation of photograph	像片地质判读	像片地質判讀
geological map	地质图	地質圖
geological photomap	影像地质图	像片地質圖

英 文 名	大 陆 名	台 湾 名
geological point survey	地质点测量	地質點測量
geological profile survey	地质剖面测量	地質剖面測量
geological remote sensing	地质遥感	地質遙測
geological scheme	地质略图	地質略圖
geological section map	地质剖面图	地質剖面圖
geological survey	地质测量	地質調查
geology	地质学	地質學
geomagnetic activity	地磁活动	地磁效應
geomagnetic anomaly	地磁异常	地磁異常
geomagnetic axis	地磁轴	地磁軸
geomagnetic cavity	地磁穴	地磁穴
geomagnetic chronology	地磁年代学	地磁編年學
geomagnetic coordinate system	地磁坐标系	地磁坐標系
geomagnetic disturbance	地磁扰动	地磁擾動
geomagnetic electrokinetograph(GEK)	电磁海流计	地磁測流器
geomagnetic element	地磁元素	地磁元素
geomagnetic equator	地磁赤道	地磁赤道
geomagnetic field	地磁场	地磁場
geomagnetic field drift	地磁场漂移	地磁場漂移
geomagnetic latitude	地磁纬度	地磁緯度
geomagnetic pole	地磁极	地磁極
geomagnetic survey	地磁测量	地磁測量
geomagnetic variation	地磁变化	地磁變化
geomagnetism	地磁学	地磁學
geomatics	①地球空间信息学 ②测绘学	①地球空間資訊學 ②測繪學
geometric condition	几何条件	幾何條件
geometric correction	几何校正	幾何校正
geometric distortion	几何畸变	幾何畸變
geometric geodesy	几何大地测量学	幾何大地測量學
geometric height	几何高	幾何高
geometric horizon	几何地平	幾何地平線
geometric map projection	几何地图投影	幾何投影
geometric mean	几何平均值	幾何平均值
geometric method	几何法	幾何法
geometric model	几何模型	幾何模型
geometric orientation	几何定向	幾何定向
geometric rectification(=geometric cor-	几何校正	幾何校正

英文名	大陆名	台湾名
rection)		
geometric rectification of imagery	图像几何纠正	圖像幾何糾正
geometric registration	几何配准	幾何套合
geometric registration of imagery	图像几何配准	圖像幾何配准
geometric satellite geodesy	几何卫星大地测量学	衛星大地測量幾何法
geometric transformation	几何变换	幾何變換
geometrisation of ore body	矿体几何制图	礦體幾何製圖
geomorphic cycle	地形轮回	地形輪迴
geomorphic map	地貌类型图	地貌類型圖
geomorphological map	地貌图	地形學圖,地貌學圖
geomorphology	地形学	地形學
geop(=geopotential surface)	大地位面	重力等位面
geophysics	地球物理学	地球物理學
geopotential	地球位	重力位
geopotential altitude	大地位高	重力位高度
geopotential number	地球位数	重力位數
geopotential surface	大地位面	重力等位面
geopotential unit(gpu)	大地位单位	重力位元單位
geostationary orbit	地球静止轨道	地球靜止軌道
geostationary satellite	地球静止卫星	地球靜止衛星
geostrophic equilibrium	地转平衡	地轉平衡
geostrophic flow	地转流	地轉流
geostrophic parameter	地转参数	地轉參數
geo-synchronous satellite	地球同步卫星	地球同步衛星
geo-thermal remote sensing	地热遥感	地熱遙測
Gerhardus Mercator	墨卡托	麥卡托
GHA(=Greenwich hour angle)	格林尼治时角	格林威治時角
gird of reference	参照方格	參考方格
GIS(=geographic information system)	地理信息系统	地理資訊系統
glacial cirque(=cirque)	冰斗	冰斗
glass screen	玻璃网目屏	玻璃網屏
Global Navigation Satellite System (GLONASS)	全球导航卫星系统	全球導航衛星系統
global positioning system(GPS)	全球定位系统	全球定位系統
global remote sensing	全球遥感	全球遙感探測
globe	①地球 ②地球仪	①地球 ②地球儀
globular projection	球形投影	球狀投影
GLONASS(=Global Navigation Satellite	全球导航卫星系统	全球導航衛星系統

英文名	大陆名	台湾名
System)		
GLONASS receiver	GLONASS 接收机	GLONASS 接收機
gnomonic chart	大圆海图,日晷海图	日晷圖
gnomonic projection	日晷投影,球心投影	日晷投影
goldenrod paper	遮光纸	遮光紙
goniasmenetre	量角器	袖珍測角儀
Goode's interrupted homolosine projection	古德分瓣等积投影	古特分瓣同正弦投影
Goode's interrupted projection	古德分瓣投影	古特分瓣投影
gorge	峡谷	峽谷
GPS(=global positioning system)	全球定位系统	全球定位系統
GPS aerial photography	GPS 航空摄影	衛星定位航空攝影
GPS aerotriangulation	GPS 空中三角测量	GPS 空中三角測量
GPS photogrammetry	卫星定位摄影测量	衛星定位攝影測量學
GPS receiver	GPS 接收机	GPS 接收機
gpu(=geopotential unit)	大地位單位	重力位元單位
gradation	均夷作用	均夷作用
gradation of tone	色阶,色级	漸層調
grade correction(=correction for inclination)	倾斜改正	傾斜改正
grade elimination	减缓坡度	減緩坡度
grade line	坡度线	坡度線
grade location	坡度测设	坡度測設
grade point	坡度点	坡度點
grade stake	坡度桩	度樁
gradient	梯度,坡度	梯度,坡度,比降
gradient tints(=altitude scale)	高度标尺	高度表
gradiometry(=gravity gradient measurement)	重力梯度测量	重力梯度測量
graduation of tints	分层设色表	分層色表
grained surface	磨版表面	粒紋版面
graining	磨版	磨版
graining machine	磨版机	磨版機
graphical chain of triangles	图解三角锁	圖解三角鎖
graphical rectification	图解纠正	圖解糾正法
graphical traverse	图解导线	圖解導線
graphic arts	绘图术	平面藝術
graphic arts photography	制版照相	製版照相
graphic control survey	图解图根测量	圖解圖根測量

英 文 名	大 陆 名	台 湾 名
graphic database	图形数据库	圖形資料庫
graphic element	图形元素	圖形元素
graphic mapping control point	图解图根点	圖解圖根點
graphic radial triangulation	图解辐射三角测量	圖解輻射三角測量
graphics	图形	圖形
graphic sign	图形记号	圖形記號
graphic symbol	图形符号	圖形符號
graticule	地理坐标网	地理網格
graticule ticks	经纬网延伸短线	地理網格短線
grating	光栅	光柵
gravimeter	重力仪	重力儀
gravimetric baseline	重力基线	重力基線
gravimetric database	重力数据库	重力資料庫
gravimetric deflection of the vertical	重力垂线偏差	重力垂線偏差
gravimetric geodesy	重力大地测量学	重力大地測量學
gravimetric geoid	重力大地水准面	重力大地水準面
gravimetric point	重力点	重力點
gravitation	引力	萬有引力,引力
gravitational harmonics	重力球谐函数	重力球諧函數
gravitational perturbation	重力摄动	重力攝動
gravitational potential	引力位	重力位,引力位
gravitational tide	引力潮	引力潮
gravitation constant	引力常数	萬有引力常數
gravity	重力	重力
gravity adjustment	重力平差	重力平差
gravity anomaly	重力异常	重力異常
gravity contour	重力等值线	重力等值線
gravity correction	重力改正	重力改正
gravity datum	重力基准	重力基點
gravity disturbance	重力扰动	重力幹擾
gravity field	重力场	重力場
gravity formula	重力公式	重力公式
gravity gradient measurement	重力梯度测量	重力梯度測量
gravity gradiometer	重力梯度仪	重力偏差計,傾度計
gravity measurement	重力测量	重力測量
gravity meter	重力计	重力計
gravity network	重力网	重力網
gravity observation of Earth tide	重力固体潮观测	重力固體潮觀測

英 文 名	大 陆 名	台 湾 名
gravity potential	重力位	重力位能
gravity reduction	重力归算	重力歸算
gravity station	重力测站	重力測站
gravity system	重力系统	重力系統
gray balance	灰色平衡	灰色平衡
gray balance chart	灰色平衡表	灰色平衡表
gray body	灰体	灰體
gray compoment replacement(GCR)	灰色置换	灰色置換
gray level	灰度级,灰阶	灰度等級,灰階
gray scale	灰度尺	灰度尺
great circle	大圆	大圓
great circle course	大圆航向	大圈航向
great circle line(=orthodromic line)	大圆弧线	大圓弧線
great circle sailing	大圆航法	大圈航法
great circle sailing chart	大圆航线图	大圓圈航行圖,大圓海圖
great circle track	大圆航迹	大圈航跡
great diurnal range	最大平均日潮差	大日周潮差
great ellipse	大椭圆	大橢圓
great tropic range(GC)	回归大潮潮差	大回歸潮差
great year	大年	大年
Greenwich apparent time	格林尼治视时	格林威治視時
Greenwich civil time	格林尼治民用时	格林威治民用時
Greenwich hour angle(GHA)	格林尼治时角	格林威治時角
Greenwich mean time	格林尼治平时	格林威治平時
Greenwich meridian	格林尼治子午圈	格林威治子午圈
Greenwich time	格林尼治时间	格林威治時間
Gregorian calendar	格里历	格列高裏曆
grey wedge	灰楔	灰楔
grid	格网,栅格	方格,網格
grid azimuth	网格方位角	方格方位角
grid bearing	坐标方位角	方格方向角
grid board	格网板	網格版
grid computation	网格计算	方格計算
grid declination	网格偏角	方格偏角
grid declination diagram	三北偏角图	方格偏角圖
grid identification note	网格注记	方格註記
grid magnetic angle	格网磁偏角	方格磁角

英 文 名	大 陆 名	台 湾 名
grid map	网格地图	方格地圖
grid meridian	网格子午线	方格子午線
grid method	网格法	方格法
grid navigation	网格导航	方格航行法
grid north	网格北	方格北
grid note(=grid identification note)	网格注记	方格註記
grid number	网格编号	方格數字
grid of neighboring zone	邻带方里网	鄰帶方里網
grid plate method	网格版法	方格板法
grid position	网格位置	方格位置
grid representation lines	网格指示线	方格指示線
grid rhumb line	格网恒向线	網格恆向線
grid scale	网格尺度	方格尺度
grid structure	网格结构	網格結構
grid survey	网格测量	網格法測量
grid survey method	网格测量法	方格測量法
grid ticks	网格短线	方格短線
grid value	网格值	方格值
grid variation	网格磁偏角	方格磁偏角
grinding machine(=graining machine)	磨版机	磨版機
grivation(=grid magnetic angle)	格网磁偏角	方格磁角
gross error	粗差	錯誤
gross error detection	粗差检测	錯誤檢測
gross model(=neat model)	有效模型	有效模型,重疊區
ground-based system	地基系统	地基系統
ground control	地面控制	地面控制
ground control point	地面控制点	地面控制點
ground coverage	地面覆盖	地面涵蓋
ground distance	地面距离	地面距離
ground elevation	地面高程	地面高
ground gained forward	地面前向增幅	地面前向增幅
ground gained sideways	地面侧向增幅	地面側向增幅
ground height(=ground elevation)	地面高程	地面高
ground level(=ground elevation)	地面高程	地面高
ground nadir point	地底点	地底點
ground point	地形点	地形點
ground polygonometry	地面导线测量	地面導線測量
ground principal point	地主点	地面主點

英 文 名	大 陆 名	台 湾 名
ground pyramid	地面锥形法	地面角錐體
ground receiving radius	地面接收半径	地面接收半徑
ground receiving station	地面接收站	地面接收站
ground resolution	地面分辨率	地面解像力
ground speed	地速	地速
ground station	地面站	地面站
ground swing	地面反射变化	地面反射
ground tilt measurement	地倾斜观测	地傾斜觀測
ground truth	地面实况	地面真像
group velocity	群速	群速
group wavelength	群波长	群波長
Gruber point	标准配置点	標準配置點
guarantine anchorage	检疫锚地	檢疫錨地
guard stake	[保]护桩	護樁
guide meridians	参考子午线	參考子午線
gulch(=gorge)	峡谷	峽谷
Gunter's chain	冈特测链,四杆测链	甘特鎖
gyre	大洋环流	大洋環流
gyro azimuth	陀螺方位角	陀螺方位角
gyrocompass(=gyroscopic compass)	陀螺罗经	電羅經
gyrophic EDM traverse	陀螺定向光电测距导线	陀螺定向光電測距導線
gyroscope	陀螺仪	迴轉儀
gyroscopic compass	陀螺罗经	電羅經
gyroscopic theodolite(=gyro theodolite)	陀螺经纬仪	真北經緯儀,方位儀
gyrostatic orientation survey	陀螺仪定向测量	陀螺儀定向測量
gyro theodolite	陀螺经纬仪	真北經緯儀,方位儀

H

英 文 名	大 陆 名	台 湾 名
hachure(=caterpillar)	晕滃	暈滃
hachuring	晕滃法	暈滃法
Hadamard transformation	阿达马变换	哈達馬變換
hair-pin curve location	回头曲线测设	回頭曲線測設
halation	晕影,光晕	暈影
half and half adjustment	对半校正	半半改正
half-interval contour	间曲线,半距等高线	間曲線,半距等高線
half model	半模型	半模型

英 文 名	大 陆 名	台 湾 名
half tide	半潮	半潮
half tide level	半潮面	半潮位
halftone	半色调	半色調
half tone dot	半色调网点	半色調網點
halftone screen	半色调屏	半色調網目屏
Hammer's equal-area projection	哈默等积投影	漢麥爾等積投影
hand brake	手动制动器	手制動器
handing theodolite(=suspension theodolite)	悬式经纬仪	懸式經緯儀
handkerchief map	手帕地图	手絹圖
hand lead	手测锤	手測錘
hand lead sounding	手锤测深	手錘測深
hand level	手持水准仪	手持水準儀
hand press	手摇机	手搖機
hand press printing	手摇印刷机	手搖印刷機
hand proofing	手工打样	硬式打樣
hand retouching	人工修版,人工分涂	手工修整
hand roller	手墨辊	手墨輥
hand setting	手工组版	人工組版
hand signal	手示信号	手示訊號
hand-templet radial triangulation	手绘模片辐射三角测量	手繪模片輻射三角測量
hanging level	悬式水准仪	懸式水準器
hanging valley	悬谷	懸穀
harbor boundary	港界	港界,港埠線
harbor chart	港湾图	港圖
harbor defence grid	定位格网	港防網格
harbor engineering survey	港口工程测量	港口工程測量
harbor line(=harbor boundary)	港界	港界,港埠線
harbor survey	港湾测量	港灣測量
harbor surveying(=harbor survey)	港湾测量	港灣測量
hard-cover binding	精装	精裝
hardener	坚膜剂,硬化剂	堅膜液
hard pavement	硬路面	硬路面
hard target	硬目标	硬目標
hard tone	硬调	硬調
harmonic function	谐函数	諧函數
hasty profiles	速测断面图	速測斷面圖
Hayford effect	海福德效应	海福特效應

英　文　名	大　陆　名	台　湾　名
Hayford ellipsoid	海福德椭球	海福特橢球,海福特地球原子
Hayford spheroid(=Hayford ellipsoid)	海福德椭球	海福特橢球,海福特地球原子
hazard beacon	警示标杆	警示標桿
haze	霾	霾
H&D curve	密度-曝光量对数曲线	哈德曲線
HDDT(=high density digital tape)	高密度数字磁带	高密度數值磁帶
heading	艏向	船首向
headland(=foreland)	岬角	地岬
heat capacity mapping radiometer	热容量成图辐射计	熱容量成圖輻射計
heat set ink	热固型油墨	熱固型油墨
heat shimmer	热流闪烁	熱流閃爍
heave compensation	波浪补偿	起伏補償
heave compensator	波浪补偿器	波浪補償器
Heidelberg computer print control	海德堡计算机印刷控制	海得堡電腦控制系統
height	高程	高程,標高
height above sea level	海拔	平均海水面起算高
height anomaly	高程异常	高程偏倚
height datum	高程基准	高程基準
height displacement(=relief displacement)	投影差,高差位移,高程投影差	高差位移,高程投影差
height of eye correction	眼高修正	眼高修正
height of instrument	视线高	視線高
height of light	灯高	燈高
height of tide	潮高	潮高
height reduction	高程归算	高程化算
height system	高程系统	高程系統
height traverse	高程导线	高程導線
heliometer	太阳仪	太陽儀
helioscope	回照器	回照器,太陽觀測鏡
helios(=helioscope)	回照器	回照器,太陽觀測鏡
helipad	直升机起降场	直升機起降點
Helmert-blocking techniques	赫尔默特分区平差法	赫爾默特分區平差法
hertz	赫[兹]	赫
HHW(=higher high water)	高高潮	高高潮,較高高潮
hierarchical organization	等级结构	等級結構
high altitude	高空	高空

英　文　名	大　陆　名	台　湾　名
high-altitude aerial photography	高空摄影	高空攝影
high contrast	高反差	高反差
high contrast developer	高反差显影液	高反差顯影液
high contrast paper	高反差像纸	高反差像紙
high density digital tape(HDDT)	高密度数字磁带	高密度數值磁帶
higher high water(HHW)	高高潮	高高潮,較高高潮
higher high water interval	高高潮间隙	較高高潮間隔
higher low water(HLW)	高低潮	高低潮,較高低潮
higher low water interval	高低潮间隙	較高低潮間隔
highest astronomical tide	最高天文潮位	最高天文潮
highest normal high water	理论最高潮面	理論最高潮面
high fidelity color printing	高保真彩色印刷	高傳真彩色印刷
high gloss ink	亮光油墨	亮光油墨
high-key copy	明调原稿	明調原稿
high oblique photograph	大倾斜角像片	平傾斜像片
highpass filter	高通滤光片	高通濾光片
high tide	高潮	高潮,滿潮
high-tide shoreline	高潮岸线	高潮濱線
high water bench	高潮阶地	高潮棚地
high water full and change	平均朔望高潮间隙	朔望高潮間隔
high water(HW)(=high tide)	高潮	高潮,滿潮
high water inequality	高潮不等	高潮不等
high water interval	高潮间隙	高潮間隔,港埠標準潮信
high water level	高水位	高水位
high water line	高潮线	高潮線
high water lunitidal interval	月潮高潮间隙	月潮高潮間隔,太陰高潮間隔
high-water mark	高潮标志	高潮標誌
high water observation	高水位观察	高水位觀察
high water stand	高潮停潮	高潮憩潮
highway location	公路定线	公路定線
highway map	公路图	公路圖
hill shading	晕渲法	山部暈渲
hill toning	地貌晕渲法	地貌暈渲法
Hiran high-precision shoran	海兰高精度绍兰导航系统	海蘭
histogram equalization	直方图均衡	直方圖均衡

英 文 名	大 陆 名	台 湾 名
histogram specification	直方图规格化	直方圖規格化
historic map	历史地图	歷史地圖
HLW(=higher low water)	高低潮	高低潮,較高低潮
holing through survey	贯通测量	貫通測量
hologrammetry(=holographic photogrammetry)	全息摄影测量	全像攝影測量,全像干涉量度學
hologram photography	全息摄影术	全像攝影術
holographic photogrammetry	全息摄影测量	全像攝影測量,全像干涉量度學
holographic reproduction	全息图像复制	全像圖複製
holography(=hologram photography)	全息摄影术	全像攝影術
homeotheric map	组合地图	組合地圖
homogeneous coordinates	齐次坐标	齊次坐標
homologous photographs(=photo pair)	像对	像對
horizon	地平圈	地平圈
horizon camera	地平线摄影机	地平線攝影機
horizon glass	水平镜	水平鏡
horizon line(=horizontal line)	水平线,地平线	水平線,地平線
horizon photograph	地平线像片	地平線像片
horizon photography	水平摄影	地平攝影
horizontal angle	水平角	水平角
horizontal axis	水平轴	水平軸
horizontal bridging	平面加密	平面接橋
horizontal circle	水平度盘	水平度盤
horizontal clamp	水平制动螺旋	水平制動螺旋
horizontal component	水平分量	水平分量
horizontal control	平面控制	平面控制
horizontal control datum	平面控制基准	平面控制基準點
horizontal control network	平面控制网	平面控制測量網
horizontal control point	平面控制点	平面控制點
horizontal coordinates	平面坐标	地平坐標
horizontal coordinate system	地平坐标系	地平坐標系
horizontal coplane	像对水平共面	水平共面
horizontal distance	水平距离	水平距離
horizontal gradient of gravity	重力水平梯度	重力水平梯度
horizontal intensity	水平强度	水平強度
horizontal line	水平线,地平线	水平線,地平線
horizontal parallax	左右视差	地平視差,橫視差

英 文 名	大 陆 名	台 湾 名
horizontal pendulum	水平摆	水平擺
horizontal photograph	水平摄影像片	水平像片
horizontal plane	水平面	水平面
horizontal polarization	水平偏极化	水平偏極化
horizontal refraction	水平折射	水平折射
horizontal refraction error	水平折光差	地平濛氣差
horizontal rotation	平面旋转	平轉
horizontal stadia	水平视距测量	水平視距測量
horizontal taping	水平量距法	水平量距法
horizontal terrestrial photograph	水平地面摄影像片	地面水平方向攝影像片
hot foil die-stamping	烫金	燙金
hour angle	时角	時角,子午角
hour angle coordinate system	时角坐标系	時角坐標系
hour circle	时圈	時圈
Huang Hai mean sea level	黄海平均海[水]面	黃海平均海[水]面
hue	色相	色相
human map	人文地图	人文地圖
Hunter shutter	亨特快门	亨特快門
hydroacoustic positioning reference system (=acoustic positioning system)	水声定位系统	水聲定位系統,水下定位系統
hydrodist	海上微波测距仪	水道微波定位儀
hydrodynamic leveling	流体水准测量	流力水準測量
hydrographic airborne laser sounder	机载激光测深仪	空載雷射測深儀
hydrographic control point	海控点	海控點
hydrographic data processing system	海测数据处理系统	海測資料處理系統
hydrographic engineering survey	水利工程测量	水利工程測量
hydrographic features	海域地形	海域地形
hydrographic net	水系	水系
hydrographic office	海道测量局	海道測量局
hydrographic reconnaissance	水道勘测,海洋勘测	水道勘測
hydrographic service(=hydrographic office)	海道测量局	海道測量局
hydrographic signal	海道测量标志	海道測量號誌
hydrographic survey	水道测量,海道测量	水道測量,河海測量
hydrographic survey and charting(=marine charting)	海洋测绘	海道測量,水道測繪
hydrographic survey sheet	海测图板	海道測量底圖
hydrographic vessel	海道测量船	水道測量船

英文名	大陆名	台湾名
hydrography	海道测量学	水道測量學
hydrological remote sensing	水文遥感	水利遙測
hydrologic features	水文要素	水文要素
hydrologic map	水文图	水文圖
hydrometry	水文测量学	水文測量學
hydrophorce	水听器	水聽器
hydrosphere	水圈	水圈
hydrostatic equilibrium	静力平衡	靜力平衡
hyperbolic navigation chart	双曲线导航图	雙曲線導航圖
hyperbolic positioning	双曲线定位	雙曲線定位
hyperbolic positioning grid	双曲线格网	雙曲線格網
hyperbolic positioning system	双曲线定位系统	雙曲線定位系統
hyperfocal distance	超焦点距离	超焦點距離
hyperspectral image	高光谱影像	高光譜影像
hyperspectral remote sensing	高光谱遥感	高光譜遙測
hyperstereoscopy	超立体感	超高立體
hypocenter	震源	震源
hypo indicator	定影液指示剂	定影液指示劑
hypsographic detail	地貌碎部	地貌細部
hypsography	地貌表示法	測高學
hypsometer	沸点气压计,测高计	沸點氣壓計,測高計
hypsometric layer	分层设色法	分層設色法
hypsometric map	地势图	高程地圖
hypsometric tinting(=elevation tints)	分层设色	分層設色

I

英文名	大陆名	台湾名
IAG(=International Association of Geodesy)	国际大地测量协会	國際大地測量學會
IAT(=international atomic time)	国际原子时	原子時
IAU(International Astronomical Union)	国际天文联合会	國際天文學協會
ICA(=International Cartographic Association)	国际制图协会	國際地圖學學會
ice cap	冰冠,冰盖	冰冠
ice chart	冰分布图	冰圖
ice field	冰原	冰原
ice limit	冰界	冰界

英 文 名	大 陆 名	台 湾 名
ICES(=International Council for the Exploration of the Sea)	国际海洋考察理事会	國際海洋探測委員會
ice shelf	冰架	冰棚
iconogrammetry(=ikonogrammetry)	影像测量学	影像測量學
ICRF(=international celestial reference frame)	国际天球参考架	國際天球參考架
ideal geoid	理想大地水准面	理想大地水準面
ideal pendulum	理想摆	理想擺
identification code	识别码	識別碼
identification post	标志杆	識別桿
IERS(=International Earth Rotation Service)	国际地球自转服务局	國際地球自轉服務局
IFOV(=instantaneous field of view)	瞬时视场	暫態視場
IGSN(=International Gravity Standardization Net)	国际重力标准网	國際重力標準網
IHB(=International Hydrographic Bureau)	国际海道测量局	國際海道測量公會
IHO(=International Hydrographic Organization)	国际海道测量组织	國際海道測量組織
IJP(ink-jet printing)	喷墨绘图	噴墨印刷
ikonogrammetry	影像测量学	影像測量學
illuminance of ground	地面照度	地面照度
illuminated contours	明暗等高线	光影等高線
illuminated relief	光影地貌	光影地貌
image	影像	影像
image analysis	图像分析	影像分析
image brightness	影像亮度	影像明亮度
image classification	影像分类	影像分類
image coding	图像编码	影像編碼
image correlation	影像相关	影像相關,影像關聯
image database	影像数据库	影像資料庫
image data compression	影像数据压缩	影像資料壓縮
image deformation	影像变形	影像變形
image degradation	影像衰减	影像衰減
image density analyzer	影像密度分析仪	影像濃度分析器
image description	图像描述	影像描述
image digitization	图像数字化	影像數值化
image enhancement	图像增强	影像加增

英　文　名	大　陆　名	台　湾　名
image feature	影像特征	影像特徵
image fusion	影像融合	影像融合,影像凝合
image horizon	像地平线	像片地平線
imageintersifier system	影像亮度增强系统	影像亮度加強系統
image matching	影像匹配	影像匹配
image mosaic	图像镶嵌	影像鑲嵌
image motion compensation(IMC)	像移补偿	影像移動補償
image overlaying	图像复合	影像套疊
image plane	①影像平面 ②像平面	①影像平面 ②像平面
image point	像点	像點
image preprocessing	影像预处理	影像預先處理
image processing	影像处理,图像处理	影像處理
image processing machine	自动冲片机	自動沖片機
image pyramid	影像金字塔	影像金字塔
image quality	影像质量	影像品質
imager	成像仪	成像器
image ray	像点投影线	影像射線
image recognition	图像识别	圖像識別
image registration	图像配准	影像套合
image resolution	影像分辨力	地面解像力
image restoration	图像复原	影像還原
image segmentation	图像分割	影像分割
image setter	激光照排机	雷射排版機
image space coordinate system	像空间坐标系	像空間坐標系
image subjective quality	影像主观质量	影像主觀品質
image transformation	图像变换	影像轉換
image understanding	图像理解	圖像理解
imaging equation	构像方程	構像方程
imaging radar	成像雷达	成像雷達
imaging spectrometer	成像光谱仪	成像光譜儀
IMC(=image motion compensation)	像移补偿	影像移動補償
immersion	掩始	入掩
imposition sheet	台纸	台紙
improvement of satellite orbit	卫星轨道改进	衛星軌道改進
incandescent lamp	白炽灯	白熱電燈
incidental expropriation	附带征收	附帶徵收
incident nodal point	入射节点	入射節點
incident vertex	入射顶点	入射頂點

英 文 名	大 陆 名	台 湾 名
incineration area	[海上]焚化区	海上焚化區
inclination compass	倾斜罗经	傾斜羅盤
inclination of the horizontal axis	水平轴倾斜	水平軸傾斜
inclinatorium	倾斜罗盘仪	傾斜羅盤儀
incoming energy	入射能	入射能
incomplete set of direction observation	不完全方向观测	不完全方向觀測
increment of coordinates	坐标增量	坐標增量
independent coordinate system	独立坐标系	獨立坐標系
independent day number	独立日数	獨立日數
independent model aerial triangulation	独立模型法空中三角测量	獨立模型立體空中三角測量
independent relative orientation	单独法相对定向	獨立像對定向
independent tide	独立潮	獨立潮
index arm	指臂	指臂
index contour	计曲线	計曲線
index correction	指标差改正	指標差改正
index diagram	图幅接合表	圖幅接合表
index error	指标差	指標差
index error of vertical circle	竖盘指标差	豎盤指標差
index for selection	选取指标	選取指標
index grid	索引格网	索引方格
index line microscope(=index microscope)	估读显微镜	指標顯微鏡
index microscope	估读显微镜	指標顯微鏡
index mosaic	镶嵌索引图	索引鑲嵌圖
index of refraction	折射率	折射指數
index to boundaries	行政区划略图	行政界線略圖
index to political boundaries(=index to boundaries)	行政区划略图	行政界線略圖
Indian spring low water	印度大潮低潮	印度大潮低潮
Indian tide plane	印度潮面	印度潮面
indicated corner	指示界桩	指示界石
indicatrix ellipse	变形椭圆	變形橢圓
indirect effect	间接效应	間接效應
indirect leveling	间接水准测量	間接高程測量
indirect printing	间接印刷	間接印刷
indirect process	间接分色法	間接分色法
indirect scheme of digital rectification	间接法纠正	間接法糾正

英 文 名	大 陆 名	台 湾 名
induced tide	间接潮	引致潮
induction height survey	导入高程测量	導入高程測量
induction height survey through shaft	立井导入高程测量	立井導入高程測量
industrial measuring system	工业测量系统	工業測量系統
industrial photogrammetry	①工业摄影测量学 ②工业摄影测量	①工業攝影測量學 ②工業攝影測量
industrial survey	工业测量	工業測量
industry printing	工业印刷	工業印刷
inequality	均差	均差
inertia	惯性	慣性
inertial coordinate system	惯性坐标系	慣性坐標系統
inertial navigation system	惯性导航系统	慣性導航系統
inertial positioning system	惯性定位系统	慣性定位系統
inertial surveying system(ISS)	惯性测量系统	慣性測量系統
inferior transit(=lower culmination)	下中天	下中天
information attribute	信息属性	資訊屬性
information extraction	信息提取	資訊萃取
information standardization	信息标准化	資訊標準化
infrared camera	红外摄影机	紅外攝影機
infrared cloud image	红外云层影像	紅外線雲層影像
infrared EDM instrument	红外测距仪	紅外線測距儀
infrared film	红外片	紅外線感光片
infrared filter	红外滤光片	紅外濾光片
infrared imagery	红外图像	紅外線影像
infrared night-vision system	红外夜视系统	紅外夜視系統
infrared photography	红外摄影	紅外線攝影
infrared radiation	红外辐射	紅外線輻射
infrared radiometer	红外辐射计	紅外輻射計
infrared remote sensing	红外遥感	紅外線感應
infrared remote sensing technology	红外遥感技术	紅外遙測技術
infrared remote sensor	红外遥感器	紅外線感測器
infrared scanner	红外扫描仪	紅外線掃描器
infrared thermometer	红外测温仪	紅外測溫儀
initial azimuth	起始方位角	起始方位角
initial form	原始地形	原始地形
ink anti-skinning	油墨干燥抑制剂	印墨乾燥抑製劑
ink application	上色	上色
ink fountain	油墨槽	墨槽

英　文　名	大　陆　名	台　湾　名
inking	上墨,着墨	上墨
ink-jet printing(IJP)	喷墨绘图	噴墨印刷
ink manuscript	清绘原图	清繪原圖
ink pilling	堆墨	堆墨
ink tack	油墨黏度	印墨黏度
inner adjustment	无约束平差	內平差
inner harbor	内港	內港
inner planets	内行星	內行星
INSAR(=interometry SAR)	干涉雷达	干涉雷達
inset	插图	插圖
instantaneous field of view(IFOV)	瞬时视场	暫態視場
instantaneous ground coverage	瞬间地面覆盖,瞬时地面覆盖	瞬間地面涵蓋
instantaneous pole	瞬时极	暫態極
instrument adjustment	仪器校正	儀器校正
instrumental station(=survey station)	测站	測站
instrument coordinates(=machine coordinates)	仪器坐标	儀器坐標
instrument errors	仪器误差	儀器誤差
instrument of surveying and mapping	测绘仪器	測繪儀器
instrument parallax	仪器视差	儀器視差
insufficient orientation(=preliminary orientation)	概略方位	概略方位
insular shelf	岛架	島棚
integrated data base	集成数据库	整合型資料庫
integrated geodesy	整体大地测量	整體大地測量
integrated positioning	组合定位	組合定位
integrating light meter	积光计	積光計
integration of GPS,RS and GIS technology (=3S integration)	3S 集成	3S 集成
integration time	积分时间	積分時間
intensity of gravity	重力强度	重力強度
interaction	交互作用	交互作用
interactive processing	人机交互处理	人機交互處理
intercalary day	闰日	閏日
intercalary year(=leap year)	闰年	閏年
interference filter	干涉滤光片	干涉濾光片
interferometer	干涉仪	干涉儀

英 文 名	大 陆 名	台 湾 名
interferometric seabed inspection sonar	相干声呐测深系统	相干聲納測深系統
interfocusing telescope	内调焦望远镜	内調焦望遠鏡
interior angle	内角	內角
interior angle or exterior angle method	内角或外角法	內角或外角法
interior focusing telescope(=interfocusing telescope)	内调焦望远镜	內調焦望遠鏡
interior orientation	内部定向	內方位判定
interior perspective center	内透视中心	內透視中心
interlocking angle	锁角	內鎖角
intermediary measurement	附加观测	附加觀測
intermediate bench mark	水准节点	水準節點
intermediate contour	首曲线	首曲線
intermediate orbit	中间轨道	居中軌道
intermediate orientation	中间定向	中間定向
intermediate point	过渡点	中間點
intermediate sight	中间视	間視
internal focussing	内调焦	內調焦
International Association of Geodesy (IAG)	国际大地测量协会	國際大地測量學會
International Astronomical Union(IAU)	国际天文联合会	國際天文學協會
international atomic time(IAT)	国际原子时	原子時
International Cartographic Association (ICA)	国际制图协会	國際地圖學學會
international celestial reference frame (ICRF)	国际天球参考架	國際天球參考架
international chart	国际海图	國際海圖
International Council for the Exploration of the Sea(ICES)	国际海洋考察理事会	國際海洋探測委員會
International Earth Rotation Service (IERS)	国际地球自转服务局	國際地球自轉服務局
international ellipsoid	国际椭球	國際橢球體
international gravity formula	国际重力公式	國際重力公式
International Gravity Standardization Net (IGSN)	国际重力标准网	國際重力標準網
International Hydrographic Bureau(IHB)	国际海道测量局	國際海道測量公會
International Hydrographic Organization (IHO)	国际海道测量组织	國際海道測量組織
international nautical mile	国际海里	國際海浬

英 文 名	大 陆 名	台 湾 名
international one-in a million map	国际百万分之一地图	國際百萬分之一世界輿圖
International Society for Photogrammetry and Remote Sensing(ISPRS)	国际摄影测量与遥感学会	國際攝影測量與遙感學會
International Society of Mine Surveying	国际矿山测量学会	國際礦山測量學會
international spheroid	国际地球扁率	國際地球原子
international standard meter	国际标准米尺	國際標準公尺
international terrestrial reference frame (ITRF)	国际地球参考架	國際地球參考架
International Union of Geodesy and Geophysics(IUGG)	国际大地测量与地球物理联合会	國際大地測量學及地球物理學會
International Union of Surveying and Mapping(IUSM)	国际测绘联合会	國際測繪聯合會
international waters	国际水域	國際水域
Internation Latitude Service	国际纬度局	國際緯度局
interocular distance	眼基距	眼距
interometry SAR(INSAR)	干涉雷达	干涉雷達
interpolation	内插	內插法
interpolation error	内插误差	內插誤差
interpolation of contours	等高线内插法	等高線插繪法
interpretation	判读	判讀,判釋
interpretation element	判读要素	判讀要素
interpretation key(=interpretation element)	判读要素	判讀要素
interpretation of echograms	声图判读	聲圖判讀
interpretoscope	判读仪	判讀儀
interrupted projection	分瓣投影	分瓣投影
intersection	交会	交會
intersection angle of LOP	位置线交角	位置線交角
intersection by distances	距离交会法	距離交會法
intersection method	交会法[曲线测设]	交會法[曲線測設]
intersection station	交会点	前方交會點
intertidal bar	潮间沙洲	潮間沙洲
intertidal zone	潮间带	潮間帶
intervalometer	定时控制器,时间间隔计	時間間隔器
interval scaling	等距量表	等距量表
invar	因瓦	錮鋼

英 文 名	大 陆 名	台 湾 名
invar baseline wire	因瓦基线尺	鉧鋼基線尺
invar rod	因瓦标尺	鉧鋼標尺
invar tape	因瓦带尺	鉧鋼帶尺
invar wire	因瓦线尺	鉧鋼線尺
inverse geodetic problem	大地反算问题	大地反算問題
inverse interpolation	逆插法	反插法
inverse of weight matrix	权逆阵	權逆矩陣
inverse plummet observation	倒锤[线]观测	倒錘[線]觀測
inverse position computation	大地位置反算	大地位置反算
inverse SAR	逆合成孔径雷达	逆合成孔徑雷達
inverse solution of geodetic problem	大地主题反解	大地反算問題
inverted image	倒像	倒像
inverted negative	反转负片	翻轉負片
ionosphere	电离层	電離層
ionospheric correction	电离层改正	電離層改正
ionospheric refraction correction	电离层折射改正	電離層折射改正
IPMS(=International Polar Motion Service)	国际极移局	國際極移協會
iris aperture	可变孔径	可變光圈孔徑
iris diaphragm	可变光阑	可變光欄
irregular error(=accident error)	偶然误差	偶然誤差,不規則誤差
irrigation layout plan	灌区平面布置图	灌區平面佈置圖
island chart	岛屿图	島嶼圖
island-mainland connection survey	岛陆联测	島陸聯測
island survey	岛屿测量	島嶼測量
isobar	等压线	等壓線
isocenter	等角点	等角點
isocenter of photograph	像等角点	像等角點
isocenter radial triangulation	等角点辐射三角测量	等角點輻射三角測量
isoclinal	等磁倾	等磁傾
isoclinal chart	等磁倾图	等磁傾線圖
isoclinal lines	等磁倾线	等磁傾線
isodynamic lines	等磁力线	等磁強線
isogonal	等偏角	等磁偏角
isogonic chart	等磁偏图	等磁偏線圖
isogonic lines	等磁偏线	等磁偏線
isolated danger mark	孤立危险物标志	孤障標誌
isoline map	等值线地图	等值線地圖

英 文 名	大 陆 名	台 湾 名
isoline method	等值线法	等值線法
isometric	等量	等量
isometric latitude	等量纬度	等量緯度
isometric parallel	等比线	等角水平線,等比線
isostasy	地壳均衡[说]	地殼均衡理論
isostatic adjustment	地壳均衡调整	地殼均衡調整
isostatic compensation	地壳均衡补偿	地殼均衡補償
isostatic correction	地壳均衡改正	地殼均衡糾正
isostatic geoid	均衡大地水准面	均衡大地水準面
isostatic gravity anomaly	均衡重力异常	地殼均衡重力異常
isostatic gravity correction	均衡重力改正	地殼均衡重力改正
isostatic gravity reduction	均衡重力归算	地殼均衡重力歸算
isotherm	等温线	等溫線
ISPRS(=International Society for Photogrammetry and Remote Sensing)	国际摄影测量与遥感学会	國際攝影測量與遙感學會
ISS(=inertial surveying system)	惯性测量系统	慣性測量系統
issue number(=edition code)	版次	版次,發行版次
iteration method with variable weights	选权迭代法	選權迭代法
ITRF(=international terrestrial reference frame)	国际地球参考架	國際地球參考架
IUGG(=International Union of Geodesy and Geophysics)	国际大地测量与地球物理联合会	國際大地測量學及地球物理學會
IUSM(=International Union of Surveying and Mapping)	国际测绘联合会	國際測繪聯合會

J

英 文 名	大 陆 名	台 湾 名
Jia Dan	贾耽	賈耽
jig transit	定向经纬仪	定向經緯儀
JND(=just noticeable difference)	最小可觉差	恰可察覺差
JOG(=joint operation graphic)	联合作战图	聯合作戰圖
joint	节理	節理
joint land ownership	共有土地	共有土地
joint operation graphic(JOG)	联合作战图	聯合作戰圖
joint tripod head	球头三脚架头	窩球三腳架首
Julian calendar	儒略历	儒略曆
Julian century	儒略世纪	儒略世紀

英　文　名	大　陆　名	台　湾　名
Julian Day	儒略日	儒略日
Julian day number	儒略日数	儒略日序
Julian ephemeris date	儒略星历日	儒略星曆日
Julian ephemeris day number	儒略星历日数	儒略星曆日數
Julian year	儒略年	儒略年
jumper	跨接线	跨帶線
junction bench mark	水准结点,水准交会点	水準結點,連鎖水準點
junction detail	结合资料图	接合資料圖
junction figure	结合图	結合圖
junction point method	接点法	接點法
junction point of traverses	导线结点	導線結點
Jupiter	木星	木星
just noticeable difference(JND)	最小可觉差	恰可察覺差
Ju Sz-ben	朱思本	朱思本

K

英　文　名	大　陆　名	台　湾　名
karst landscape	喀斯特景观,岩溶景观	喀斯特景觀
karst river	喀斯特河,岩溶河	喀斯特河,岩溶河
karst topography	喀斯特地形,岩溶地形	喀斯特地形
kenamatic positioning	动态定位	動態定位
Kepler ellipse	开普勒椭圆	克蔔勒橢圓
Keplerian element	开普勒元素	克蔔勒元素
Kepler's equation	开普勒方程式	克蔔勒方程式
Kepler's law	开普勒定律	克蔔勒定律
Kepler's planetary law(=Kepler's law)	开普勒定律	克蔔勒定律
keyed original ground	分色原图	分色原圖
key point method	关键点法	要點法
k-factor	k 因子	k 因數
kilometer grid	方里网	方里網
kilometer scale	千米尺	公里尺
kinetheodolite	摄影跟踪经纬仪	攝影追蹤經緯儀
knockdown target	拆卸式觇标	拆卸式覘標
knot	节	節
Krasovsky ellipsoid	克拉索夫斯基椭球	克拉索夫斯基橢球

L

英 文 名	大 陆 名	台 湾 名
ladar	激光雷达	雷射雷達
ladar system for ozone	臭氧[观测]雷达系统	臭氧雷達系統
ladder grid numbers	制图格网数字注记	梯形方格註記
lag error	延迟误差	遲滯誤差
lagging of the tide	潮时滞后	潮期延遲
lagoon	潟湖	潟湖
Lagrange's projection	拉格朗日投影	拉格朗日投影
Lagrange's variational equation	拉格朗日行星运动方程	拉格朗日行星運動方程
lake survey	湖泊测量	湖泊測量
Lambert bearing	兰勃特方位线	蘭伯特方向線
Lambert conformal conical projection	兰勃特正性圆锥投影	蘭伯特正形圓錐投影
Lambert projection	兰勃特投影	蘭伯特投影
Lambert's theorem	兰勃特定理	蘭伯特定理
laminating	覆膜	覆膜
LANBY(=large automatic navigation buoy)	大型自动导航浮标	大型自動導航浮標
land appraisal	土地估价	土地估價
land boundary	界线	界線,經界
land boundary map	地类界图	地類界圖
land boundary survey	地界测量	地界測量
land category	地类	地目
land classification	土地分类	土地分類
land consolidation	土地整理	土地重劃
land description	土地标定	土地標示
land division	土地划分	土地劃分,土地分割
land expropriation	土地征收	土地徵收
landfall buoy(=farewell buoy)	[航道]进口浮标	外海浮標
landform coloration	地貌彩色晕渲	地貌彩色暈渲
land grades	土地等级	土地等則
land grading	土地平整	整地
land information system(LIS)	土地信息系统	土地資訊系統
landing strip	着陆跑道	起落地帶
land investigation	土地调查	土地調查

英 文 名	大 陆 名	台 湾 名
landmark	陆标	陸標
landmark feature	陆标要素	地標記號
land-mass simulator	地块模拟器	地形模擬器
land parcel	宗地	宗地
land planning survey	土地规划测量	土地規劃測量
land readjustment(=land consolidation)	土地整理	土地重劃
land register	地籍簿	土地登記簿
land registration	土地登记	土地登記
Landsat	陆地卫星	陸地衛星
landscape map	景观地图	景觀地圖
land surveying	土地测量	土地測量
land survey section	地块	土地測量地塊
land use capability	土地可用度	土地可用度
land use districts	土地利用分区	土地使用分區
land use joining	土地利用综合区	土地使用綜合區
land use map	土地利用图	土地使用圖
land use pattern	土地利用模式	土地使用模式
land use plan	土地利用计划书	土地使用計畫
land utilization	土地利用	土地利用
land value	地价	地價
lane width(=phase cycle value)	相位周值	相位周值
Laplace azimuth	拉普拉斯方位角	拉普拉斯方位角
Laplace condition	拉普拉斯条件	拉普拉斯條件
Laplace equation	拉普拉斯方程式	拉普拉斯方程式
Laplace point	拉普拉斯点	拉普拉斯點
large automatic navigation buoy(LANBY)	大型自动导航浮标	大型自動導航浮標
large format camera(LFC)	大像幅摄影机	大像幅攝影機
large-scale map	大比例尺地图	大比例尺地圖
large-scale survey	大比例尺图测量	大比例尺測量
large-scale topographical map	大比例尺地形图	大比例尺地形圖
laser	激光	雷射
laser altimeter	激光测高仪	雷射測高儀
laser collimator	激光准直仪	雷射準直儀
laser diode(LD)	激光二极管	雷射二極管
laser distance measuring instrument	激光测距仪	雷射測距儀,雷射大地測距儀
laser eyepiece	激光目镜	雷射目鏡
laser flurosensor	激光荧光传感器	雷射螢光感測器

英 文 名	大 陆 名	台 湾 名
laser guide of vertical shaft	立井激光指向[法]	立體雷射指向[法]
laser heterodyne spectrometer	激光外差光谱仪	雷射外差式光譜儀
laser level	激光水准仪	雷射水準儀
laser plotter	激光绘图机	雷射繪圖機
laser plumbing	激光投点	雷射投點
laser radar(=ladar)	激光雷达	雷射雷達
laser ranger(=laser distance measuring instrument)	激光测距仪	雷射測距儀,雷射大地測距儀
laser ranging	激光测距	雷射測距
laser scan digitizer	激光扫描数字化器	雷射掃描數化器
laser sounder	激光测深仪	雷射測深儀
laser swinger	激光扫平仪	雷射掃平儀
laser theodolite	激光经纬仪	雷射經緯儀
laser topographic position finder	激光地形仪	雷射地形儀
latent image	潜像,潜影	潛像
lateral error of traverse	导线横向误差	導線橫向誤差
lateral oblique photograph	旁向倾斜像片	側向傾斜像片
lateral overlap	旁向重叠	像片左右重疊,左右重疊
lateral refraction	横向折射	橫向折射
lateral tilt	旁向倾角	橫向傾角
latitude	①纬度 ②纵距	①緯度 ②縱距
latitude determination	纬度测定	緯度測定
latitude equation	纬度方程	緯度方程式
latitude level	纬度水准仪	緯度水準器
latitude of pedal	底点纬度	底點緯度
latitude of reference	基准纬度	基準緯度
law of anharmonic	交比定律	交比定律
law of error	误差定律	誤差定律
law of reflection	反射定律	反射定律
law of refraction	折射定律	折射定律
layer	分层	分層
layer system(=hypsometric layer)	分层设色法	分層設色法
layout	放样,测设	放樣,測設,釘樁
layout drawing	打样图	打樣圖
layout of curve	曲线放样	曲線放樣
layout of right-of-way stake	道路定桩	路權樁釘定
layout of side slope	定边坡	定邊坡
layout survey	放样测量	放樣測量

英 文 名	大 陆 名	台 湾 名
layover	顶底位移	頂底位移
LD(=laser diode)	激光二极管	雷射二極管
leading beacon	导标	定向標
leading edge	咬口,叼口	咬口邊
leading method	锤测深法	鉛錘測深法
lead line	测深绳,测深线	測深繩,測錘繩,測深線
lead line correction	测深绳改正	測深繩改正
leadsman	锤测员	錘測手
leap day(=intercalary day)	闰日	閏日
leapfrog method	蛙跳法,跳点法	蛙跳法
leap year	闰年	閏年
least count	最小读数	最小讀數
least depth	最小深度	最小深度
least squares collocation	最小二乘配置法	最小平方配置法
least squares correlation	最小二乘相关	最小二乘相關
least squares method	最小二乘法	最小自乘法
LED(=light-emittig diode)	发光二极管	發光二極體
leeward tidal current	顺风流	下風流
leeward tide	顺风潮	下風潮
legend	图例	圖例,圖式
Legendre polynomial	勒让德多项式	勒戎德爾多項式
Lehmann's method	莱曼法	李門氏法
length correction	长度改正	長度改正
length equation	基线方程,长度方程	長方程式
length of real aperture	真实孔径长度	真實孔徑長度
length of synthetic aperture	合成孔径长度	合成孔徑長度
lens	透镜	透鏡
lens aberration	透镜像差	透鏡像差
lens diaphragm	镜头光圈	鏡頭光圈
lens distortion	透镜畸变差	透鏡畸變差
lens equation	透镜方程式	透鏡方程式
lens quality	透镜质量	透鏡品質
lens shutter(=between-the-lens shutter)	中心快门	鏡間快門,中間快門
lens tissue	镜头纸	擦鏡頭薄紙
lettering of chart	海图注记	海圖注記
level	水准仪	水準儀
level chambered spirit	隔室式水准器	可調整起泡水準器
level circuit(=level loop)	闭合水准环线	閉合水準環線

英 文 名	大 陆 名	台 湾 名
level circuit error(=level loop closure)	水准环线闭合差	水準環線閉合差
level control	垂直控制	高程控制
level correction	水准改正	水準改正
level ellipsoid	水准椭球	水準橢球體
leveling	置平	定平
leveling adjustment	水准平差	水準平差
leveling line	水准路线	水準線
leveling network	水准网	水準網
leveling of model	模型置平	模型置平,模型改平
leveling origin	水准原点	水準原點
leveling plate	水准尺尺垫	水準尺腳座
leveling-rod constant	水准标尺常数	水準標尺常數
leveling staff	水准尺	水準尺
leveling surveying	水准测量	水準測量,高程測量
level loop	闭合水准环线	閉合水準環線
level loop closure	水准环线闭合差	水準環線閉合差
level reversible	回转式水准仪	迴轉式水準儀,迴式水準儀
level rod	水准标尺	水準標尺,高程尺
level spheroid(=level ellipsoid)	水准椭球	水準橢球體
level surface	水准面	水準面
level tester	水准器检测仪	水準管靈敏度檢定器
level trier	水准器检定器	水準管檢定器
LFC(=large format camera)	大像幅摄影机	大像幅攝影機
LHW(=lower high water)	低高潮	低高潮,較低高潮
libration	天平动	天秤動
light beacon	灯标	燈標
light beam	光束	光束
light buoy	灯浮标	燈浮
light color	灯色	燈色
light-emittig diode(LED)	发光二极管	發光二極體
light equation	光差	光差
light filter	滤光镜	濾光鏡
lighthouse	灯塔	燈塔
lightness	亮度	亮度
light pen	光笔	光筆
light pencil	光柱	光柱
light period	灯光周期	燈光週期

英 文 名	大 陆 名	台 湾 名
light range	灯光射程	燈光射程
light sector	光弧	燈弧
light ship(=light vessel)	灯船	燈船
light vessel	灯船	燈船
light year	光年	光年
like polarization radar image	同极化雷达影像	同極化雷達影像
limb	边缘	邊緣
limit error	极限误差	誤差界限
limiting circle	极限圆	中心圈
limiting danger line	危险界线	警戒線
line-and-half toning	等高线晕渲表示法	等高線暈渲表示法
linear-angular intersection	边角交会法	邊角交會法
linear array sensor	线阵遥感器	線狀陣列感應器,掃帚式感應器
linear discrepancy	长度不符值	長度閉合差
linear error of closure	线性闭合差	線性閉合差
linear features	线状地物	線狀地物
linear intersection	边交会法	邊交會法
linear polarization	线性偏振,线性极化	線性偏光
linear scanner	线扫描仪	線掃描機
linear triangulation chain	线形锁	線形鎖
linear triangulation network	线形网	線形網
line map	线划图	線劃圖,線條稿
linen-backed map	裱糊地图	裱背地圖
line of collimation	视准线	視準線
line of nodes	交点线	交點線
line of position(LOP)	位置线	位置線
line of sight(=line of collimation)	视准线	視準線
line photography	线条摄影	線條照相
line smoothing	曲线光滑	曲線光滑
line symbol	线状符号	線符號
link	测段	[水準測量]鎖部
LIS(=land information system)	土地信息系统	土地資訊系統
list of lights	航标表	航標表
list of radio beacon	无线电指向标表	無線電指向標表
lithosphere	岩石圈	岩圈
littoral zone(=intertidal zone)	潮间带	潮間帶
LLR(=lunar laser ranging)	激光测月	雷射測月

英文名	大陆名	台湾名
LLW(=lower low water)	低低潮	較低低潮
load tide	负荷潮	負荷潮
local apparent time	地方视时	地方視時
local coordinate system	地方坐标系	地方坐標系統
local datum	地方基准	地方基準點
local hour angle	地方时角	地方時角
local lunar time	地方月时	地方月時
local magnetic anomaly	局部磁异常	局部磁力異常
local mean sea level	当地平均海面	當地平均海面
local mean time	地方平时	地方平時
local meridian	地方子午线	地方子午線
local sidereal time	地方恒星时	地方恆星時
local time	地方时	地方時
locating engineer	定线工程师	定線工程師
location monument	定位标石	定位標石
location of pier	桥墩定位	橋墩定位
location of route(=center line survey)	中线测量,线路中线测量	中線測量
location survey	定测	定測
lock	水闸	水閘
locking angle	锁止角	鎖角
locking screw	锁紧螺旋	固定螺旋
logarithmic scale	对数尺	對數分度,對數比例尺
log-chip	测速板	測速板
logical consistency	逻辑兼容	邏輯相容
log line	测绳	測程繩
Lo Hung-shian	罗洪先	羅洪先
long-arc method	长弧法	長弧法
long grain	直丝绺	長絲流
longitude	经度	經度
longitude equation	经度方程	經度方程式,經線方程式
longitude of moon's node	月亮交点黄经	月之黃交點
longitude of the node(=longitude of moon's node)	月亮交点黄经	月之黃交點
longitude signal	经度信号	經度信號
longitudinal chromatic aberration(=axial color aberration)	轴向色差	縱向色差

英 文 名	大 陆 名	台 湾 名
longitudinal error of traverse	导线纵向误差	導線縱向誤差
longitudinal overlap	航向重叠	縱向重疊,前後重疊
longitudinal shrinkage	纵向收缩	縱向收縮
longitudinal tilt	航向倾角	傾角
long-range air navigation chart	长程航空图	長程航空圖
long-range navigation chart	远程航行图	長程航行圖
long-range navigation(=Loran)	罗兰	羅蘭
long-range oblique photography(LOROP)	远程倾斜摄影	長距傾斜攝影
long-range positioning system	远程定位系统	遠端定位系統
long run	长版活	長版
loop(=circuit)	环	環線
loose-leaf map	活页地图	活頁地圖
LOP(=line of position)	位置线	位置線
Loran	罗兰	羅蘭
Loran chart	罗兰海图	諾南圖,遠程雙曲線定點陣圖
Loran-C positioning system	罗兰-C 定位系统	羅蘭-C 定位系統
LOROP(=long-range oblique photography)	远程倾斜摄影	長距傾斜攝影
LOROP photograph	远程摄影像片	長焦距像片
lose of lock	失锁	失鎖
Love's number	勒夫数	勒夫數
low altitude	低空	低空
low contrast paper	低反差像纸	低反差像紙
lower circle	下盘	下盤
lower clamp	下盘制动	下盤制動
lower culmination	下中天	下中天
lower high water(LHW)	低高潮	低高潮,較低高潮
lower high water interval	低高潮间隙	較低高潮間隔
lower low water(LLW)	低低潮	較低低潮
lower low water datum	低低潮基准面	較低低潮基準面
lower low water interval	低低潮间隙	較低低潮間隔
lower motion	下盘动作	下盤動作
lower transit(=lower culmination)	下中天	下中天
lowest astronomical tide	最低天文潮位	最低天文潮
lowest low water	最低低潮	最低低潮
lowest low water springs	最低大潮低潮面	最低大潮低潮面
lowest normal low water	理论最低潮面	較低低潮基準面

英 文 名	大 陆 名	台 湾 名
lowest normal tide	平均最低潮	最低均潮
lowest tide(=lowest normal tide)	平均最低潮	最低均潮
low-key copy	暗调原稿	暗調原稿
low oblique photograph	浅倾斜像片	急傾斜像片
lowpass filter	低通滤光片	低通濾光片
low resolution	低分辨率	低解析度
low shoreline	低岸线	低海岸線
low tide	低潮	低潮
low-tide shoreline	低潮岸线	低潮岸線
low tide slack water	低潮憩流	低潮憩流
low water (LW)(=low tide)	低潮	低潮
low water datum	低潮基准面	低潮基準面
low water inequality	低潮不等	低潮不等
low water interval	低潮间隙	低潮間隔
low water level	低潮面	低潮面
low water line	低潮线	低潮線
low water lunitidal interval(LWI)	[月潮]低潮间隙	太陰低潮間隔
low-water mark	低水位线,低潮标志	低水位線,低潮標誌
low water springs datum	大潮低潮基准面	大潮低潮基準面
low water stand	低潮停潮	低潮憩潮
loxodrome(=rhumb line)	恒向线,等角航线	恆向線
lubber line	[基]准线	準線
luminous flux	光通量	光通量
luminous intensity	发光强度	發光強度
lunar celestial equator	月球天体赤道	月球天體赤道
lunar crater	月球环形山	月球圓坑
lunar daily magnetic variation	月球日磁变	月球日磁變
lunar day	太阴日	太陰日
lunar distance	月球角距	月角距
lunar eclipse	月食	月蝕
lunar inequality	月行差	月球均差
lunar interval	月球时差	月球間隔
lunar laser ranging(LLR)	激光测月	雷射測月
lunar month(=lunation)	太阴月,朔望月	太陰月,朔望月
lunar orbit	环月轨道	環月軌道
lunar orbiter	月球轨道飞行器	月球軌道飛行器
lunar parallax	月球视差	月球視差
lunar retardation	月球延迟	月之延遲

英 文 名	大 陆 名	台 湾 名
lunar satellite	月球卫星	月球衛星,地球同月衛星
lunar tide	太阴潮	太陰潮
lunation	太阴月,朔望月	太陰月,朔望月
lune	平月型	新月型
lunicurrent interval	月潮流间隙	月潮流間隔
lunisolar effect	日月效应	日月效應
lunisolar gravitational perturbation	日月引力摄动	日月攝動
lunisolar perturbation	日月扰动	日月擾動
lunisolar precession	日月岁差	日月歲差
luni-solar tide	日月潮	日月潮
lunitidal interval	月潮间隙	月潮間隔
LW(=low water)	低潮	低潮
LWI(=low water lunitidal interval)	[月潮]低潮间隙	太陰低潮間隔

M

英 文 名	大 陆 名	台 湾 名
machine coordinates	仪器坐标	儀器坐標
macrophotogrammetry	超近摄影测量	超近攝影測量
magnetic annual change	周年磁变	磁年變
magnetic annual variation	磁周年差	磁年差
magnetic anomaly area	磁力异常区	磁力異常區
magnetic axis	磁轴	磁軸
magnetic azimuth	磁方位角	磁方位
magnetic bearing	磁象限角	磁方向
magnetic chart	磁力图	磁力圖,地球磁偏圖
magnetic daily variation	磁日变	磁日變
magnetic deflection	磁偏转	磁變
magnetic dip	磁倾角	地磁傾角,磁傾角
magnetic dip circle	磁倾仪	磁傾度盤
magnetic disturbance	磁扰	磁擾
magnetic diurnal variation(=magnetic daily variation)	磁日变	磁日變
magnetic elements	磁元素	磁元素
magnetic equator	磁赤道	磁赤道
magnetic field	磁场	磁場
magnetic field intensity	磁场强度	磁場強度

英 文 名	大 陆 名	台 湾 名
magnetic flux	磁通[量]	磁通量
magnetic force	磁力	磁力
magnetic latitude	磁纬	磁緯
magnetic line of force	磁力线	磁力線
magnetic lunar daily variation	磁月日变	磁月球日變
magnetic map	地磁图	地磁圖
magnetic meridian	磁子午线	磁子午線
magnetic moment	磁矩	磁力矩
magnetic needle	磁针	磁針
magnetic north	磁北	磁北
magnetic observation	磁力测量	磁力測量
magnetic point	磁力点	磁力點
magnetic pole	磁极	磁極,磁傾極
magnetic secular change	磁常变	磁常變
magnetic sounder	磁测深仪	磁測深儀
magnetic sounding	磁测深	磁測深
magnetic station	磁测站	磁力站
magnetic storm	磁暴	磁爆
magnetic survey(=magnetic observation)	磁力测量	磁力測量
magnetic sweeping	磁力扫海测量	磁力掃海測量
magnetism theodolite	地磁经纬仪	地磁經緯儀
magnetization	磁化	磁化
magnetometer	磁力仪	磁力計
magnifying mirror stereoscope	放大反光立体镜	放大反光立體鏡
magnifying power	放大倍率	放大倍率
magnitude	星等	星等
main/check comparison	主检比对	主檢比對
main line	主测线	本線
main station	主台	主台
maintained depth	维护深度	維持深度
main tangent	主切线	主切線
maintenance survey	养路测量	養路測量
major planets	大行星	大行星
maneuvering basin(=turning basin)	掉头区	迴船池
mantle	地幔	地涵
manual of symbols	图示符号	圖式符號
manual tracking digitizer	手扶跟踪数字化仪	手動跟蹤數化儀
map	地图	地圖

英文名	大陆名	台湾名
map accuracy	地图精度	地圖精度
map accuracy specification	地图准确度规范	地圖精度規格
map adjustment	地图接边	地圖校正
map author	地图作者	地圖作者
map base	编稿地图	編稿底圖
map border(=edge of the format)	图廓	圖廓
map catalog	地图目录	地圖目錄,地圖書目
map clarity	地图清晰性	地圖清晰性
map color atlas	地图色谱	地圖色譜
map color separation	地图分色	地圖分色
map color standard(=color chart)	地图色标	演色表
map compilation	地图编制	地圖編纂
map complexity	地图复杂性	地圖複雜性
map data structure	地图数据结构	地圖資料結構
map decoration	地图整饰	地圖整飾
map design	地图设计	地圖設計
map digitizing	地图数字化	地圖數值化
map display	地图显示	地圖顯示
map editing	地图编辑	地圖編輯
map editorial policy	地图编辑大纲	地圖編輯大綱
map grid	地图格网	地圖網格
map identifications	图籍	圖籍
map index	地图接图表	地圖圖表
map interpretation	地图判读	地圖判讀
map layout	图面配置	圖面配置
map legibility	地图易读性	地圖易讀性
map lettering	地图注记	地圖註記
map load	地图负载量	地圖負載量
map making	地图制图	製圖
map of isolines	等值线图	等值線圖,等值圖
map of mineral deposits	矿产图	礦產圖
map of mining subsidence	开采沉陷图	開採沉陷圖
map of standard format	标准图幅	標準圖幅
map overlay analysis	地图叠置分析	地圖疊置分析
map perception	地图感受	地圖感受
mapping	制图	製圖
mapping accuracy	制图精度	製圖精度
mapping angle(=meridian convergence)	子午线收敛角	子午線收斂角,製圖角

英文名	大陆名	台湾名
mapping camera	测图相机	製圖攝影機
mapping control	图根控制	圖根控制
mapping control point	图根点	圖根點,地形測站
mapping from remote sensing image	遥感影像制图	遙感圖像製圖
mapping method with transit	经纬仪测绘法	經緯儀測繪法
mapping recorded file	图历簿	圖曆簿
mapping satellite	测图卫星	測圖衛星
map printing	地图印刷	地圖製印
map projection	地图投影	地圖投影
map projection distortion	地图投影变形	地圖投影變形
map reading	地图阅读	地圖閱讀
map reference code	地图图符编号	地圖代號
map reproduction	地图复制	地圖複製
map revision	地图更新,地图修订	地圖修測,地圖修正
map run	地图发行量	地圖發行數
map series(=chart series)	图组	圖組,圖集
map series number	地图序列号	圖組號
map sheet	地图图幅	地圖圖幅
map specification	地图规范	地圖規格
map sub-title	副图名	副圖名
map symbols bank	地图符号库	地圖符號庫
map test	地图检查	地圖檢查
map title	图名	圖名
map use	地图利用	地圖利用
marginal land	边缘土地	邊際土地
marginal land between agriculture and forestry	农林边缘土地	農林邊際土地
marginal sea	边缘海	緣海
margin data of photograph	像片边缘注记	像片邊緣註記
marigraph	自记验潮仪	潮位計
marina	游艇港	遊艇港
marine atlas	海[洋]图集	海[洋]圖集
marine biological chart	海洋生物图	海洋生物圖
marine bottom proton sampler	海洋质子采样器	海洋質子採樣器
marine-built terrace	海积台地	海成臺地
marine chart	海图	海圖
marine charting	海洋测绘	海道測量,水道測繪
marine charting database	海洋测绘数据库	海洋測繪資料庫

英 文 名	大 陆 名	台 湾 名
marine-cut terrace	海蚀台地	海蝕臺地
marine demarcation survey	海洋划界测量	海洋劃界測量
marine engineering survey	海洋工程测量	海洋工程測量
marine environmental chart	海洋环境图	海洋環境圖
marine geodesy	海洋大地测量学	海洋大地測量學
marine geodetic survey	海洋大地测量	海洋大地測量
marine gravimeter	海洋重力仪	海洋重力儀
marine gravimetry	海洋重力测量	海洋重力測量
marine gravity anomaly	海洋重力异常	海洋重力異常
marine hydrological chart	海洋水文图	海洋水文圖
marine leveling	海洋水准测量	海洋水準測量
marine magnetic anomaly	海洋磁力异常	海洋磁力異常
marine magnetic chart	海洋磁力图	海洋磁力圖
marine magnetic survey	海洋磁力测量	海洋磁力測量
marine meteorological chart	海洋气象图	海洋氣象圖
marine meteorology	海洋气象学	海洋氣象學
marine proton magnetometer	海洋质子磁力仪	海洋質子磁力儀
marine resources chart	海洋资源图	海洋資源圖
marine survey	海洋测量	海道測量
marine survey positioning	海洋测量定位	海洋測量定位
marine thematic survey	海洋专题测量	海洋專題測量
mark boat	标船	標船
marker beacon	标位信标	標位標桿
marker radiobeacon	标位无线电信标	標位無線電標桿
marks for measuring velocity	测速标	測速標
mask	蒙片	蒙片
mask artwork	蒙绘	蒙繪
mask method	遮光法	遮光法
mass diagram	土方分配图,土方累积图	土方分配圖,土積圖
master clock	母钟,主钟	母鐘
master photograph	主像片	主像片
master print(=master photograph)	主像片	主像片
match line	拼接线	接合線
mathematical cartography	数学地图学,地图投影学	地圖投影學
mathematical geodesy	数学大地测量学	數學大地測量
matt-surface	毛面	粗面

英 文 名	大 陆 名	台 湾 名
maximum likelihood classification	最大似然分类	最大似然分類
maximum perigee spring tide	最大近地点大潮	最大近地點大潮
mean anomaly	平近点角	平近點角
mean astronomic meridian plane	平天文子午面	平天文子午面
meander	曲流	曲流
meander core	离堆山,曲流环绕岛	離堆丘,曲流丘
meandering coefficient of traverse	导线曲折系数	導線曲折係數
mean diurnal high water inequality	平均日高潮不等	平均日周高潮不等
mean earth ellipsoid	平均地球椭球	平均地球橢球體
mean ecliptic	平均黄道	平均黃道
mean equinox	平春分點	平春分點
mean gravity anomaly	平均重力异常	平均重力異常
mean ground elevation	平均地面高程	平均地面高程
mean higher high water(MHHW)	平均高高潮	平均較高高潮
mean high water(MHW)	平均高潮	平均高潮
mean high water interval(MHWI)	平均高潮间隙	平均高潮間隔
mean high water neaps(MHWN)	①平均小潮高潮 ②平均小潮高潮面	①平均小潮高潮 ②平均小潮高潮面
mean high water springs(MHWS)	①平均大潮高潮 ②平均大潮高潮面	①平均大潮高潮 ②平均大潮高潮面
mean lower low water(MLLW)	平均低低潮	平均較低低潮
mean lower water springs(MLLWS)	平均大潮低低潮	平均大潮較低低潮
mean low water(MLW)	平均低潮面	平均低潮面
mean low water interval(MLWI)	平均低潮间隙	平均低潮間隔
mean low water neaps(MLWN)	平均小潮低潮面	平均小潮低潮面
mean low water springs(MLWS)	平均大潮低潮面	平均大潮低潮面
mean motion	平均运动	平均運動
mean neap range	平均小潮差	平均小潮差
mean neap rise	平均小潮升	平均小潮升
mean noon	平正午	平午正
mean place	平位置	平位置
mean pole	平极	平極
mean pole of the epoch	历元平极	曆元平極
mean radius of curvature	平均曲率半径	平均曲率半徑
mean rise	平均潮升	平均潮升
mean river level	江河平均水位	平均河水位
mean scale of photograph	像片平均比例尺	像片平均比例尺
mean sea level	平均海[水]面	平均海水面

英 文 名	大 陆 名	台 湾 名
mean sidereal day	平恒星日	平恆星日
mean sidereal time	平恒星时	平恆星時
mean solar day	平太阳日	平太陽日
mean solar time	平太阳时	平太陽時
mean spring range	平均大潮差	平均大潮差
mean spring rise	平均大潮升	平均大潮升
mean square error of angle observation	测角中误差	測角中誤差
mean square error of a point	点位中误差	中誤差
mean square error of azimuth	方位角中误差	方位角中誤差
mean square error of coordinates	坐标中误差	坐標中誤差
mean square error of height	高程中误差	高程中誤差
mean square error of side length	边长中误差	邊長中誤差
mean sun	平太阳	平太陽
mean tide level	平均潮面	平均潮位
mean-time clock	平时钟	平時鐘
mean value	平均值	平均值
mean water level	平均水位	平均水位
measured angle	量测角	實測角
measured distance	量测距离	實測距離
[measuring] mark	测标	測標
measuring platform	量测台	觀測台
measuring stereoscope	量测立体镜	量測立體鏡
mechanical projection	机械投影	機械投影
mechanical projection stereoplotter	机械投影立体测图仪	機械投影立體測圖儀
mechanical scanner	机械扫描仪	機械式掃描
mechanical separation	机械分涂	手工分色稿
mechanical template triangulation	机械模片辐射三角测量	機械模片輻射三角測量
media map(=multimedia map)	多媒体地图	多媒體地圖,媒體地圖
medimarimeter	平均海面测定仪	平均海面儀
medium altitude	中高	中空
medium-range positioning system	中程定位系统	中程定位系統
medium-scale maps	中比例尺地图	中比例尺地圖
meniscus shaped lens	弯月型透镜	彎月型透鏡,新月型透鏡
mental map	心象地图	心象地圖
Mercator chart	墨卡托海图	麥卡托海圖
Mercator projection	墨卡托投影	麥卡托投影
mercury barometer	水银气压计	水銀氣壓計

英 文 名	大 陆 名	台 湾 名
merging	合并	漸淡溶入
meridian	①子午圈 ②子午线	①子午圈 ②子午線
meridian altitude	子午圈高度	子午圈高度
meridian angle(=hour angle)	时角	時角,子午角
meridian angle distance	子午角距	子午角距
meridian convergence	子午线收敛角	子午線收斂角,製圖角
meridian determination	子午线测量	子午線測量
meridian distance	子午距	子午距,子午圈弧距
meridian observation	中天观测	子午圈觀測
meridian passage(=culminate)	中天	中天
meridian plane	子午面	子午面
meridional interval	子午线间隔	子午線間隔
meridional offsets	子午线支距	子午線支距
meridional parts	渐长纬度	漸長緯度
mesa	平顶山,方山	平頂山,方山
mesosphere	中间层	中間層
metallic ink	金属油墨	金屬印墨
metallic spring gravimeter	金属弹簧重力仪	金屬彈簧重力儀
metallographic microscope	金相显微镜	金相顯微鏡
meteor	大气现象	大氣現象
meteorological chart	气象图	氣象圖
meteorological element	气象要素	氣象要素
meteorological optics	气象光学	氣象光學
meteorological representation error	气象代表误差	氣象代表誤差
meteorological visibility	大气能见度	大氣能見度
meteorologic tide	气象潮	氣象潮,氣候潮
method by hour angle of Polaris	北极星任意时角法	北極星任意時角法
method by reciprocal bearings	对向方向角法	對向方向角法
method by series(=method of direction observation)	方向观测法	方向法
method in all combinations	全组合测角法	全組合測角法
method of correlates	联系数法	繫數法
method of deflection angle	偏角法	偏角法
method of direction observation	方向观测法	方向法
method of double meridian distance	倍经[横]距法	倍經[横]距法
method of equal-weight substitution	等权代替法	等權代替法
method of free station	自由测站法	自由測站法
method of laser alignment	激光准直法	雷射準直法

英 文 名	大 陆 名	台 湾 名
method of mid-latitude	中纬度法	中緯度法
method of recording	记载法测量	記載測圖法
method of tension wire alignment	引张线法	引張線法
method of time determination by star transit	恒星中天测时法	恆星中天測時法
method of time determination by Zinger star-pair	津格尔[星对]测时法	津格爾[星對]測時法
Metonic cycle	默冬周期	麥冬週期
metrical photogrammetry	度量摄影测量	量度攝影測量學
metric camera(=surveying camera)	量测摄影机	測量攝影機
metropolis	都市	都會區
metropolitan area	大城市地区	都會區域
MHHW(=mean higher high water)	平均高高潮	平均較高高潮
MHWI(=mean high water lunitidal interval)	平均高潮间隙	平均月高潮間隔
MHW(=mean high water)	平均高潮面	平均高潮面
MHWN(=mean high water neaps)	①平均小潮高潮 ②平均小潮高潮面	①平均小潮高潮 ②平均小潮高潮面
MHWS(=mean high water springs)	①平均大潮高潮 ②平均大潮高潮面	①平均大潮高潮 ②平均大潮高潮面
microbarograph	微压计	微壓計
microcopying(=microphotography)	缩微摄影	縮微攝影
microdensitometer	测微密度计	微點感測器
microfilm	缩微胶片	微縮片
microfilm map	缩微地图	縮微地圖
microgravimetry	微重力测量	微重力測量
micrometer	测微器	測微器
micrometer drum	测微鼓	測微鼓
micrometereyepiece	测微目镜	測微目鏡
microphotography	缩微摄影	縮微攝影
microsecond	微秒	微秒
microwave distance measurement	微波测距	微波測距
microwave distance measuring instrument	微波测距仪	微波測距儀
microwave holography	微波全息摄影	微波全像攝影
microwave imagery	微波图像	微波圖像
microwave radiation	微波辐射	微波輻射
microwave radiometer	微波辐射计	微波輻射計
microwave remote sensing	微波遥感	微波遙感

英 文 名	大 陆 名	台 湾 名
microwave remote sensor	微波遥感器	微波感測器
mid-channel buoy	中线浮标	航道浮
middle latitude	中纬度	中緯度
middle of curve	中点	中點
middle tone	中性色调	中間調
mid-extreme tide	极中潮位	極點半潮
midlatitude(=middle latitude)	中纬度	中緯度
mid-ocean ridge	洋中脊	中洋脊
mid peg	中间桩	中間樁
mid-section method	中断面法	中斷面法
military abridged ephemeris	军用简要天文年历	軍用簡要天文年曆
military chart	军用海图	軍用海圖
military engineering survey	军事工程测量	軍事工程測量
military geography map	兵要地志图	兵要地誌圖
military map	军用地图	軍用地圖
Miller's cylindrical projection	米勒圆柱投影	米勒圓柱投影
millibar	毫巴	毫巴
milligal	毫伽	毫伽爾
milligauss	毫高斯	毫高斯
mine [dangerous] area	水雷[危险]区	水雷[危險]區
mineral deposits geometry	矿体几何[学]	礦體幾何[學]
mine survey	矿山测量	礦區測量
mine surveying	矿山测量学	礦山測量學
mine-sweeping area	扫雷区	掃雷區
minimum distance classification	最小距离分类	最小距離分類
minimum pendulum	最小变化摆	最小變化擺
mining engineering plan	采掘工程平面图	採掘工程平面圖
mining map	矿山测量图	礦山測量圖
mining subsidence observation	开采沉陷观测	開採沉陷觀測
mining theodolite	矿山经纬仪	礦山經緯儀
mining yard plan	矿场平面图	礦場平面圖
minor angle method	小角度法	小角度法
minor planets(=planetoid)	小行星	小行星
minus soundings	负深度	負值深度
mirror compass	反光罗经	反光羅盤儀
mirror image	镜像	鏡中像
miscellaneous chart	特种海图	特種海圖
misregister	套合不准	套印不準

英 文 名	大 陆 名	台 湾 名
missile orientation survey	导弹定向测量	導彈定向測量
misting	起雾	墨霧
mixed diurnal tide	混合全日潮	混合全日潮
mixed semidiurnal tide	混合半日潮	混合半日潮
mixed tidal harbor	混合潮港	混合潮港
mixed tide	混合潮	混合潮
MLLW(=mean lower low water)	平均低低潮	平均較低低潮
MLLWS(=mean lower water springs)	平均大潮低低潮	平均大潮較低低潮
MLWI(=mean low water interval)	平均低潮间隙	平均月低潮間隔
MLW(=mean low water)	平均低潮面	平均低潮面
MLWN(=mean low water neaps)	平均小潮低潮面	平均小潮低潮面
MLWS(=mean low water springs)	平均大潮低潮面	平均大潮低潮面
moat	海壕	緣溝,海底山溝
mobile station	船台	機動站
model coordinates	模型坐标	模型坐標
model leveling(=leveling of model)	模型置平	模型置平,模型改平
modified Julian date	简化儒略日期	修正儒略日
modified polyconic projection	改良多圆锥投影	修正多圓錐投影
modulation frequency	调制频率	調製頻率
modulation transfer function(MTF)	调制传递函数	調製傳遞函數
modulator	调制器	調製器
Moho discontinuity	莫霍不连续面,莫霍面	莫荷不連續面
moiré	莫尔	波紋,雲紋
moiré pattern	莫尔条纹	錯綱花紋
moiré topography	叠栅条纹图	疊柵條紋圖
Mollweide's projection	莫尔韦德投影	摩爾威特投影
Molodensky correction	莫洛坚斯基改正	莫洛堅斯基改正
Molodensky formula	莫洛坚斯基公式	莫洛堅斯基公式
Molodensky theory	莫洛坚斯基理论	莫洛堅斯基理論
monitoring network	监测网	監測網
monitor station	监测台	監測台
monochromatic colormeter	单色色度计	單色色度計
monochrome	单色透明正片	單色透明正片
monocomparator	单片坐标量测仪	單像坐標量測儀
monocular hand level	单筒手持水准仪	單眼手持水準儀
monoscopic photogrammetry(=single-image photogrammetry)	单像摄影测量	單像攝影測量

英 文 名	大 陆 名	台 湾 名
monthly mean sea level	月平均海面	月平均海面
month tropical	回归月	回歸月
Moon position camera method	月球位置摄影法	月球位置攝影法
morphometric map	地貌形态示量图	地貌形態示量圖
Morse's method of determining tilt	莫尔斯求倾角法	摩爾斯求傾角法
mosaic	镶嵌	鑲嵌圖
mosaic effect	马赛克效应	馬塞克效果
mosaicing board	镶嵌图版	鑲嵌圖板
most frequent water level	多频率水位	常現水位
most probable value	最概然值	最或是值
motorized leveling	车载水准测量	機動水準測量
mounting	底座	整置座
mouse	鼠标	滑鼠
movable hair method	动丝法[视距测量]	動絲法[視距測量]
movement of earth's crust	地壳运动	地殼變動
MSS(=multispectral scanner)	多谱段扫描仪	多光譜掃描器
MTF(=modulation transfer function)	调制传递函数	調製傳遞函數
mud volcano	泥火山	泥火山
multiband camera	多光谱摄影机	多光譜攝影機
multiband photography	多光谱摄影	多光譜攝影
multibeam echo sounder	多波束测深仪	多音束測深儀
multibeam echo sounding	多波束测深	多波束測深
multibeam sounding system	多波束测深系统	多波束測深系統
multi-camera system(=multiple-camera system)	多摄影机系统	多攝影機系統,多像機系統
multi-date photography	多期摄影	多時期攝影
multifacet rotating prism	多面旋转棱镜	多面旋轉稜鏡
multi layer organization	多层结构	多層結構
multilevel cross section	多点水准断面法	多點水準斷面法
multi-level photography concept	多级摄影概念	多層航高攝影概念
multi-look technique	多视技术	多視技術
multimedia map	多媒体地图	多媒體地圖,媒體地圖
multipath effect	多路径效应	多路徑效應
multipath error	多路径误差	多路徑誤差
multiple burn	套晒	多次套曬
multiple-camera assembly	多相机组合	多像機組合
multiple-camera system	多摄影机系统	多攝影機系統,多像機系統

英 文 名	大 陆 名	台 湾 名
multiple echo	多重回声	複回聲
multiple flats	套晒片	套曬片
multiple-lens camera	多镜头摄影机	多物鏡攝影機
multiple-lens photograph	多物镜摄影像片	多物鏡攝影像片
multiple level lines	复线水准线	複水準線
multiple method	复色法	複色法
multiple perspective cylindrical projection	多重透视圆柱投影	雙重透視圓柱投影
multiple-stage rectification(=multistage rectification)	多级纠正	多級糾正,多步驟糾正
multiple tide staff	水尺组	多桿式水尺
multiplex aeroprojector	多倍投影测图仪	多倍投影測圖儀
multiplex control	多倍仪加密控制	多倍儀控制
multiplex extension	多倍仪加密	多倍投影控制擴展
multiplex(=multiplex plotter)	多倍仪	多倍測圖儀,多倍投影繪圖儀
multiplex plotter	多倍仪	多倍測圖儀,多倍投影繪圖儀
multiplex projector	多倍投影器	多倍投影器
multiplex tracing table	多倍仪测绘台	多倍儀測標台
multiplex triangulation	多倍仪空中三角测量	多倍儀三角測量
multiplication constant	乘常数	乘常數
multi purpose cadastral survey	多用途地籍测量	多目標地籍測量
multi-purpose cadastre	多用途地籍	多目標地籍
multi-purpose photo concept	多重目的摄影概念	像片多用途概念
multispectral camera(=multiband camera)	多光谱摄影机	多光譜攝影機
multispectral image	多光谱图像	多譜段影像
multispectral photography(=multiband photography)	多光谱摄影,多谱段摄影	多光譜攝影
multispectral remote sensing	多谱段遥感	多光譜遙測
multispectral scanner(MSS)	多谱段扫描仪	多光譜掃描器
multistage rectification	多级纠正	多級糾正,多步驟糾正
multi-symbol disc	符号盘	符號盤
multi-temporal analysis	多时相分析	多時相分析
multi-temporal remote sensing	多时相遥感	多時相遙感
multi-year mean sea level	多年平均海面	多年平均海面
municipal boundary	市界	市界
Munsell color system	芒塞尔色系	孟塞爾表色系

N

英　文　名	大　陆　名	台　湾　名
nadir	天底	天底
nadir point	天底点	天底點
nadir radial	天底点辐射线	天底點輻射線
nadir radial triangulation	天底点辐射三角测量，底点辐射三角测量	天底點輻射三角測量，像底點輻射三角測量
names overlay	注记透明片	地名覆蓋圖
nanophotogrammetry	电子显微摄影测量	電子顯微攝影測量
Nansen bottle	南生采水器	南森瓶
narrow bandpass filter	窄带波光片	窄帶濾光片
narrow-beam echo sounder	窄波束测深仪	窄音束測深儀
national atlas	国家地图集	國家地圖集
national comprehensive development plan	国土综合开发规划	國土綜合開發計劃
national fundamental geographic information system	国家基础地理信息系统	國家基礎地理資訊系統
National Imagery and Mapping Agency (NIMA)	[美国]国家影像制图局	國家影像及製圖局
national land information system(NLIS)	国土信息系统	國土資訊系統
National Vertical Datum 1985	1985 国家高程基准	1985 國家高程基準
natural levee	天然堤	天然堤
natural monument	天然标石	自然標石
natural satellite	天然卫星	天然衛星
natural stereoscopy	自然立体观察	天然立體觀察
nature of the coast	海岸性质	海岸性質
nautical almanac	航海天文历	航海曆
nautical astronomy	航海天文学	航海天文學
nautical chart	航海图	航海圖
nautical mile	海里	浬
nautical navigation	航海学	航海學
nautical plan	附图	分圖
naval service survey	海军勤务测量	海軍勤務測量
navigational aid	助航设施	助航設施
navigational astronomy(=nautical astronomy)	航海天文学	航海天文學

英 文 名	大 陆 名	台 湾 名
navigation channel chart	航道图	航道圖
navigation chart	导航图	航行圖
navigation obstruction	航行障碍物	航行障礙物
navigation of aerial photography	航摄领航	航攝領航
navigation station location survey	导航台定位测量	導航台定位測量
navigation system	导航系统	導航系統
Navy Navigation Satellite System(NNSS)	海军导航卫星系统	海軍導航衛星系統
neap high water	小潮高潮	小潮高潮
neap low water	小潮低潮	小潮低潮
neap range	小潮差	小潮差
neap rise	小潮升	小潮升
neap tide	小潮	小潮
neatline	内图廓线	內圖廓線
neat model	有效模型	有效模型,重疊區
nebula	星云	星雲
negative	负片	陰片
negative angle	负角	負角
negative correction	阴像改正	陰像改正
negative image	阴像	陰像
negative lens	负透镜	負透鏡
neighborhood method	邻元法	鄰元法
neritic province	浅海区	淺海海域
neritic zone	近海区,浅海带	近海區,淺海區
net(=network)	网络	網
network	网络	網
neutral filter	中性滤光片	中性濾光片
new edition of chart	新版海图	新版海圖
Newtonian reflector	牛顿反射式望远镜	牛頓反射望遠鏡
Newton's lens equation	牛顿成像公式	牛頓透鏡公式
Newton's rings	牛顿环	牛頓環
night photography	夜间摄影	夜間攝影
night sky light	夜光	夜光
night sky luminescence(=night sky light)	夜光	夜光
night-time visibility	夜间能见度	夜間能見度
night visual range	夜视范围	夜視程
NIMA(=National Imagery and Mapping Agency)	[美国]国家影像制图局	國家影像及製圖局
ninelens aerial camera	九物镜航空摄影机	九物鏡航空攝影機

英 文 名	大 陆 名	台 湾 名
NLIS(=national land information system)	国土信息系统	國土資訊系統
NM(=notice to mariners)	航海通告	航海佈告
NNSS(=Navy Navigation Satellite System)	海军导航卫星系统	海軍導航衛星系統
no-bottom sounding	未测到底水深	不到底水深
nodal point	①节点 ②无潮点	①節點 ②無潮點,中潮點
nodal point of image space	像方节点	像方節點
node cycle	交点周期	交點週期
nodical month(=draconic month)	交点月	交點月
noise	噪声	雜訊
noise equivalent reflectivity difference	噪声等效反射率差	雜訊等效反射率差
noise equivalent temperature difference	噪声等效温差	雜訊等效溫差
nominal accuracy	标称精度	公稱精度
nominal range	额定光力射程	公稱光程
nominal scaling	名义量表	類別量表
nomogram	列线图,诺模图	列線圖
nomographic chart(=nomogram)	列线图,诺模图	列線圖
nomography	图解算法	圖演算法
non-metric camera	非量测摄影机	非測量攝影機
non-monument bench mark	无标石水准点	無標石水準點
nonreciprocal observation	单向观测	單向觀測
nonrecording gauge	非自记水位计	普通水位計
nontidal current	非潮流	非潮流
nontilting-lens rectifier	非倾斜透镜纠正仪	非傾斜透鏡糾正儀
nontilting-negative-plane rectifier	非倾斜负片架纠正仪	非傾斜底片架糾正儀
non-topographic photogrammetry	非地形摄影测量	非地形攝影測量
normal baseline	正常基线	正常基線
normal case photography	正直摄影	垂直攝影
normal distribution	正态分布	常態分佈
normal dynamic height	正常力高	正常力高
normal equation	法方程	法方程式
normal free-air anomaly	正常空间重力异常	正常空間重力異常
normal geopotential number(=spheropotential number)	正常大地位数	正常重力位數
normal gravitational potential	正常引力位	正常引力位
normal gravity	正常重力	正常重力
normal gravity field	正常重力场	正常重力場

英　文　名	大　陆　名	台　湾　名
normal gravity formula	正常重力公式	正常重力公式,理論重力公式
normal gravity line	正常重力线	正常重力線
normal gravity potential	正常重力位	正常重力位
normal height	正常高	正常高,法線高
normal level ellipsoid	正常水准椭球	水準橢球體
normal orbit	正则轨道	正常軌道
normal projection	正轴投影	正軸投影
normal section	法截面	法截面
normal section azimuth	法截面方位角	法截面方位角
normal section line	法截线	法截線
normal telescope(=direct telescope)	正镜	正鏡
normal water level	常水位	常水位
norm for selection	选取限额	選取限額
north celestial pole	天球北极	天球北極
north-finding instrument	寻北器	尋北器
north geographical pole	地理北极	地理北極
northing	北向	向北縱坐標
northing line	横方里线	横方格線
north magnetic pole	地磁北极	地磁北極
north point	北向点	北向點
north polar distance	北极距	北極距
north pole	北极	北極
north star(=polaris)	北极星	北極星
notekeeping	记簿	記簿
notice to mariners(NM)	航海通告	航海佈告
notice to navigator	航行通告	航行通告
nuclear precession magnetometer	核子旋进磁力仪	核子歲差磁力計
null point(=zero point)	零点	零點
numbering of land parcel	地块编号	編地號
numerical cadastral survey	数字地籍测量	數值地籍測量
numerical cadastre	数值地籍	數值地籍
numerical solution of motion equation	运动方程数值解	運動方程數值解
nutation	章动	章動
nutation in right ascension	赤经章动	赤經章動

O

英文名	大陆名	台湾名
object contrast	景物反差	景物反差
object distance	物距	物距
objective	物镜	物鏡
objective angle	物镜角	物鏡角
objective angle of image field	像场角	視場角
objective aperture	物镜孔径	物鏡孔徑
objective prism	物端棱镜	物鏡稜鏡
object nodal point	物方节点	物方節點
object slide	物镜筒	物鏡筒
object space	物[方]空间	物空間
object space coordinate system	物[方]空间坐标系	物方空間坐標系
object spectrum characteristics	地物波谱特性	地物波譜特性
oblate ellipsoid(=oblate spheroid)	扁椭球	扁橢圓球體
oblate ellipsoid of rotation(=ellipsoid of rotation)	旋转椭球体	旋轉橢球體
oblateness	扁率	扁率,地球扁率
oblate spheroid	扁椭球	扁橢圓球體
oblique aberration	斜像差	斜像差
oblique aerial photograph	倾斜航空像片	航攝傾斜像片
oblique ascension	斜赤经	斜赤經
oblique Cartesian coordinates system	斜笛卡儿坐标系	斜笛卡爾坐標系
oblique equator	斜赤道	斜赤道
oblique hill shading	斜照晕渲	斜照暈渲
oblique latitude	斜纬度	斜緯度
oblique longitude	斜经度	斜經度
oblique observation	倾斜观测	傾斜觀測
oblique photograph	倾斜像片	傾斜像片
oblique photography	倾斜摄影	傾斜攝影
oblique photo plotter	倾斜像片绘图仪	傾斜像片繪圖儀
oblique projection	斜轴投影	斜軸投影
oblique sketch master	倾斜像片转绘仪	傾斜像片草圖測繪儀
oblique terrestrial photograph	倾斜地面摄影像片	地面傾斜攝影像片
oblique traces	斜截面法	斜截面法

英 文 名	大 陆 名	台 湾 名
obliquity(=angle of inclination)	倾角	傾角,偏斜角
obliquity of the ecliptic	黄赤交角	黃赤交角
observational error	观测误差	觀測誤差
observation apparatus	观测仪器	觀測儀器
observation equation	观测方程	觀測方程式
observation matrix	观测矩阵	觀測矩陣
observation of navigation obstruction	航行障碍物探测	航行障礙物探測
observation of slope stability	边坡稳定性观测	邊坡穩定性觀測
observation set	测回	測回
observation spot	观测点	觀測點
observation station(=observation spot)	观测点	觀測點
observation station of surface movement	地表移动观测站	地表移動觀測站
observation target	测量觇标	測量覘標
observed altitude	观测高度	觀測高度
obstruction	障碍物	障礙物
occultation	①月掩星 ②掩星	①月掩星 ②掩星
occultation instrument	掩星仪	月掩星觀測儀
occultation surveying	①月掩星测量 ②掩星测量	①月掩星測量 ②掩星測量
ocean deep	海渊	海淵
ocean floor	洋底	洋底
oceanic basin	洋盆	海洋盆地
oceanic load	海洋负荷	海洋負荷
oceanic tide	大洋潮汐	大洋潮汐
oceanographic data	海洋调查资料	海洋資料
oceanographic remote sensing	海洋遥感	海洋遙測
oceanographic station	海洋观测站	海洋觀測站
ocean province	海洋分区	海洋區分
ocean ridge	海底山脉	洋脊
ocean sounding chart	大洋水深图	大洋水深圖
ocean tidal model	海潮模型	海潮模型
ocean water	大洋水	大洋海水
ocean weather station	海洋气象站	海洋氣象觀測站
octant	八分仪	八分儀
ocular micrometer	目镜测微器	目鏡測微器
oersted	奥斯特	奥斯特
off-course correction	偏航改正	偏航修正
office computation	内业计算	內業計算

英 文 名	大 陆 名	台 湾 名
office work	内业	內業
offset(=offset printing)	胶印	平版印刷,反印
offset deep etch process	平凹版	平凹版
offset ink	平版印墨	平版印墨
offset lithography	平板印刷	平版間接印刷法
offset method	支距法	支距法
offset press	胶版印刷机	橡皮印刷機
offset printing	胶印	平版印刷,反印
offshore bar	滨外坝	濱外沙洲
offshore exploration	近海勘测	外海探勘
offshore installation	近海设施	海上設施
offshore survey	近海测量	近海測量
off soundings	非锤测航行区	非錘測航行區
OK sheet	付印样	審竣樣張
Omega chart	奥米伽海图	奧米伽海圖
omnidirectional antenna	全向天线	全向天線
omnirange	全向导航台	全向導標
omphidromic system	无潮系统	無潮系統
on-demand printing	依需印刷	依需印刷
one inch map	1 英寸地图	1 吋地圖
one stop exposure	单节曝光	單節曝光
ongoing stream(=flood current)	涨潮流	漲潮流
on-line aerophotogrammetric triangulation	联机空中三角测量	聯機空中三角測量
on press imaging	机上直接制版	機上直接製版
on soundings	锤测航行区	錘測航行區
opaque	修改液	修塗液
opaquing	填墨	塗描
opencast mining plan	露天矿矿图	露天礦圖
opencast survey	露天矿测量	露天礦測量
open space	开阔地	開敞地,空曠地
open space ratio(OSR)	空旷地比例	空曠地比例
open traverse	支导线,无定向导线	展開導線
open window negative	撕膜片	揭膜片
opera glasses	小型双筒望远镜	小雙筒望遠鏡
operational navigation chart	战术航海图	作戰航圖
operation map	作战[地]图	作戰圖
opisometer	曲线计	曲線計
opposition	冲	衝位

英 文 名	大 陆 名	台 湾 名
optical aberration	光学像差	光學像差
optical activity	旋光性	光性
optical axis	光轴	光軸
optical bench	光具座	光具座
optical cement	光学胶	光學膠
optical center(=visual center)	视觉中心	視覺中心
optical coincidence reading	光学符合读数法	光學符合讀角法
optical condition	光学条件	光學條件
optical correlation	光学相关	光學相關
optical density	光密度	光密度
optical distance	光程	光程
optical filter	滤光片	濾光片
optical flat	光学平面	光學平面
optical gain	光学增益	光學增益
optical graphical rectification	光学图解纠正	光學圖解糾正
optical hologrammetry	光学全息测量	光學全像攝影測量
optical image processing	光学图像处理	光學影像處理
optical instrument positioning	光学[仪器]定位	光學[儀器]定位
optical level	光学水准仪	光學水準儀
optical measurement distance(=tachymetry)	光学测距	光學測距
optical-mechanical projection	光学机械投影	光學機械投影
optical-mechanical projection stereoplotter	光学机械投影立体测图仪	光學機械投影立體測圖儀
optical-mechanical rectification	光学机械纠正	光學機械糾正
optical-mechanical scan	光学机械扫描	光學機械掃描,光學機械式掃描
optical-mechanical scanner	光学机械扫描仪	光學機械式掃描器
optical-mechanical scanning(=optical-mechanical scan)	光学机械扫描	光學機械掃描,光學機械式掃描
optical micrometer	光学测微器	光學測微器
optical model	光学模型	光學模型
optical mosaic	光学镶嵌	光學鑲嵌
optical parallax(=parallax)	视差	視差,光學視差
optical plumbing	光对中	光學垂準
optical plummet	光学对中器	光學垂准器
optical primary color	光原色	光學三原色
optical projection	光学投影	光學投影

英 文 名	大 陆 名	台 湾 名
optical projection instrument	光学投影仪	光學投影儀
optical projection stereoplotter	光学投影立体测图仪	光學投影立體測圖儀
optical reading theodolite	光学读数经纬仪	光學讀數經緯儀,繼光鏡組
optical rectification	光学纠正	光學糾正
optical relays(=optical reading theodolite)	光学读数经纬仪	光學讀數經緯儀,繼光鏡組
optical sensor	光学遥感器	光學感測器
optical square(=optical stereo model)	光学立体模型	光學立體模型,光距儀
optical stereo model	光学立体模型	光學立體模型,光距儀
optical theodolite	光学经纬仪	光學經緯儀
optic altimeter	光学高度计	光學高度計
optical transfer function(OTF)	光学传递函数	光學傳遞函數
optical-transfer rectification	光学转绘纠正	光學轉繪糾正
optical wedge(=grey wedge)	灰楔	灰楔
orbit	轨道	軌道
orbital altitude	轨道高度	軌道高度
orbital coordinate system	轨道坐标系	軌道坐標系
orbital eccentricity	轨道偏心率	軌道偏心率
orbital element	轨道元素	軌道元素
orbital inclination	轨道倾角	軌道傾角
orbital motion	轨道运动	軌道運動
orbital period	轨道周期	軌道週期
orbital plane	轨道平面	軌道平面
orbital velocity	轨道速度	軌道速度
ordered perception	等级感	等級感
order of accuracy	精度等级	精度等級
ordinal scaling	顺序量表	級序量表
ordinary photography	普通摄影	普通攝影
ordinary water level(=normal water level)	常水位	常水位
ordinate	纵坐标	縱坐標
ordinate of image point	像点纵坐标	像點縱坐標
orientation	定向,定方位	定向,定方位
orientation by backsighting	后视标定方位	後視標定方位,全向磁方位
orientation connection survey	定向连接测量	定向連接測量
orientation correction	定向改正,方位改正	方位改正

英 文 名	大 陆 名	台 湾 名
orientation data	方位元素	方位元素
orientation diagram	方位图	方位圖
orientation of plane table	平板仪定向	平板儀定方位
orientation of reference ellipsoid	参考椭球定位	參考橢球定位
orientation of surveying instrument	测量仪定向	測量儀定位
orientation point	定向点	定位標點
orienteering	定向运动	定向運動
orienteering map	定向运动地图	定向運動地圖
origin	原点	原點
original copy(=artwork)	原图	原圖,原稿
original negative	原始负片	原始負片
origin of coordinates	坐标原点	坐標原點
origin of datum	基准原点	基準原點
origin of grid	格网原点	方格原點
origin of longitude	经度起算点	經度起算點
orthochromatic film	正色片	正色片
orthodromic line	大圆弧线	大圓弧線
orthographical relief method	浮雕式地貌立体表示法	浮雕式地貌表示法
orthographic projection	正射投影	正射投影
orthographic rectification	正射纠正	正射糾正
orthography of geographical name	地名正名	地名正名
orthometric correction	正高改正	正高改正
orthometric error	正高误差	正高誤差
orthometric height	正高	正高
orthometric leveling correction	水准正高改正	水準正高改正
orthomorphic map	正形投影地图	正形地圖
orthomorphic projection(=conformal projection)	正形投影	正形投影
orthophoto	正射像片	正射投影像片
orthophoto map	正射影像地图	正射像片圖
orthophoto mosaic	正射像片镶嵌图	正射像片鑲嵌圖
orthophotoscope	正射影像投影仪	正射像片製圖儀
orthophoto stereomate	正射影像立体配对片	正射影像立體配對片
orthophoto technique	正射影像技术	正射影像技術
orthoscope	正射投影仪	正射投影儀
orthoscopic image	正射影像	正立體像
orthoscopic model	正射模型	正立體模型
orthostereoscopy	正立体效应	正射投影立體觀察

英 文 名	大 陆 名	台 湾 名
osculating ellipse	吻切椭圆	密切橢圓
osculating orbit	吻切轨道	密切軌道
OSR(=open space ratio)	空旷地比例	空曠地比例
OTF(=optical transfer function)	光学传递函数	光學傳遞函數
outcrop	露头	露頭
outer harbor	外港	外港
outline map [for filling]	填充地图	概要圖
outstanding point	明显地物点	明顯地物點
over development	显影过度	顯影過度
over exposure	曝光过度	曝光過量
overlap	重叠	重疊
overlap regulator	重叠调整器	重疊調整器
overlay	覆盖图	覆蓋圖,涵蓋圖
overlay tracing	覆盖映绘	覆蓋圖映繪
overprint	叠印	套印,加印
overtide	倍潮	頻潮因素
ox-bow lake	牛轭湖	牛軛湖,割斷湖

P

英 文 名	大 陆 名	台 湾 名
pace counter	计步器,步程计	計步器,步測計,步度計
pacing	步测	步測
package printing	包装印刷	包裝印刷
panchromatic film	全色片	全色片,泛色片
panchromatic infrared film	全色红外片	全色紅外片
panorama camera(=panoramic camera)	全景摄影机	全景攝影機
panorama sketch	全景图	全景圖
panoramic aerial photography	全景航空摄影	全景航空攝影
panoramic camera	全景摄影机	全景攝影機
panoramic distortion	全景畸变差	全景畸變差
panoramic drawing	全景绘图	全景透視圖
panoramic photograph	全景像片	全景像片
panoramic photography	全景摄影	全景攝影
paper-cover binding	平装	平裝
paper location	纸上定线	紙上定線
paper-print plotting instrument	像片测图仪	像片測圖儀
paper-strip method	纸条法	紙條法

英 文 名	大 陆 名	台 湾 名
paraboloid reflector	抛物面反射镜	拋物面反射鏡
parallactic angle	星位角	星位角
parallactic error	视差误差	視差誤差
parallactic inequality	月角差	月角差
parallax	视差	視差,光學視差
parallax bar	视差杆	視差尺
parallax difference	视差较	視差較,視差差數
parallax glass plate microscope	平行玻璃板测微器	平行玻璃板測微鏡
parallax micrometer	视差测微器	單板測微器
parallax wedge	视差测高楔	視差測高楔
parallel	纬圈	緯圈
parallel-averted photography	等偏摄影	等偏攝影
parallel circle	平行圈	平行圈
parallel of declination	赤纬圈	赤緯圈
parallelogram inverter	[蔡司]平行四边形控制器	平行四邊形控制器
parallel plate	平行玻璃板	平行玻璃版
parallel sphere	平行球	天體平面
parameter adjustment	参数平差	參數平差
parameter adjustment with constraint	附条件参数平差	附條件參數平差
parametric equation	参数方程式	參數方程式
paraxial ray	近轴光线	近軸光線
parcellary mapping	地界图测制	地界圖測製
parcel number	宗地号	地號
parcel survey	地块测量	戶地測量
parsec	秒差距	秒差距
partial eclipse	偏食	偏蝕
particle accelerator survey	粒子加速器测量	粒子加速器測量
pass	窄水道	窄航道
passive radar calibrator	被动雷达校准器	被動雷達校準器
passive remote sensing	被动式遥感	被動式遙測
passive satellite	无能源卫星,被动卫星	無能源衛星
passive sensor	被动[式]传感器	被動感測器
pass point	连接点	連接點,結合點
pattern recognition	模式识别	圖形識別
pattern recognition of remote sensing	遥感模式识别	遙感模式識別
PCGIAP(=Permanent Committee on GIS Infrastructure for Asia and the Pacific)	亚太区域地理信息系统基础设施常设委员会	亞太區域地理資訊系統基礎設施常設委員會

英 文 名	大 陆 名	台 湾 名
P code(=precise code)	精码,P 码	精碼,P 電碼
pedal disc(=rod support)	尺垫	尺墊
peel	撕膜	揭膜
peel-coat film(=open window negative)	撕膜片	揭膜片
peep hole	觇孔	覘孔
peep-sight alidade	觇孔照准仪	覘孔照準儀
peep-sight compass	觇孔罗盘仪	覘孔羅盤儀
peg adjustment	桩正法	木樁校正法
Pei Shiou	裴秀	裴秀
Pei's principles geographic description and map making	制图六体	製圖六體
pelagic division	水层区	水層區
pelagic survey	远海测量	遠海測量
pen-and-ink drafting	清绘着墨	清繪著墨
pendulum	摆,垂摆	擺,垂擺,惰性擺
pendulum alidade	垂摆照准仪	垂擺照準儀
pendulum astrolabe	垂准等高仪	垂擺等高儀
pendulum level	垂摆水准仪	垂擺水準儀
pendulum period	摆动周期	擺動週期
peneplain	准平原	準平原
pen equation	笔头差	筆頭差
pentaprism	五角棱镜	五角稜鏡
pen-type graver	刻图笔	雕刻筆
perceived model	视模型	視模型
percentage dot area	网点百分率	網點百分率
perceptual effect	感受效果	感受效果
perceptual groupings	类别视觉感受	類別視覺感受
perfect binding(=adhesive binding)	胶黏装订	膠裝
periastron	近星点	近星點
pericenter	近心点	近心點
pericythian(=perilune)	近月点	近月點
perigean range	近地点潮差	近地點潮差
perigean tides	近地点潮	近地點潮
perigee	近地点	近地點
perihelion	近日点	近日點
perilune	近月点	近月點
periodic error	周期误差	週期性誤差
periodic perturbation	周期摄动	週期攝動

英文名	大陆名	台湾名
permanent bench mark	永久水准点	永久水準點
Permanent Committee on GIS Infrastructure for Asia and the Pacific(PCGIAP)	亚太区域地理信息系统基础设施常设委员会	亞太區域地理資訊系統基礎設施常設委員會
permissible error(=tolerance)	限差,容许误差	公差,容許誤差
perpendicular equation	垂直方程式	垂直方程式
personal and instrumental equation	人仪差	人差儀
personal equation(=personal error)	人差	人為誤差,人為均分差,人為視差
personal error	人差	人為誤差,人為均分差,人為視差
perspective center	透视中心	透視中心
perspective chart	透视图	透視圖
perspective-method of mapping	透视网格制图法	透視網格製圖法
perspective normal cylindrical projection	正轴透视圆柱投影	正軸透視圓柱投影
perspective of the ground	地形透视图	地形透視圖
perspective photogrammetry	透视摄影测量	透視攝影測量
perspective projection	透视投影	透視投影
perspective representation	透视法	透視繪法
perspective spatial model	透视空间模型	透視立體模型
perspective traces	透视截面法	透視截面法
perspective view(=perspective chart)	透视图	透視圖
perturbation	摄动	攝動
perturbed motion of satellite	卫星受摄运动	衛星受攝運動
perturbed orbit	摄动轨道	攝動軌道
perturbing factor	摄动因素	攝動因素
perturbing potential	摄动位	攝動位能
petroleum exploration survey	石油勘探测量	石油勘探測量
petroleum pipeline survey	输油管道测量	輸油管道測量
phantom bottom(=false bottom)	假海底	假海底
phase	相位	相位
phase ambiguity	相位多值性	相位多值性
phase ambiguity resolution	相位模糊度解算	相位模糊度解算
phase angle	相位角	相角
phase cycle value	相位周值	相位周值
phase detector	相位检测器	相位檢測器
phase drift	相位漂移	相位漂移
phase information	相位信息	相位資訊
phase observation	相位观测	相位觀測

英 文 名	大 陆 名	台 湾 名
phase of navigational light	[航标灯]光相	光相
phase stability	相位稳定性	相位穩定性
phase transfer function(PTF)	相位传递函数	相位傳遞函數
photo	像片	像片
photoalidade	像片视准量角仪	像片量角儀
photoalidade compilation	像片量角编图	像片量角編圖
photoangulator	摄影量角仪	像片改傾測角儀
photo base	像片基线	像片基線
photo base map	像片底图	像片基本圖
photochemistry	摄影化学	攝影化學
photo-contour map	影像地形图	像片地形圖
photocontrol diagram(=photocontrol index)	像片控制索引图	像片控制點索引圖
photocontrol index	像片控制索引图	像片控制點索引圖
photocontrol point(=picture control point)	像片控制点	像片控制點
photo coordinate system	像平面坐标系	像平面坐標系
photo coverage	有航摄资料的地区	像片涵蓋圖
photodelineation	像片描绘	像片描繪
photoelectric astrolabe	光电等高仪	光電等高儀
photoelectric sensor	光电遥感器	光電遙感器
photoelectric transit instrument	光电中星仪	光電中星儀
photo-geology	摄影地质学	攝影地質學
photogrammeter(=phototheodolite)	摄影经纬仪	攝影經緯儀,照像經緯儀
photogrammetric compilation	摄影测量编图	攝影測量編圖法
photogrammetric coordinate system	摄影测量坐标系	攝影測量坐標系
photogrammetric datum	摄影测量基准	攝影測量基準面
photogrammetric distortion	摄影测量畸变差	攝影測量畸變差
photogrammetric equation	摄影测量方程式	攝影測量方程式
photogrammetric instrument	摄影测量仪器	攝影測量儀器
photogrammetric interpolation	摄影测量内插	攝影測量內插
photogrammetric rectification	摄影测量纠正	攝影測量糾正
photogrammetry	摄影测量学	攝影測量學
photogrammetry and remote sensing	摄影测量与遥感学	攝影測量與遙感學
photograph(=photo)	像片	像片
photograph center	像片中心	像片中心
photograph coordinates	像片坐标	像片坐標

英 文 名	大 陆 名	台 湾 名
photograph field classification	像片野外调绘	像片野外調繪
photographic baseline	摄影基线	空中基線,空間基線
photographic datum	像片基准面	像片基準面
photographic graininess	照像乳剂粒度	照像乳劑粒度
photographic magnitude	摄影星等	攝影星等
photographic plate	硬片	攝影硬片
photographic platemaking	照相制版	照相製版
photographic process	摄影处理过程	攝影法
photographic processing	摄影处理	攝影處理
photographic reading	像片阅读	像片閱讀
photographic reduction	摄影缩小	攝影縮製
photographic scale	摄影比例尺	攝影比例尺
photographic sensor	摄影传感器	攝影感測器
photographic spectrum	摄影光谱	攝影光譜
photographic surveying	摄影测量	攝影測量
photograph parallel	像水平线	像横線
photograph perpendicular	像片垂线	像片垂線
photography	摄影学	攝影術、攝影學
photography color separation	照相分色	照相分色
photo gravure	照像凹版	照像凹版
photo identification	像片识别	像片認點
photo index map	像片索引图	像片索引圖
photo interpretation	像片判读	像片判讀,空照閱讀
photo-interpretation key	像片判读样片	像片判讀範例
photomap	像片图	像片圖
photomap back-up	像片图背参考图	像片圖背參考圖
photomechanical process	光机制版	底片製版法
photometer	光度计	光度計
photomicrography	显微摄影	顯微攝影
photo mosaic	①像片镶嵌 ②像片镶嵌图	①像片鑲嵌 ②像片鑲嵌圖,像片併合圖
photo mosaic assembly(=photo mosaic)	像片镶嵌图	像片鑲嵌圖,像片併合圖
photomultiplier tube	光电倍增管	光電倍增管
photo nadir point	像底点	像底點,天底點
photo orientation elements	像片方位元素	像片方位元素
photo pair	像对	像對
photoplan	像片平面图	有註記像片鑲嵌圖

英 文 名	大 陆 名	台 湾 名
photo planimetric method of photogrammetric mapping	综合法测图	綜合法測圖
photo print number	像片打印号	像片號碼
photo pyramid	像片角锥体	像片角錐體
photo rectification	像片纠正	像片糾正
photoreducer	缩小仪	縮小儀
photorevised map	像片修测图	像片修測圖
photo revision	像片修测	像片修測
photo scale	像片比例尺	像片比例尺
phototheodolite	摄影经纬仪	攝影經緯儀,照像經緯儀
phototopography	摄影地形测量	攝影地形測量學
phototrig traverse	像片导线	像片三角導線
phototypesetter	照相排字机	攝影排版機
physical geodesy	物理大地测量学	物理大地測量學
physical map	自然地理图,自然地图	自然地理圖,地文圖
physical printing	物理印刷	物理印刷
physiographic province	地理区域	地文區
physiographic unit	自然地理单元,地文单元	地文單位
physiography	自然地理学,地文学	地文學
picking	①[纸张]起毛 ②剥纸	①拔毛 ②剝紙
picto-line map	浮雕影像地图	浮雕影像地圖
pictomap	等密度线影像地图	多色像片圖
picture	图像	圖像
picture control point	像片控制点	像片控制點
picture format	像幅	像幅
picture original	原稿相片	圖像原稿
picture point(=image point)	像点	像點
pillar-plate	底盘	底盤
pilot	引水,引航	引水
pilot anchorage	引航锚地	引水錨地
pilot atlas	引航图集	引航圖集
pilot drift	超前巷道	導坑
pilot trace	引航图	航跡圖
pilot tunnel(=pilot drift)	超前巷道	導坑
pinnacle	尖礁,海中岩峰	尖礁石
pin-point photograph	目标像片	單點像片

英 文 名	大 陆 名	台 湾 名
pin-point target	单点目标	單點目標
pioneer bore	隧道导洞	隧道導洞
pipe alignment	管道定线	管道定線
pipe survey	管道测量	管線測量
pitch	俯仰角	俯仰角
pixel	像元,像素	像元,像元素,圖元
pixel copy	像元复制,像素复制	畫素複製
place name(=geographical name)	地名	地名
place-name database	地名数据库	地名資料庫
place-name standardization	地名标准化	地名標準化
plane	平面图	平面圖
plane curve location	平面曲线测设	平面曲線測設
plane elliptic arc	平面椭圆弧	平面橢圓弧
plane error of closure	平面闭合差	平面閉合差
plane rectangular coordinates	平面直角坐标	平面直角坐標
plane survey	平面测量	平面測量
planet	行星	行星
plane-table	平板仪	平板儀
plane-table method	平板测图法	平板測圖法
plane-table survey	平板仪测量	平板儀測量,平板測量
plane-table traverse	平板仪导线	平板導線測量
plane-table triangulation	平面三角测量	平板三角測量
planetary aberration	行星光行差	行星光行差
planetary geodesy	行星测量学	行星圖測制
planetary geometry	行星几何学	行星幾何學
planetary precession	行星岁差	行星歲差
planetary satellite	行星卫星	行星衛星
planetary system	行星系	行星系
planetoid	小行星	小行星
plane triangle	平面三角形	平面三角形
planimeter	求积仪	求積儀,補償求積儀
planimetric base map	平面底图	平面基本圖
planimetric photogrammetry	平面摄影测量	平面攝影測量
planimetric polar coordinates	平面极坐标	平面極坐標
planimetry	平面测量学	平面測量學
planisphere	星座图	星座圖
planispheric astrolabe	平面球形等高仪	平面球形等高儀
planning chart	航行计划图	航行計劃圖

英 文 名	大 陆 名	台 湾 名
planning map	规划地图	規劃地圖
plano-concave lens	平凹透镜	平凹透鏡,凹平透鏡
plano-convex lens	平凸透镜	平凸透鏡,凸平透鏡
plastic scribing process	塑料片刻图	塑膠片雕繪法
plate copying(=printing down)	晒版	曬版
plate correction	层间改正	層間改正
plateless printing	无版印刷	無版印刷
plate level	度盘水准仪	度盤水準器
plate making	制版	製版
plate mounting	装版	裝版
plate movement	板块运动	板塊運動
plate processing machine	自动冲版机	自動沖版機
plate tectonics	板块构造	板塊構造
platform for remote sensing	遥测平台	遙測載台
platometer(=planimeter)	求积仪	求積儀,補償求積儀
Platonic year	柏拉图年	柏拉圖年
plot	展点	展點
plotter	绘图机	繪圖儀
plotting	展绘	展繪
plotting file	绘图文件	繪圖文件
plotting sheet	测图版	描繪紙
plumb(=plummet)	锤球	測錘
plumb aligner	垂准仪	錘准器
plumb bob	垂球	垂球
plumb bob holder	垂球架	垂球架
plumb hook	垂球挂钩	垂球掛鈎
plumbing arm	求心器,定点器,移点器	求心器,定點器,移點器
plumbing bar	定心杆	定心桿
plumb line	铅垂线	鉛垂線
plumb-line level	垂丝水准器	垂絲水準器
plummet	锤球	測錘
plummet body	测锤	鉛錘
plummet method	锤测法	錘測法
plunging the telescope	正倒镜	縱轉望遠鏡
plus point(=plus stake)	加桩,加点	加樁
plus stake	加桩,加点	加樁
Pluto	冥王星	冥王星
pocket chronometer	袖珍天文表	袖珍天文錶

英　文　名	大　陆　名	台　湾　名
pocket compass	袖珍罗盘仪	袖珍羅盤儀
pocket stereoscope	袖珍立体镜	袖珍立體鏡
pocket transit	袖珍经纬仪	袖珍經緯儀
pointers	指极星	指極星
pointing line(=aiming line)	照准线	照準線
point marker	刺点器	刺點器
point-matching method	像点接合法	像點接合法
point mode	点方式	點方式
point of compound curve	复曲点	複曲點
point of inflection	拐点	轉折點
point of inflexion(=point of inflection)	拐点	轉折點
point of intersection	交点	交點
point of origin(=origin)	原点	原點
point of reverse curvature	反曲点	反曲點
point of spiral to spiral	螺线交点	螺形線交點
point of symmetry	对称点	對稱點
point of tangency	切点	切點
point of tangent to spiral	缓和曲线起点	緩和曲線起點
point of vertical curve(PVC)	竖曲线起点	豎曲線起點
point of vertical intersection	坡度变换点	坡度變換點
point of vertical tangent(PVT)	竖曲线终点	豎曲線終點
point position data	点位成果表	點位成果表
point positioning	单点定位	單點定位
point position system	点位系统	點位系統
point symbol	点状符号	點狀符號
point target	点目标	點目標
point transfer device	转点仪	像片轉點儀
Poisson's equation	泊松方程	布桑方程式
polar attachment	北极仪	北極儀
polar axis	极轴	極軸
polar chart	极区图	極區圖
polar circle	极圈	極圈
polar coordinate positioning	极坐标定位	極坐標定位
polar diameter	极直径	極直徑
polar filter	偏振滤光片	偏極濾光鏡,偏光濾光鏡
polar finder(=north-finding instrument)	寻北器	尋北器
polarimeter	偏振计	偏振計

英文名	大陆名	台湾名
polaris	北极星	北極星
polarization	极化	偏極化
polarization filter(=polar filter)	偏振滤光片	偏極濾光鏡,偏光濾光鏡
polarization plane	偏振面	偏極光面
polarized light	偏振光	偏極光
polarized light in stereoscope	偏光立体镜	偏極光立體觀察法
polarizer	极化镜,[起]偏振镜	極化鏡,偏光鏡
polar motion	极移	極動
polar orbit	极轨道	極軌道
polar pantograph	极坐标缩放仪	極坐標縮放儀
polar positioning system	极坐标定位系统	極坐標定位系統
polar radius	极半径	極半徑
polar screen	偏光屏	偏振濾光鏡
polar star(=polaris)	北极星	北極星
polastrodial	北极星测量仪	北極星測量儀
pole of planimeter	求积仪极点	求積儀極點
pole tide	极潮	極潮
political map	政治地图	行政區域圖
polycolor printing	多色印刷	多色印刷
polyconic projection	多圆锥投影	多圓錐投影
polyfocal projection	多焦点投影	多焦點投影
polygonal course(=traverse)	导线	導線
polygonal height traverse	三角高程导线	三角高程導線
polygonal map	多边形地图	多邊形地圖
polygon structure	多边形结构	多邊形結構
polynomial correction	多项式改正	多項式校正法
population map	人口地图	人口地圖
porous printing	孔版印刷	孔版印刷
Porro-Koppe principle	波罗-科普原理	波桑-柯培原理
Porro telescope	波罗望远镜	波柔式望遠鏡
port	港口	港口
portable automatic tide gauge	便携式自动验潮仪	輕便自動驗潮計
positional accuracy	位置精度	位置精度
position angle	位置角	位置角
position data	点位数据资料	點位資料
position doubtful	疑位	疑位
position function	位置函数	位置函數

英　文　名	大　陆　名	台　湾　名
positioning camera	定位摄影机	定位攝影機
positioning diagram method	定位统计图表法	定位統計圖表法
positioning mark	定位标记	定位標記
positioning space	定位点间距	定位點間距
position of circle	度盘位置	度盤位置
position reference(=position data)	点位数据资料	點位資料
positive	正片	正片
positive altitude	正高度	正高度
positive angle	正角	正角
positive chrome	彩色正片	彩色正片
positive image	阳像	正像
positive lens	正透镜	正透鏡
postal map	邮政地图	郵務圖
Postel's projection	波斯特尔投影	波斯特投影
post glacial rebound	冰后回弹	冰後回彈
posture map	态势地图	態勢地圖
potential	位	位
potential coefficient of the earth	地球位系数	地球位係數
potential energy	位能	位能
potential function	势函数	位函數
Potsdam absolute gravimetric system	波茨坦重力系统	波茨坦系統
Potsdam standard of gravity	波茨坦重力标准	波茨坦標準重力
power of telescope	望远镜放大率	望遠鏡放大率
power spectrum	功率谱	功率譜
power trasmission line survey	输电线路测量	輸電線路測量
pracellary plan	地段图	地段圖
practical astronomy	实用天文学	應用天文學
PRARE(=Precise Range and Rangerate Equipment)	普拉烈系统	普拉烈系統
Pratt's hypothesis of isostasy(=Pratt's theory of isostasy)	普拉特地壳均衡理论	普拉第地殼均衡理論
Pratt's theory of isostasy	普拉特地壳均衡理论	普拉第地殼均衡理論
preamplifier	前置增幅器	前置增幅器
precession in declination	赤纬岁差	赤緯歲差
precession in right ascension	赤经岁差	赤經歲差
precession of the equinoxes	分点岁差	分點歲差
precise alignment	精密准直	精密准直
precise code(P code)	精码,P 码	精碼,P 電碼

英 文 名	大 陆 名	台 湾 名
precise engineering control metwork	精密工程控制网	精密工程控制網
precise engineering survey	精密工程测量	精密工程測量
precise ephemeris	精密星历	精密星曆
precise level	精密水准仪	精密水準儀
precise leveling	精密水准测量	精密水準測量
precise leveling rod	精密水准尺	精密水準標尺
precise mechanism installation survey	精密机械安装测量	精密機械安裝測量
Precise Range and Rangerate Equipment (PRARE)	普拉烈系统	普拉烈系統
precise ranging	精密测距	精密測距
precise survey at seismic station	地震台精密测量	地震台精密測量
precise traversing	精密导线测量	精密導線測量
precision	精[密]度	精度
precision estimation	精度估计	精度估計
precision image processing	精密影像处理	影像精密處理
precision stereoplotter	精密立体测图仪	精密立體測圖儀
predicted tide	预报潮汐	預報潮汐
preferred datum	统一基准	統一基準面
preliminary computation(=field computation)	概算,初算	概算,初算
preliminary orientation	概略方位	概略方位
preliminary position	概略位置	概略位置
preliminary survey	初测	初測
pre-press proof	预打样图	初版樣張
preprinted symbol	预制符号	預製符號
pre-punch register system	打孔套印法	打孔套印法
presensitized plate	预制感光版	預塗式感光版
present land-use map	土地利用现状图	土地利用現狀圖
press plate(=printing plate)	印刷版	印刷版,樣張版
press proof	开印样	初版樣張
press spoilage	印刷废品	印刷耗損
pressure gauge	压力验潮仪	水壓式驗潮儀
pressure gradient(=barometric gradient)	气压梯度	氣壓梯度,壓力梯度
pricker	刺针	針筆
prick point	刺点	刺點
primary color	原色	原色
primary graphic elements	基本图形元素	基本圖形要素
primary leveling	干线水准测量	幹線水準測量

英　文　名	大　陆　名	台　湾　名
primary tide	主潮	主潮
primary tide station	主验潮站	主驗潮站
prime meridian	本初子午线	[本初]子午線
prime vertical	卯酉圈	卯酉圈
prime vertical plane	卯酉面	主垂面
priming of the tide	潮时提前	潮期提前
principal axis	主轴	主軸
principal component transformation	主分量变换	主分量變換
principal distance error	像主距误差	像主距誤差
principal distance of camera	摄影机主距	攝影機主距
principal distance of photo	像片主距	像主距
principal distance of projector	投影器主距	投影器主距
principal epipolar line	主核线	主核線
principal epipolar plane	主核面	主核面
principal line [of photograph]	像主纵线	像主縱線
principal meridian	主子午线	主子午線
principal parallel	像主横线	像主橫線
principal plane [of photograph]	主垂面	像主平面
principal planet	主行星	主行星
principal point error	像主点误差	像主點誤差
principal point of photograph	像主点	像主點
principal point triangulation	像主点三角测量	像主點三角測量
principal scale	基本比例尺,主比例尺	主比例尺
principal station	主测站	主測站
principal vanishing point	主合点	主遁點
principal vertical plane(=principal plane [of photograph])	主垂面	像主平面
principle of geometric reverse	几何反转原理	幾何反轉原理
printability	印刷适性	印刷適性
printed matter	印刷品	印刷品
printed matter quality	印刷质量	印刷品質
printer lens	照相制版镜头	複照透鏡
printing	印刷	印刷
printing cost estimating	印刷成本估价	印刷成本估價
printing down	晒版	曬版
printing industry	印刷业	印刷工業
printing plate	印刷版	印刷版,樣張版
printing science	印刷科学	印刷科學

英 文 名	大 陆 名	台 湾 名
printing sequence	印刷程序	印刷色序
printing technique	印刷技术	印刷技術
prism	棱镜	稜鏡
prismatic astrolabe	棱镜等高仪	稜鏡等高儀
prismatic compass	棱镜罗盘仪	稜鏡羅盤儀
prismatic telemeter	棱镜测距仪	稜鏡測距儀
prismatic transit	棱镜经纬仪	折射經緯儀
prismoidal formula method	棱柱体公式法	稜柱體公式法
prism square	直角棱镜	直角稜鏡
prism stereoscope	棱镜立体镜	稜鏡立體鏡
probability	概率	或然率
probability decision function	概率判决函数	概率判决函數
probability map	概率图	機率地圖
probable error	概然误差	或然誤差
probable value	概然值	或是值
process color ink	四色油墨	四色墨
processing film	冲胶片	沖片
processing plate	复照硬版	沖版
process lens(=printer lens)	照相制版镜头	複照透鏡
product standard of digital map	数字地图产品标准	數值地圖產品標準
profile	剖面	縱斷面
profile diagram	纵断面图	縱斷面圖,縱斷面紙
profiler	断面仪	斷面儀
profile survey	纵断面测量	縱斷面測量
prognostic map	预报地图	預報地圖
progradation	进积作用	進夷作用
program tracking	程序跟踪	程式追蹤
progressive proof	分色样张	逐色樣張
progress sketch	作业进展略图	作業進度圖
prohibited area	禁航区	禁航區
projecting lens	投影透镜	投影透鏡
projection equation	投影方程	投影方程
projection interval	渐长区间	漸長區間
projection printing	投影晒印	投影曬像
projection transformation	投影变换	投影轉換
projection with two standard parallels	双标准纬线投影	雙標準緯線投影
projector	投影器	投影器
proof copy	样张	樣張

英 文 名	大 陆 名	台 湾 名
proofing	打样	打樣
proofreaders marks	校对符号	校對符號
proof-reading(=correcting)	审校	校對
propaganda map	宣传地图	宣傳地圖
propagation of error(=error propagation)	误差传播	誤差傳播
propeller current meter	螺旋桨流速仪,旋桨式流速计	螺槳流速儀
proper motion	自行	自行
property boundary survey	地产界测量	界址測量
property line	界址线	界址線
proportional error	比例误差	比例誤差
prospecting baseline	勘探基线	勘探基線
prospecting line profile map	勘探线剖面图	勘探線剖面圖
prospecting line survey	勘探线测量	勘探線測量
prospecting network layout	勘探网测设	勘探網測設
proton precession magnetometer(=nuclear precession magnetometer)	核子旋进磁力仪	核子歲差磁力計
prototype meter	标准米尺	標準公尺
provisional map	临时版地图	臨時地圖
pseudo-azimuthal projection	伪方位投影	偽方位投影
pseudo color	伪彩色	假色
pseudo-color image	伪彩色图像	假色影像
pseudocylindrical projection	伪圆柱投影	偽圓柱投影
pseudocylindric arbitrary projection	任意伪圆柱投影	任意偽圓柱投影
pseudo-isoline map	伪等值线地图	偽等值線地圖
pseudo range difference	虚拟距离差,伪距差	虛擬距離差
pseudo-range measurement	伪距测量	偽距測量
pseudoscopic effect	反立体效应	反立體觀察
pseudoscopic image	反立体像	反立體像
pseudoscopic model	反立体模型	反立體模型
psychovisual redundancy	心理视觉冗余	視覺心理多餘度
PTF(=phase transfer function)	相位传递函数	相位傳遞函數
public domain(=public land)	公有土地	公有土地
public engineering survey	市政工程测量	公共工程測量
public facilities	公共设施	公共設施
public land	公有土地	公有土地
public land survey	公地测量	公地測量
public utilities of building(=public facili-	公共设施	公共設施

英 文 名	大 陆 名	台 湾 名
ties)		
pulsar	脉冲星	脈動電波星
pulse compression technique	脉冲压缩技术	脈衝壓縮技術
pulse repetition frequency	脉冲重复频率	脈衝重複頻率
punch register system	打孔定位系统	打孔定位系統
pupil aberration	光瞳像差	瞳差
pure gravity anomaly	纯重力异常	純重力異常
push-broom scan	推扫式扫描,推帚式扫描	掃帚式掃描
push-broom sensor(=linear array sensor)	线阵遥感器	線狀陣列感應器,掃帚式感應器
PVC(=point of vertical curve)	竖曲线起点	豎曲線起點
PVT(=point of vertical tangent)	竖曲线终点	豎曲線終點

Q

英 文 名	大 陆 名	台 湾 名
quadrant	象限仪	象限儀
quadrant compass	象限罗盘仪	象限羅盤儀
quadrature high water	方照高潮	矩像高潮
qualitative interpretation	定性判读	定性判讀
qualitative map	定性地图	定性地圖
qualitative perception	质量感	質量感
quality base method	质底法	質底法
quality of aerophotography	航摄质量	航攝質量
quality of the bottom	底质	底質
quantitative geomorphology	计量地形学	計量地形學
quantitative interpretation	定量判读	定量判讀
quantitative map	定量地图	定量地圖
quantitative perception	数量感	數量感
quantity base method	量底法	量底法
quantization(=quantizing)	量化	量化
quantizing	量化	量化
quarter diurnal tide	四分日潮,四分之一潮	四分潮,小半潮
quartz clock	石英钟	石英鐘
quartz pendulum	石英摆	石英擺
quartz spring gravimeter	石英弹簧重力仪	石英彈簧重力儀
quasar	类星体	似星體

英　文　名	大　陆　名	台　湾　名
quasidynamic elevation(=quasidynamic height)	准力高	準力高
quasidynamic height	准力高	準力高
quasi-geoid	似大地水准面	准大地水準面
quasi-stable adjustment	拟稳平差	擬穩平差
quasi-stellar(=quasar)	类星体	似星體
quick look	快视,速视	快視
quintant	五分仪	五分儀

R

英　文　名	大　陆　名	台　湾　名
racon	雷达信号台	雷達訊標
radar	雷达	雷達
radar altimeter	雷达测高仪	雷達測高儀
radar astronomy	雷达天文学	雷達天文學
radar calibration	雷达校准	雷達校準
radar conspicuous object	雷达明显目标	雷達顯明目標
radar cross section	雷达截面	雷達截面
radar equation	雷达方程	雷達方程
radar foreshortening	雷达前坡收缩	雷達前坡收縮
radargrammetry	雷达摄影测量	雷達攝影測量
radar image mosaic	雷达影像镶嵌	雷達影像鑲嵌
radar image scale	雷达影像比例尺	雷達影像比例尺
radar overlay	雷达覆盖区	雷達覆蓋區
radar parallax	雷达视差	雷達視差
radar photography	雷达摄影	雷達攝影
radar ramark	雷达指向标	雷達標誌
radar range equation	雷达测距方程	雷達測距方程式
radar responder	雷达应答器	雷達應答器
radar shadow	雷达阴影	雷達陰影
radar signature	雷达影像特征	雷達影像特徵
radarsonde	雷达探空仪	雷達探空儀
radar transmitter	雷达发射机	雷達發送機
radar wavelength	雷达波长	雷達波長
radial center	辐射中心	輻射中心
radial distortion	径向畸变	輻射畸變差
radial drainage	辐射状水系	輻射狀水系

英文名	大陆名	台湾名
radial intersection method	后方交会法	輻射交會法
radial line plotter	辐射线测量仪	輻射線測繪儀
radial planimetric plotter	辐射平面测绘仪	輻射平面測繪儀
radial plot	辐射测绘	輻射測繪
radial positioning grid	辐射线格网	輻射線格網
radial triangulation	辐射三角测量	輻射三角測量
radiant correction	辐射校正	輻射校正
radiation	①辐射 ②辐射法,光线法	①輻射 ②輻射法,光線法
radiation budget	辐射平衡	輻射平衡
radiation pressure perturbation	辐射压摄动	輻射壓擫動
radiation sensor	辐射遥感器	輻射遙感器
radio acoustic ranging	电磁波测距法	無線電聲波測距法
radio acoustic sounding system	电磁波探测系统	無線電聲波探測系統
radio astronomy	射电天文学	電波天文學
radio beacon	无线电信标	無線電標杆
radio gauge	无线电水位计	無線電水位計
radiometer	辐射计	輻射計
radio method of longitude determination	无线电经度测定法	無線電定經度法
radiometric correction(=radiant correction)	辐射校正	輻射校正
radiometry	辐射度量学	輻射測量術
radio navigational warning	无线电航行警告	無線電航行警告
radio positioning	无线电定位	無線電定位
radio source	无线电源,射电源	電波源
radio time signal	无线电报时信号,无线电时号	無線電報時信號
radius of curvature	曲率半径	曲率半徑
radius of curvature in meridian	子午圈曲率半径	子午圈曲率半徑
radius of curvature in prime vertical	卯酉圈曲率半径	卯酉圈曲率半徑
radius of stereoscopic perception	立体视野半径	立體視域半徑
railroad engineering survey	铁路工程测量	鐵路工程測量
raised curve	超高曲线	超高曲線
random distortion	随机畸变差	隨機畸變
random line	测试线,辅助测线	試測線
random spot test	随机点检查	散點檢查法
random variable	随机变量	變數
range curvature	距离弯曲	距離彎曲

英 文 名	大 陆 名	台 湾 名
range direction	距离方向	距離方向
rangefinder(=distance measuring instrument)	测距仪	測距儀
range hole	测距盲区	測距盲區
range migration	距离位移	距離徙動
range-only radar	测距雷达	測距雷達
range pole	标杆	標桿
range positioning system	测距定位系统	測距定位系統
range-range positioning	圆-圆定位	圓-圓定位
range signal	测距觇标	測距覘標
range transit(=distance theodolite)	测距经纬仪	測距經緯儀
rank defect adjustment	秩亏平差	秩虧平差
raster data	栅格数据	網格資料
raster images	栅格图像	網格圖檔
raster model	栅格模型	網格模式
raster plotting	栅格绘图	網格繪圖
rate of change of grade	坡度变化率	坡度變率
ratio enhancement	比例增强	比值增強
ratio of curvatures	曲率比	曲率比
ratio scaling	比例量表	比例量表
ratio transformation	比值变换	比值變換
Rayleigh effect	瑞利效应	雷烈效應
Rayleigh scattering	瑞利散射	雷烈散射
reading accuracy of sounder	测深仪读数精度	測深儀讀數精度
reading glass	读数镜	讀數鏡
reading line	读数线	讀數線
reading microscope	读数显微镜	讀數顯微鏡
reading statoscope	记录高差仪	記錄高差儀
real-aperture radar	真实孔径雷达	真實孔徑雷達
real estates cadastre	房地产地籍	房地產地籍
real focus	后焦点	後焦點
real image	实像	實像
real time photogrammetry	实时摄影测量	即時攝影測量
real-time processing	实时处理	即時處理
ream	令	令
rear nodal point	后节点	後節點
rear tapeman	后司尺员	後尺手
receiving center	接收中心	接收中心

英　文　名	大　陆　名	台　湾　名
reception diode	接收二极管	接收二極體
reciprocal leveling	对向水准测量	對向水準測量
reciprocal observation	对向观测	對向觀測
reclaimation survey	复垦测量	複墾測量
recommended route	推荐航线	推薦航線
reconnaissance	踏勘,草测	踏勘,草測
reconnaissance map	勘测图	勘測圖
reconnaissance photography	侦察摄影	偵察攝影
record book	手簿	手簿
recording current meter	自记测流仪	自記驗流儀
recording gauge(=automatic gauge)	自记水位计	自記水位計
recording paper of sounder	测深仪记录纸	測深儀記錄紙
rectangular Cartesian coordinate system	笛卡儿直角坐标系	笛卡兒直角坐標系
rectangular coordinatograph	直角坐标展点仪	直角坐標展點儀
rectangular grid	直角坐标网	方格網
rectangular mapsubdivision	矩形分幅	矩形分幅
rectification	纠正	糾正法
rectified photograph	纠正像片	糾正像片
rectified photograph mosaic	纠正像片镶嵌图	糾正像片鑲嵌圖
rectifier	纠正仪	糾正儀
rectoblique plotter	方向改正器	方向改正器
reduced gravity	归算后重力	化成重力
reduced latitude	归化纬度	化成緯度
reduced length	归算后长度	化成長
reduced normal equation	约化法方程式	約化法方程式
reduced residual equation	约化改正数方程式	約化改正數方程式
reducing color printing	减色印刷	減色印刷
reduction of eccentric signal(=sighting centring)	照准点归心	照準點歸心,偏心覘標歸算
reduction of eccentric station	测站点归心	測站歸心
reduction of soundings	水深归算	水深化算
reduction to sea level	海平面归算	化算至海平面
reduction to the ellipsoid	归算至椭球	化算至橢球體
reduction to the meridian	子午距改正	子午距改正
redundant code	冗余码	冗餘碼
redundant information	冗余信息	冗餘信息
redundant observation	多余观测	多餘觀測
reef	暗礁	暗礁

英 文 名	大 陆 名	台 湾 名
reference data	参照数据	參照資料
reference effect	参照效应	參照效應
reference ellipsoid	参考椭球	參考橢球體
reference stake	参考桩	參考樁
reference station	参考站	參考站
reference tape(=standard tape)	标准卷尺	標準捲尺,基準捲尺
reflectance spectrum	反射波谱	反射波譜
reflecting prism	反射棱镜	反射稜鏡
reflecting projector	反射投影器	反射投影器
reflecting telescope(=catoptric telescope)	①反射望远镜 ②反射立体镜	①反射望遠鏡 ②反光立體鏡
reflection copy	反光晒印[相片]	反射原稿
refracting telescope	折射式望远镜	折光望遠鏡
regional atlas	区域地图集	區域地圖集
regional geological map	区域地质图	區域地質圖
regional geological survey	区域地质调查	區域地質調查
regionalization map	区划图	區劃地圖
regional plan	区域计划	區域計劃
register color method	套色法	套色法
register mark	规矩线	印記
registration	套合	套合
regression equation	回归方程式	回歸方程式
regression of the node	节点退行,交点退行	節點退行
regular error	规则误差	規則誤差
rejuvenation	复原作用	回春作用
relative accuracy	相对精度	相對精度
relative aperture	相对孔径	相對孔徑,相對光圈
relative error	相对误差	相對閉合差
relative flying height	相对航高	相對航高
relative gravimeter	相对重力仪	相對重力儀
relative gravity	相对重力	相對重力
relative gravity measurement	相对重力测量	相對重力測量
relative length closing error of traverse	导线相对闭合差	導線相對閉合差
relative orientation	相对定向	相對方位判定
relative positioning	相对定位	相對定位
relative tilt	相对倾角	相對傾角
relativistic correction	相对论改正	相對論改正
reliability diagram	编图资料示意图	圖料精度表

英 文 名	大 陆 名	台 湾 名
relief	①地形 ②地貌	①地形 ②地貌
relief displacement	投影差,高差位移,高程投影差	高差位移,高程投影差
relief image(=stereoscopic image)	立体影像	立體影像,立體像
relief map	立体图	立體圖
relief model	立体模型	立體模型
relief printing	凸版印刷	凸版印刷
remainder error(=residual error)	残差	剩餘誤差,改正數
remotely operated vehicle(ROV)	遥控潜水器	遙控潛水器
remote sensing	遥感	遙感探測
remote sensing application	遥感应用	遙感探測應用
remote sensing data acquisition	遥感数据获取	遙感資料獲取
remote sensing for natural resources and environment	资源与环境遥感	資源與環境遙感
remote sensing image	遥感影像	遙測影像
remote sensing mapping	遥感制图	遙測製圖
remote sensing platform	遥感平台	遙感平臺
remote sensing sounding	遥感测深	遙感探測
remote sensor	遥感器	遙測器
remote unit	遥控装置	輔機
remove coating(=peel)	撕膜	揭膜
renewal of the cadastre	地籍更新	地籍更新
repeating instrument(=repeating theodolite)	复测经纬仪	複測經緯儀
repeating theodolite	复测经纬仪	複測經緯儀
repetition method	复测法	複測、複測法
replicative symbol	象形符号	象形符號
representative fraction(RF)	分数比例尺	分數比例尺
reproduction camera	复照仪	複照儀,暗房式照像機,長廊式照相機
repromat	翻印	翻印片
resampling	重采样	重採樣
reseau camera	网格摄影机	網格攝影機
resected air station	后交空中摄站	後方交會空中攝影站
resection	后方交会	後方交會法,三向定位法
resection in space	空间后方交会	空間後方交會
resection station	后交测站	後方交會測站

英 文 名	大 陆 名	台 湾 名
reserved for land expropriation	保留征收	保留徵收
reservoir storage survey	库容测量	庫容測量
reservoir survey	水库测量	水庫測量
residual coating	残留膜层	殘膜
residual current	余流	淨流
residual deviation	剩余偏差	剩餘偏差
residual error	残差	剩餘誤差,改正數
residual parallax	剩余视差	剩餘視差
resolution	分辨率	解像力
resolution acuity	视觉分辨敏锐度	視覺分辨敏銳度
resolution cell	分辨单元	解像單元
resolution in bearing	方向分辨率	方向解析率
resolution in distance	距离解析率	距離解析率
resolution in elevation	高程解析率	高程解析率
resolution in range(=resolution in distance)	距离解析率	距離解析率
resolution pixel	分辨像元	解像像元
resolution power target	分辨率检验砧板	解像力檢驗標
resolving power	分辨能力	解像力
resolving power of image(=image resolution)	影像分辨力	地面解像力
resolving power of lens	物镜分辨率	物鏡分辨力
resources remote sensing	资源遥感	資源遙測
restricted area	限航区	禁區
resultant error(=true error)	真[误]差,成果误差	真差,結果誤差
resurvey of cadastral map	地籍图重测	地籍圖重測
retaining wall	挡土墙	擋土牆
retouching	修版	修版
retrieval by header	定性检索	定性檢索
retrieval by window	定位检索	定位檢索
retrograde vernier	逆读游标	逆讀游標
return beam vidicon camera	反束光导管摄影机	回訊攝影機
reversal film	反转片	反轉片
reversal point method	逆转点法	逆轉點法
reverse curve	反向曲线	反向曲線
reversed reading	倒镜读数	倒鏡讀數
reversed telescope	倒镜	倒鏡
reversed tide	逆潮	逆潮

英 文 名	大 陆 名	台 湾 名
reversible pendulum	倒摆	可倒擺
reversible rod	双面标尺	雙面標尺
reversing thermometer	颠倒温度表	顛倒溫度計
reversion level(=level reversible)	回转式水准仪	迴轉式水準儀,迴式水準儀
revision	修测,更新	修測
revision cycle	更新周期	修測週期
revision of topographic map	地形图更新	地形圖更新
revision survey	复测	複丈
RF(=representative fraction)	分数比例尺	分數比例尺
rhomboidal prism	菱形棱镜	菱形稜鏡
rhumb line	恒向线,等角航线	恆向線
rhythmic light	节奏光	節奏光
ridge	山脊	山脊
ridge line	山脊线	山脊線
rift valley	断裂谷	斷裂谷
right angle prism(=prism square)	直角棱镜	直角稜鏡
right ascension	赤经	赤經
right ascension of ascending node	升交点赤经	昇節點赤經
right-of-way	路权	路權
right-of-way fence	路界栅	地界柵
right-of-way stake	路权桩	路權樁
right-reading	正像读数	正像讀數
right reading image	正图像	正圖像
rigid graver	三支点雕刻器	三支點雕刻器
rigorous adjustment	严密平差	嚴密平差
rise of tide(=tidal rise)	潮升	潮升
rising tide(=flood tide)	涨潮	漲潮
river chart	江河图	江河圖
river-crossing leveling	跨河水准测量	渡河水準測量
river improvement survey	河道整治测量	河道整治測量
river shoreline	河岸线	河岸線
river stage	江河水位	河水位
river survey	江河测量	江河測量
river terrace	河岸台地,河岸阶地	河岸臺地,河岸階地
RMSE(=root mean square error)	①中误差 ②均方根误差	①中誤差 ②均方根誤差
road bed(=subgrade)	路基	路基
road center line	道路中心线	道路中心線

英 文 名	大 陆 名	台 湾 名
road centerline stake	道路中心桩	道路中心樁
road engineering survey	道路工程测量	公路工程測量
road fill	道路填方	道路填土
road gauge	道路绘制器	道路繪製器
road map	道路图	道路圖
road marker	公路编号	公路編號
road reconnaissance	道路勘察	道路勘察
robust estimation	抗差估计	抗差估計
rock awash	适淹礁	適淹礁,適淍岩,平低潮岩石
rocket sonde	火箭探空仪	火箭探空儀
rod correction	标尺改正	標尺改正
rod level	标尺水准器	標尺水準器
rodman	扶尺员	標尺手
rod support	尺垫	尺墊
rod vernier	标尺游标	標尺游標
Roelofs solar prism	鲁洛夫斯太阳棱镜	魯洛夫斯太陽稜鏡
roll	横摇	搖擺
roll compensation system	横摇补偿系统	搖擺補償系統
roller stripping	墨辊脱墨	脫墨
rolling planimeter	辊轮求积仪	輥輪求積儀
rolling up	版面滚墨	提墨
roof station	顶板测点	頂板測點
root mean square error(RMSE)	①中误差 ②均方根误差	①中誤差 ②均方根誤差
roots of mountain theory	山根理论	山根理論
rotating prism	旋像棱镜	旋像稜鏡
rotational angular velocity of the earth	地球自转角速度	地球自轉角速度
rotational potential	旋转位	迴轉位
rotation axiom of the perspective	透视旋转定律,沙尔定律	透視旋轉定律,沙爾定律
rotation parameters	旋转参数	旋轉參數
rothodrome	大圆航线	大圓航線,大圈航線
rough reading	概略读数	概略讀數
round-off error	凑整误差	化整誤差
route border stake	线路界桩	路線界樁
route leveling	线路水准测量	線路水準測量
route plan	线路平面图	線路平面圖

英 文 名	大 陆 名	台 湾 名
route reconnaissance	道路勘测	路線勘測
route surveying	线路测量	路線測量
ROV(=Remotely Operated Vehicle)	遥控潜水器	遙控潛水器
ruling	网线	網線
ruling up	拼版精确性检验	看大樣
rumpfebene(=peneplain)	准平原	準平原
run error	行差	行差
running traverse by azimuth	方位角法导线测量	方位角法導線測量
running traverse by bearing	方向角法导线测量	方向角法導線測量
running traverse by deflection angle	偏角法导线测量	偏角法導線測量
running traverse by direct angle	正角法导线测量	正角法導線測量
run of micrometer	测微器行差	測微器行差
run testing	试车	試車
rural planning survey	乡村规划测量	鄉村規劃測量

S

英 文 名	大 陆 名	台 湾 名
sac	海底湾	海底囊狀區
saddle stiching	骑马钉	騎馬釘
safe overhead clearance	安全净空	安全上方淨空
safety zone	防护区	海上設施保護區
sage of tape	卷尺垂曲	捲尺中陷
sailing chart	航行图	航海圖
sailing directions(SD)	航路指南	航行指南
Salyut Space Station	礼炮号航天站	禮炮號航太站
sample interval	采样间隔	採樣間隔
sample plot	样图	樣圖
sampling	采样	採樣
sand map	沙盘	沙盤地圖
SAR(=synthetic aperture radar)	合成孔径雷达	訊號合成雷達
Saros	沙罗周期	沙羅週期
satellite	卫星	衛星
satellite-acoustics integrated positioning system	卫星-声学组合定位系统	衛星-聲學組合定位系統
satellite altimeter	卫星测高仪	衛星測高計
satellite altimetry	卫星测高	衛星測高法
satellite altitude	卫星高度	衛星高度

英　文　名	大　陆　名	台　湾　名
satellite attitude	卫星姿态	衛星姿態
satellite-borne sensor	星载遥感器	星載遙感器
satellite configuration	卫星构形	衛星分佈圖
satellite coverage	卫星覆盖区	衛星覆蓋範圍
satellite Doppler positioning	卫星多普勒定位	衛星都卜勒定位
satellite Doppler shift measurement	卫星多普勒[频移]测量	衛星都卜勒[頻移]測量
satellite geodesy	卫星大地测量学	衛星大地測量
satellite gradiometry	卫星重力梯度测量	衛星重力梯度測量
satellite image	卫星影像	衛星影像
satellite-inertial guidance integrated positioning system	卫星-惯导组合定位系统	衛星-慣導組合定位系統
satellite laser ranger	卫星激光测距仪	衛星雷射測距儀
satellite laser ranging(SLR)	卫星激光测距	衛星雷射測距
satellite navigation system	卫星导航系统	衛星導航系統
satellite photo	卫星像片	衛星像片
satellite photogrammetry	卫星摄影测量	人造衛星攝影測量
satellite photography	卫星摄影	衛星攝影
satellite photo map	卫星像片图	衛星像片圖
satellite positioning	卫星定位	衛星定位
satellite positioning system	卫星定位系统	衛星定位系統
satellite-to-satellite tracking(SST)	卫星跟踪卫星技术	衛星跟蹤衛星技術
satellite-tracking camera	卫星跟踪摄影机	衛星追蹤攝影機
satellite tracking station	卫星跟踪站	衛星跟蹤站
satellite trail	卫星轨迹	衛星軌跡
satellite triangulation	卫星三角测量	衛星三角測量
satellite triangulation station	卫星三角测量站	衛星三角測量站
saturation	饱和度	飽和度
Saturn	土星	土星
scale	比例尺	比例尺
scale deterioration	尺度变形	尺度變形
scale factor	比例因子,尺度因子	比例因數,尺度因數
scale of hydrographic survey	海道测量比例尺	海道測量比例尺
scale parameter	尺度参数	尺度參數
scale point	尺度点	尺度點
scale variation(=scale deterioration)	尺度变形	尺度變形
scaling of model	模型缩放	調整模型比例尺
scan converter	扫描转换仪	掃描轉換器

英 文 名	大 陆 名	台 湾 名
scan digitizer	扫描数字化仪	掃描數化器
scan-digitizing	扫描数字化	掃描數值化
scanner	扫描仪	掃描器
scanning	扫描	掃描
scanning head	扫描头	掃描機頭
scanning rectifier	扫描纠正仪	掃描糾正儀
scanning-spot camera	飞点扫描像机	光點掃描攝影機
scan overlap rate	扫描重叠率	掃描重疊率
scan plotter	扫描绘图仪	掃描繪圖機
scan positional distortion	扫描位置误差	掃描像位差
scan radiometer	扫描辐射计	掃描輻射計
scan resolution	扫描分辨率	掃描解析率
scan skew	扫描偏斜	掃描偏斜
scan tangent correction	扫描正切校正	掃描正切改正
scattering	散射	散射
scattering coefficient	散射系数	散射係數
scattering cross section	散射截面	散射截面
scatterometer	散射仪	散射計
scatterometry	散射测量	散射測量
Scheimpflug condition(=condition of intersection)	交线条件,向甫鲁条件	交會條件,賽因福祿條件
school map	教学地图	教學地圖
Schreiber's method	施赖伯法	士賴伯法
scintillation	闪烁	閃爍現象
screen	网屏	網屏
screen angle	网屏角度	網屏角度
screen composition	屏幕排版	幕前排版
screen font	屏幕显示字体	螢幕字型
screening	挂网	過網
screen map	屏幕地图	螢幕地圖
screen negative	挂网负片	網陰片
screen positive	挂网正片	網陽片
screen printing	丝网印刷	網版印刷,孔版印刷
scribed plate	刻图片	雕繪版
scribed sheet(=scribed plate)	刻图片	雕繪版
scriber	刻图仪	雕繪器
scriber cursor	刻图头	雕刻針頭
scribing	刻绘	雕繪

英 文 名	大 陆 名	台 湾 名
scribing point	刻针,刻刀	刻針
scumming	糊版	髒版
SD(=sailing directions)	航路指南	航行指南
SDI(=spatial data infrastructure)	空间数据基础设施	空間資料基礎設施
sea area boundary line	海区界线	海區界線
sea area information investigation	海区资料调查	海區資料調查
seabed sampler	海床采样器	海床採樣器
seaboard(=shore)	滨	海濱
sea cliff	海崖	海崖,海底崖
sea conditional sign	海况信号	海象符號
seafloor	海床,海底	海床
seafloor imaging system	海底图像系统	海底圖像系統
seafloor slope correction	海底倾斜改正	海底傾斜改正
sea fog	海雾	海霧
sea horizon	海平线	海地平
sea level	海平面	海平面
sea level contour	海平面等高线	海平面等高線
sea level datum	基准海平面	基準海平面
seamark	海上航标	海上航標
sea mile(=nautical mile)	海里	浬
sea most(=moat)	海壕	緣溝,海底山溝
search and rescue chart	搜救图	搜救圖
searching area	搜索区	搜索區
sea reach	河口直段	河口直段
sea return	海面回波	海面回跡
Seasat	海洋卫星	海洋衛星
Seasat SAR	海洋卫星合成孔径雷达	海洋衛星合成孔徑雷達
seasonal correction of mean sea level	平均海面归算	平均海面歸算
sea state	海况	海象
sea surface topography	海面地形	海面地形
sea valley	海谷	海穀
sea wall(=breakwater)	防波堤,海堤	防波堤,海堤
secondary great circle	副大圆	副圈
secondary tides	副潮	副潮
secondary tide station	副验潮站	次驗潮站
second color	二次色,间色	二次色
second nodal point	第二节点	第二節點
second order leveling	二等水准测量	二等水準測量

英 文 名	大 陆 名	台 湾 名
second order traverse	二等导线	二等導線
second order triangulation	二等三角测量	二等三角測量
sectional alidade	断面照准仪	斷面照準儀
sectional staff gauge	分段式水尺	分段式水尺
sectional view	截面图	截面圖
sectioning alidade(=sectional alidade)	断面照准仪	斷面照準儀
section(=link)	测段	[水準測量]鎖部
section name of land	段名	段名
sectorial ormonics(=zonal harmonic)	带谐函数	帶諧函數
secular aberration	长期光行差	長期光行差
secular magnetic variation	长期磁变	長期磁變
secular parallax	长期视差	長期視差
secular perturbation	长期摄动	長期攝動
secular precession	长期岁差	長期歲差
secular variation	长期变化	長期變化
see through(=strike through)	透印,透墨	透印
seismic map	地震图	地震圖
seismic wave	地震波	地震波
selenology	月球学	月質學
selenotrope	月光反照器	月光反照器
self-calibration	自检校	自檢校
self-reading rod	自读式标尺	自讀式標尺
self-reducing alidade	准距式照准仪	自化照準儀
self-reducing stadia survey	自归算视距测量	自化視距測量
semi-analytical aerial triangulation	半解析空中三角测量	半解析空中三角測量
semiannual tide	半年[周期]潮	半年潮
semiconductor laser	半导体激光器	半導體雷射器
semi-controlled photograph mosaic	半控制像片镶嵌图	半控制像片鑲嵌圖
semi-diurnal current	半日潮流	半日潮流
semi-diurnal tidal harbor	半日潮港	半日潮港
semi-diurnal tide	半日潮	半日潮
semimajor axis of ellipsoid	椭球长半轴	長半軸
semiminor axis of ellipsoid	椭球短半轴	短半軸
semi-traverse method	半导线法	半導線法
sensibility of level(=sensitivity of a bubble)	水准器灵敏度	水準器靈敏度
sensitive material	感光材料	感光材料
sensitivity	灵敏度	靈敏度

英　文　名	大　陆　名	台　湾　名
sensitivity of a bubble	水准器灵敏度	水準器靈敏度
sensitization	感光	感光
sensitometry	感光测定	感光量測術
sensor	传感器	感測器
separate drawing	分色清绘,分涂	分色清繪
separate manuscript(=flaps)	分版原图	分版原圖,分色原稿
separation of contour line	等高线版	等高線版
sepia board	棕色版	棕色版
september equinox(=autumnal equinox)	秋分点	秋分點
sequence of current	流序	流序
sequence of tide	潮序	潮序
sequence photography	连续摄影	連續攝影
sequential block adjustment	序贯区域平差	序列區域平差
serial mosaic(=strip mosaic)	航带镶嵌图	航線鑲嵌圖
series maps	系列地图	系列地圖
series of observations	观测组	觀測組
series photograph	序列像片	連續像片
set(=observation set)	测回	測回
set of conventional signs	图示符号系统	圖式符號系統
sets of direction observation	方向观测组	方向觀測組
setting accuracy	安平精度	定平精度
setting out laying off(=layout)	放样,测设	放樣,測設,釘樁
setting-out of cross line through shaft center	井筒十字中线标定	井筒十字中線標定
setting-out of driving workings direction by laser guide instrument	激光指向仪给向	雷射指向儀給向
setting-out of main axis	主轴线测设	主軸線測設
setting-out of reservoir flooded line	水库淹没线测设	水庫淹沒線測設
setting-out survey(=layout survey)	放样测量	放樣測量
settlement	水面下降	水面下沉
settlement observation	沉降观测	沉降觀測,沉陷觀測
sewage system(=sewer system)	排水系统	下水道系統
sewer system	排水系统	下水道系統
sexagesimal circle	六十进制度盘	六十分制度盤
sextant	六分仪	六分儀
SFAP(=small format aerial photography)	小像幅航空摄影	小像幅航空攝影
S-57 Format	S-57 格式	S-57 格式
shadow method of height determination	阴影测高法	陰影測高法

英 文 名	大 陆 名	台 湾 名
shaft	矿井,竖井	直井,豎井,豎坑
shaft bottom plan	井底车场平面图	井底車場平面圖
shaft depth survey	井深测量	井深測量
shaft orientation survey	立井定向测量	立井定向測量
shaft prospecting engineering survey	井探工程测量	井探工程測量
shallow water tide	浅水潮汐	淺水區潮汐
sharpness	明锐度	明銳度
shear distortion	切向畸变差,剪切畸变差	剪形畸變差
sheet corner	图廓点	圖隅點坐標
sheet designation	图号,图幅编号	圖號
sheet dimension	图幅尺寸	圖幅尺寸
sheet index(=index diagram)	图幅接合表	圖幅接合表
sheet line system	地图分幅系统	地圖分幅系統
sheet number(=sheet designation)	图号,图幅编号	圖號
sheet numbering system	图幅编号法	圖號系統
shelf reef	群礁	棚礁
shelf seas	陆架海	陸棚海
Shida's number	志田数	志田數
shifting bar	移动沙洲	移動沙洲
shipboard sonar	船载声呐	船載聲納
shipping-line map	水路交通图	水路交通圖
shoal	浅滩	淺灘,沙洲
shoal reef	浅滩礁	淺灘礁
shooting star	流星	流星
shop calibration	进厂校准	進廠校準
short range navigation(=shoran)	绍兰,近程导航	紹南,短程導航
shoran-controlled photography	绍兰控制摄影	短程控制攝影
shore	滨	海濱
shore face	滨面	濱前
shore lead	冰岸水道	冰岸水道
shoreline map	岸线图	岸線圖
short-arc method	短弧法	短弧法
short grain	短丝绺	短絲流
short-period constituents	短周期分潮	短週期分潮
short range navigation(=shoran)	绍兰,近程导航	紹南,短程導航
short-range positioning system	近程定位系统	近程定位系統
shoulder	路肩	路肩

英 文 名	大 陆 名	台 湾 名
shrinkage of fill	填方收缩	填土收缩
shrinkage ratio	伸缩率	伸縮率
shutter	快门	快門
shutter disc	快门片	快門片
shutter efficiency	快门效率	快門效率
shutter release	快门开关	快門開關器
shutter speed	快门速度	快門速度
Shuttle Imaging Radar(SIR)	航天飞机成像雷达	太空梭成像雷達
shuttle imaging spectrometer	航天飞机成像光谱仪	太空梭成像光譜儀
side echo	副回声	側回聲
side equation	边方程式	邊方程式
side equation tests	边方程式检核	邊方程式檢核
side intersection	侧方交会	側方交會
side lap(=lateral overlap)	旁向重叠	像片左右重疊,左右重疊
side-looking airborne radar	侧视机载雷达	空載側視雷達
side-looking radar(SLR)	侧视雷达	空中側視雷達
side-looking sonar	侧视声呐	側視聲納
sidereal clock	恒星钟	恆星時針,恆星時表
sidereal day	恒星日	恆星日
sidereal focus	恒星焦点	恆星焦點
sidereal hour angle	恒星时角	恆星時角
sidereal month	恒星月	恆星月
sidereal time	恒星时	恆星時記,恆星時
sidereal year	恒星年	恆星年
side-scanning system	侧向扫描系统	側向掃描系統
side scan sonar	侧扫声呐	側掃聲納
side scan sonar mosaic	侧扫声呐镶嵌图	側掃聲納鑲嵌圖
side shot(=derived point)	引点	引點
side slope	边坡	邊坡
side telescope	副望远镜	旁置望遠鏡
sidle	侧向重叠	側向重疊
sight distance	视距	視距
sighting centring	照准点归心	照準點歸心,偏心覘標歸算
sighting line method	瞄直法	瞄直法
sighting point	照准点	照準點
sight line	视线	視線

英 文 名	大 陆 名	台 湾 名
sight vane alidade	测斜照准仪	測斜照準儀
signalized point	布标点	佈標點
signal lamp	标志灯	回照燈
signal pole	信号杆	信號桿
signal-to-noise ratio	信噪比	信號噪聲比
silk screen	丝网	絹印孔版
silk-screen printing(=screen printing)	丝网印刷	網版印刷,孔版印刷
sill	海槛	海檻
simple curve	单曲线	單曲線
simple intersection method	前方交会法	單交會法
simple pendulum	单摆	單擺
Simpson's one-third rule	辛普森三分法	辛甫生三分之一定則
Simpson's rule	辛普森法则	辛甫生公式
simultaneous block adjustment	整体区域网平差	區域聯解平差
simultaneous bundle block adjustment	光束法区域联合平差	光束法區域聯解平差
simultaneous contrast	视场对比	視場對比
simultaneous exposure	同步曝光	同步曝光
simultaneous level line	同步水准路线	同向水準路線
simultaneous observation	同步观测	觀測法,同時觀測法
simutaneous comparison of depth	同时深度比较	同時深度比較
single-base method of barometric altimetry	单基线法气压测高	單基準氣壓測高法
single channel scanner	单频道扫描仪	單頻道掃描器
single channel thermal scanner	单通道热红外扫描仪	單頻道熱掃描器
single difference phase observation	单差相位观测	單差相位觀測
single-image photogrammetry	单像摄影测量	單像攝影測量
single-lens camera	单镜头摄影机	單物鏡攝影機
single-lens multiband camera	单镜头多光谱摄影机	單鏡多光譜攝影機
single-lens photography	单镜头摄影	單物鏡攝影
single-photo plotter	单像测图仪	單像測圖儀
single-projector method	单投影器法	單投影器定位法
single-run level line	单程水准测量路线	單程水準線
single-strip photography	单航线摄影	單航帶攝影
single-swing method	单旋转法	單旋轉定位法
single vernier	单游标	單游標
3S integration	3S 集成	3S 集成
sinusoidal projection	正弦投影	正弦投影
siphon barometer	虹吸气压计	曲管氣壓計
SIR(=Shuttle Imaging Radar)	航天飞机成像雷达	太空梭成像雷達

英 文 名	大 陆 名	台 湾 名
site coverage(=building coverage ratio)	建筑物覆盖率	建蔽率
skeleton surveying	图根测量	圖根測量
sketch map	草图	草圖
sketch master	像片转绘仪	像片草圖測繪儀,像片繪圖儀
sketch survey(=reconnaissance)	踏勘,草测	踏勘,草測
skylab	天空实验室	天空實驗室
skylab photography	天空实验室摄影	天空實驗室攝影
sky light	天光	天空光
sky radiance	天空辐射	天空輻射
sky-wave correction	天波修正	天波修正
sky-wave interference	天波干扰	天波干擾
slack tide(=stand)	平潮	平潮
slack water	憩流	憩流
slant distance(=slope distance)	斜距	斜距
slant-range resolution	斜距分辨率	斜距解析度
slave clock	子钟,副钟	子鐘
slave station	副台	副站
sliding staff	塔尺,伸缩标尺	塔尺,伸縮標尺
slit aperture	狭缝光阑	縫隙光孔
slit shutter	狭缝快门	縫隙快門
slope area	山坡地	山坡地
slope chaining(=slope taping)	斜坡量距法	斜坡量距法
slope diagram(=slope scale)	坡度尺	坡度尺
slope distance	斜距	斜距
slope drain	斜坡排水	斜坡排水
slope line	示坡线	邊坡線
slope scale	坡度尺	坡度尺
slope stake	边坡桩	邊坡樁
slope taping	斜坡量距法	斜坡量距法
slope theodolite	坡面经纬仪	坡面經緯儀
sloping name	雁列注记	雁行字列
slotted shutter(=slit shutter)	狭缝快门	縫隙快門
slotted template radial triangulation	槽孔模片辐射三角测量	槽孔模片輻射三角測量
slow motion screw	微动螺旋,正切螺旋	微動螺旋,正切螺旋
SLR(=①satellite laser ranging ②side-looking radar)	①卫星激光测距 ②侧视	①衛星雷射測距 ②空中雷达側視雷達
slur	双影,重影	雙影

英　文　名	大　陆　名	台　湾　名
SM(=surveying and mapping)	测绘学	測繪學
small circle	小圆	小圓
small diurnal range	小日潮差	小日潮差
small format aerial photography(SFAP)	小像幅航空摄影	小像幅航空攝影
small-scale map	小比例尺地图	小比例尺地圖
small tropic range	小回归潮差	小回歸潮差
SMG(=speed made good)	实际航速	實際航速
smooth-delineation copy	印刷原图	印刷原圖
smoothing	平滑	平滑化
snowflake	雪花	雪花
soft dot	软点,虚网点	軟點,軟網點
soft negative	软性底片	軟調底片
soft paper	软性像纸	軟調像紙
soft proofing	软式打样	軟式打樣
solar attachment	太阳能装置	太陽稜鏡裝置
solar compass	太阳罗盘仪	太陽羅盤儀,天象羅盤儀
solar corona(=solar crown)	日冕	日冕
solar crown	日冕	日冕
solar cycle	太阳周期	太陽週期
solar daily magnetic variation	太阳日磁变	太陽日磁變
solar day	太阳日	太陽日
solar eclipse	日食	日蝕
solar parallax	太阳视差	太陽視差
solar radiation pressure perturbation	太阳光压摄动	太陽輻射壓
solar radiation spectrum	太阳辐射波谱	太陽輻射波譜
solar system	太阳系	太陽系
solar time	太阳时	太陽時
solar year	太阳年	太陽年
[solid] Earth tide	固体潮	地潮,地球潮汐
solid-state laser	固体激光器	固體雷射器
solid-state scanner	固态扫描仪	固態掃描器
solifluction	泥石流	土石流
solstice	至点	至點
solsticial colure	二至圈	二至圈
solsticial tide	至点潮	至點潮
sonar image	声呐图像	聲納圖像
sonar sweeping	声呐扫海	聲納掃海

英　文　名	大　陆　名	台　湾　名
sonde	探空仪	探空儀
sonic bearing	音响方位	音波方位
sonic sounding(=echo sounding)	回声测深	回聲測深法,音波測深法
sonobuoy	声呐浮标	音響浮標
sounding	水深测量	水深測量
sounding apparatus	测深仪器	測深儀器
sounding balloon	探空气球	探空氣球
sounding board	测深图板	測深圖板
sounding book	测深手簿	水深紀錄簿
sounding chair	测深台	測深台
sounding datum	深度基准	測深基準面
sounding interval	测深间隔	測點間距
sounding lead	测深锤,水铊	測深錘,水鉈
sounding line(=lead line)	测深绳,测深线	測深繩,測錘繩,測深線
sounding machine	测深机	測深機
sounding mark	测深标志	測深標
sounding method	测深法	測深法
sounding pole	测深杆	測深杆,涉水標尺
sounding record	测深记录	測深記錄
sounding rocket	探空火箭	探空火箭
soundings(=depth numbers)	水深注记	深度註記,水深點
sounding tube	测深管	測深管
sounding winch	测深绞车	測深絞車
sounding wire	测深索	測深鋼索
sound intensity	声音强度	聲音強度
sound pressure	声压	聲音壓力
sound ranging	声波测距	音響測距
southing	南距	南距
south pole	南极	南極
Soyuz Spacecraft	联盟号宇宙飞船	聯盟號太空船
space	太空	太空
space-based system	空基系统	空基系統
space camera	太空摄影机	太空攝影機
space coordinates	空间坐标	空間坐標
spacecraft	太空飞行器,航天器	太空飛行器
spaced name	散列注记	屈曲字列
space geodesy	空间大地测量学	空間大地測量學

英　文　名	大　陆　名	台　湾　名
space intersection	空间前方交会	空間前方交會
Spacelab	空间实验室	空間實驗室
space oblique Mercator projection	空间斜墨卡托投影	空間斜軸麥卡托投影
space photogrammetry	航天摄影测量	太空航測術
space photography	航天摄影	太空攝影
space platform	空间平台	太空載台
space polar coordinate system	空间极坐标系统	空間極坐標系統
space rectangular coordinates	空间直角坐标	空間直角坐標
space remote sensing	航天遥感	太空遙測
space resection(=resection in space)	空间后方交会	空間後方交會
space shuttle	航天飞机	太空梭
space station	空间站	太空站
spatial data	空间数据	空間資料
spatial database management system	空间数据库管理系统	空間資料庫管理系統
spatial data infrastructure(SDI)	空间数据基础设施	空間資料基礎設施
spatial data transfer	空间数据转换	空間資料轉換
spatial model	空间模型	空間模型
spatial resolution	空间分辨率	空間解析率
spatial rod	空间导杆	空間導桿
special building	特别建筑物	特別建物
special color	专色	特別色
special depth	特殊水深	特殊水深
special map	特种地图	特種地圖
specialty printing	专业印刷	特殊印刷
specifications of surveys	测量规范	測量規範
specific name	专名	專名
speckle	散斑	散斑
spectral characteristic of aerial photo object	航摄景物光谱特性	航攝景物光譜特性
spectral resolution	光谱解析率	光譜解析率
spectral sensitivity	光谱感光度	光譜靈敏度
spectral signature	光谱特征	光譜曲線圖
spectral space	光谱空间	光譜空間
spectrograph	摄谱仪	攝譜儀
spectrometer	[光]谱仪	光譜儀,分光計光計
spectrophotometer	分光光度计	光譜光度計
spectroscopy	光谱学	光譜學
spectrum	光谱	光譜

英 文 名	大 陆 名	台 湾 名
spectrum character curve	波谱特征曲线	波譜特徵曲線
spectrum cluster	波谱集群	波譜集群
spectrum feature space	波谱特征空间	波譜特徵空間
spectrum response curve	波谱响应曲线	波譜回應曲線
speed	航速	速率
speed made good(SMG)	实际航速	實際航速
speed of light	光速	光速
spherical aberration(=aberration of sphericity)	球面像差	球面像差
spherical angle	球面角	球面角
spherical astronomy	球面天文学	球面天文學
spherical coordination system	球面坐标系统	球面坐標系統
spherical excess	球面角超	球面角超,旋轉橢球面角超
spherical harmonics	球谐函数	球諧函數
spherical lens	球面透镜	球面透鏡
spherical level vial	圆水准器	圓水準器
spherical of riangle excess(=spherical excess)	球面角超	球面角超,旋轉橢球面角超
spherical triangle	球面三角形	球面三角形
spherochromatic aberration	球面色像差	球面色像差
spheroid	椭球体	橢球體
spheroidal angle	旋转椭球体面角	旋轉橢球體面角
spheroidal coordinates	旋转椭球坐标	旋轉橢球坐標
spheroidal triangle	椭球面三角形	橢球球面三角形
spheropotential function	正常重力位函数	正常重力位函數
spheropotential number	正常大地位数	正常重力位數
spheropotential surface	正常重力位面	正常重力位面
spherop(=spheropotential surface)	正常重力位面	正常重力位面
spillway(=floodplain scour routes)	溢洪道	溢洪道
spiral curve	螺旋曲线	螺形曲線
spiral curve location	缓和曲线测设	緩和曲線測設
spiral deflection angle	螺形偏角	螺形偏角
spirit compass	液体罗盘	液體羅盤
split bubble	符合气泡	符合氣泡
split camera	交向摄影机	雙傾斜攝影機
split-image rangefinder	双像符合测距仪	雙像符合測距儀
split leg tripod(=extension tripod)	伸缩三脚架	伸縮三腳架

英文名	大陆名	台湾名
split vertical photograph	交向摄影像片	雙傾斜垂直攝影像片
SPOT satellite	SPOT 卫星	SPOT 衛星
spring-balance	[距离测量]弹簧秤	[距離測量]彈簧秤
spring equinox(=first point of Aries)	春分点	春分點
spring high water	①大潮高潮 ②大潮高潮面	①大潮高潮 ②大潮高潮面
spring low water	大潮低潮	大潮低潮
spring range	大潮差	大潮差
spring rise	大潮升	大潮升
spring tide	大潮	大潮
spur leveling line	支水准路线	支線水準線
square control network	施工方格网	施工方格網
square map-subdivision	正方形分幅	正方形分幅
square method	方格法[水准]	方格法[水準]
SST(=satellite-to-satellite tracking)	卫星跟踪卫星技术	衛星跟蹤衛星技術
stability	稳定性	穩定性
stabilized camera mount	摄像机稳定座架	攝影機穩定座架
stabilized platform	准确度指标	穩定平臺
stadia addition constant	视距加常数	視距加常數
stadia circle	视距弧	視距弧
stadia computer	视距计算盘	視距計算盤
stadia constant	视距常数	視距常數
stadia diagram	视距图	視距圖
stadia hairs	视距丝	視距絲
stadia interval	视距间隔	視距間隔
stadia interval factor	视距间隔因子	視距間隔因數
stadia multiplication constant	视距乘常数	視距乘常數
stadia plane-table survey	平板视距测量	平板視距測量
stadia rod	视距标尺	視距標尺
stadia surveying	视距测量	視距測量,定距測量
stadia table	视距表	視距表
stadia transit	视距经纬仪	視距經緯儀
stadia traverse	视距导线	視距導線
stadia trigonometric leveling	视距三角高程测量	視距三角高程測量
stadia wires(=stadia hairs)	视距丝	視距絲
stadium	古尺长	古尺長
staff(=range pole)	标杆	標桿
staking survey	定桩测量	定樁測量

英文名	大陆名	台湾名
stand	平潮	平潮
standard depth	标准深度	標準深度
standard deviation	标准差	標準中誤差,標準偏向
standard error	标准误差	標準誤差
standard field of length	长度标准检定场	長度標準檢定場
standard gauge	标准轨距	標準軌距
standard meter	线纹米尺	線紋米尺
standard parallel	标准纬线	標準緯線
standards of accuracy	精度标准	精度標準
standards of surveying and mapping	测绘标准	測繪標準
standard symbol	标准符号	標準圖例
standard tape	标准卷尺	標準捲尺,基準捲尺
stand of tide	停潮	憩潮
star catalogue	星表	星表
star chart	星图	星圖
star cluster	星团	星團
star map(=star chart)	星图	星圖
state of sea scale	海况等级	海象等級
state vector	状态向量	狀態向量
static positioning	静态定位	靜態定位
static radiometer	静态辐射计	靜態輻射計
static sensor	静态遥感器	靜態遙感器
stationary orbit	静止轨道	靜止軌道
station buoy	点位浮标	位置浮
station centring	测站归心	測站歸心
station chain	台链	台鏈
statistic map	统计地图	統計地圖
statoscope	高差仪,微动气压计	微差高程儀,精密氣壓計
steel rule	钢尺	鋼尺
steel tape	钢卷尺	鋼捲尺
stellar camera	恒星摄影机	恆星攝影機
step-and-repeat	连晒	連曬
stereo-base	立体基线	立體基線
stereocamera	立体摄影机	立體量測攝影機
stereo comparagraph	简易立体测图仪	簡易立體測圖儀
stereo comparator	立体坐标量测仪	立體坐標量測儀,立體坐標測圖儀

英 文 名	大 陆 名	台 湾 名
stereo compilation	立体编图	立體編圖
stereogram	立体图像	立體圖像
stereographic projection	球面投影	球面投影
stereointerpretoscope	立体判读仪	立體判讀儀
stereomate	立体像片对	立體像片
stereometer	立体量测仪	立體量測尺
stereometric camera	立体量测摄影机	立體量測攝影機
stereometry	立体测量	立體測量學
stereo model(=relief model)	立体模型	立體模型
stereo orthophoto	立体正摄影像	立體正射像片,立體化正射像片
stereo-overlap	立体重叠	立體重疊
stereopair	立体像对	立體像對
stereo-photogrammetry	立体摄影测量	立體攝影測量,立體攝影地形測量
stereo photography	立体摄影	立體攝影
stereo-phototopography(=stereo-photogrammetry)	立体摄影测量	立體攝影測量,立體攝影地形測量
stereoplotter	立体测图仪	立體測圖儀
stereoscope	立体镜	立體鏡
stereoscopic acuity	立体视晰度	立體視晰度
stereoscopic coverage	立体重叠范围	立體重疊範圍
stereoscopic fusion	立体凝合	立體凝合
stereoscopic image	立体影像	立體影像,立體像
stereoscopic map	视觉立体地图	視覺立體地圖
stereoscopic observation	立体观测	立體觀測
stereoscopic parallax	立体视差	立體視差
stereoscopic plotter(=stereoplotter)	立体测图仪	立體測圖儀
stereoscopic principle	立体原理	立體原理
stereoscopic range finder	立体测距仪	立體測距儀
stereoscopic vision	立体视觉	立體視覺
stereoscopy	立体观察	立體觀察
stereotemplet	立体模片	立體模片
stereotriangulation	立体三角测量	立體三角測量
stereo triplet	三重立体组	三片立體像
Sterneck method of latitude determination	司特尼克定纬法	史潑尼克定緯度法
stick-up lettering	透明注记	透明注記
stipple	网点	網點

英 文 名	大 陆 名	台 湾 名
Stokes formula	斯托克斯公式	史脱克斯公式
Stokes theory	斯托克斯理论	斯托克斯理論
stope survey	采场测量	礦場測量
stop-number(=F-number)	光圈号数	光圈指數,光圈數字
stop screw(=clamp screw)	制动螺旋	制動螺旋
storm high water	风暴高潮	風暴高潮
storm surge(=storm tide)	风暴潮	風暴潮,風暴激浪
storm tide	风暴潮	風暴潮,風暴激浪
straight baseline	直线基线	直線基線
straight-leg tripod	定长三脚架	定長三腳架
straining trestle	拉力架	拉力架
Straits used for international navigation	国际航行海峡	國際航行海峽
stratified currents	分层潮	分層潮
stream capture	河流袭夺	河流襲奪
stream divide	分水岭	分水嶺,分水線
stream piracy(=stream capture)	河流袭夺	河流襲奪
street block corner	街口	街廓
strength factor	图形强度因子	圖形強度因數
strength of current	最大潮流	最大潮流
striding level	①跨水准 ②跨水准管	①跨水準 ②跨水準管
strike through	透印,透墨	透印
string pendulum(=filar pendulum)	线状摆	線狀擺
strip adjustment	航带平差	航帶平差
strip adjustment of aerotriangulation	航带空中三角测量平差	航帶空中三角平差
strip aerial triangulation	航带法空中三角测量	航帶法空中三角測量
strip camera(=continuous strip camera)	条幅[航带]摄影机	航帶攝影機
strip coordinates	航带坐标	航帶坐標
strip deformation	航带变形	航帶變形
strip formation	航带方程组	航帶聯組
striping and mining engineering profile	采剥工程断面图	采剝工程斷面圖
strip interval(=flight line spacing)	航线间隔	航線間隔
strip map	卷轴地图	捲軸地圖
strip mosaic	航带镶嵌图	航線鑲嵌圖
strip radial aerotriangulation	航带辐射三角测量	航帶輻射三角測量
strip width	航带密度	航帶寬度
stud registration	销钉定位法	打孔定位法
sub-bottom profiler	浅地层剖面仪	海底淺層剖面儀
subdivisional organization	再分结构	再分結構

英文名	大陆名	台湾名
subgrade	路基	路基
submarine cable	海底电缆	海底電纜
submarine canyon	海底峡谷	海底峽穀
submarine construction survey	海底施工测量	海底施工測量
submarine control network	海底控制网	海底控制網
submarine geomorphologic chart	海底地貌图	海底地形圖
submarine geomorphology	海底地貌	海底地形
submarine peninsula	海底半岛	海底半島
submarine pipeline	海底管道	海底管道
submarine plateau	海台	海底高原
submarine relief	海底地形	海底起伏
submarine ridge	海岭	海底山脊
submarine situation chart	海底地势图	海底地勢圖
submarine structural chart	海底地质构造图	海底結構圖
submarine trench(=trench)	海沟	海溝
submarine tunnel survey	海底隧道测量	海底隧道測量
submarine valley	海底谷	海底山谷
submarine volcano	海底火山	海底火山
submerged float	水中浮子	水下漂流浮標
subordinate station(=secondary tide station)	副验潮站	次驗潮站
subplan(=nautical plan)	附图	分圖
subsidiary station	辅点	補點
subsolar point	日下点	日下點
substellar point	星下点	星下點
sub-satellite point	卫星星下点	衛星星下點
substense traverse	横基尺视差导线	橫距尺視角導線
subtense angle measurement	视角测量	視角測量,定角測量
subtense bar	横距杆	橫距桿
subtractive process	减色法	減色法
subway survey	地下铁道测量	地下鐵道測量
successive adjustment	序贯平差	序貫平差
successive contrast	连续对比	連續對比
summer solstice	夏至	夏至
summit of vertical curve	竖曲线顶点	豎曲線頂點
sundial(=analemma)	日晷	日晷
sun-synchronous orbit	太阳同步轨道	太陽同步軌道
sun-synchronous satellite	太阳同步卫星	太陽同步衛星

英 文 名	大 陆 名	台 湾 名
super calenderring	高度压光	超級研光
superconductor gravimeter	超导重力仪	超導重力儀
superelevation of outer rail	外轨超高	外軌超高
super-elevation on curve	曲线超高	曲線超高
superhigh altitude	超高空	超高空
superior planet	外行星	外行星
supervised classification	监督分类	監督式分類
super-wide angle aerial camera	特宽角航摄相机,超广角航空摄影机	特寬角航空攝影機,超廣角航空攝影機
super-wide angle objective	特宽角镜头	特寬角物鏡,超廣角物鏡
supplemental control point	辅助控制点	補助控制點
supplementary bench mark	辅助水准点	輔助水準點
supplementary control survey	辅助控制测量	補點控制測量
supplementary exposure	补充曝光	輔助曝光
supplementary station(=subsidiary station)	辅点	補點
supplement of angle	补角	補角
surface duct	表层声道	折音層
surface level	水面水准	水面水準
surface of equal parallax	等视差面	等視差面
surface plate	平版	平版
surface roughness	表面粗糙度	表面粗糙度
surface-taping	地面量距	地面測距
surface-underground contrast plan	井上下对照图	井上下對照圖
survey adjustment	测量平差	測量值平差
survey by radiation	辐射测量	輻射測量法
survey datum monument	测量基点桩	測量基點樁
survey for land consolidation(=survey for land smoothing)	平整土地测量	整地測量
survey for land smoothing	平整土地测量	整地測量
survey for marking of boundary	标界测量	標界測量
surveying	测量学	測量學
surveying and mapping(SM)(=geomatics)	测绘学	測繪學
surveying camera	量测摄影机	測量攝影機
surveying control network	测量控制网	測量控制網
surveying for site selection	厂址测量	廠址測量

英 文 名	大 陆 名	台 湾 名
surveying ship(=hydrographic vessel)	海道测量船	水道測量船
survey in mining panel	采区测量	礦區測量
survey in reconnaissance and design stage	勘测设计阶段测量	勘測設計階段測量
survey line	测线	測線
survey map	实测图	實測圖
survey mark	测量标志	測量標誌,測量覘標
survey of existing station yard survey	既有线站场测量	既有線站場測量
survey of present state at industrial site	工厂现状图测量	工廠現狀圖測量
survey signal(=survey mark)	测量标志	測量標誌,測量覘標
survey station	测站	測站
survey vessel	测量船	測量船
suspended weight gauge	悬锤水位计	懸錘水位計
suspension theodolite	悬式经纬仪	懸式經緯儀
swallow float	斯瓦罗浮子	定深漂流浮標
swash channel	滩间水道	灘間水道
swatch	样本	色樣
swath-sounding system	条带测深系统	整排測深系統
sweep	扫海	掃海
sweep bar	扫海杆	掃海桿
sweeper	扫海具	掃海具
sweeping at definite depth	定深扫海	定深掃海
sweeping depth	扫海深度	掃海深度
sweeping sounder	扫海测深仪	掃海測深儀
sweeping trains	扫海趟	掃海趟
swept area	扫海区	掃海區
swing angle	像片旋角	像片旋角
swing-swing method of relative orientation	单独像对相对定向法	旋像定向法
swivel pen	曲线笔	曲線筆
symbolization	符号化	符號化
symbols and abbreviations on charts	海图图式	海圖圖式
symmetric vertical curve	对称竖直曲线	對稱豎曲線
synchronous satellite	同步卫星	同步衛星
synodical month(=lunation)	太阴月,朔望月	太陰月,朔望月
synoptic chart	天气图	天氣圖,綜觀天氣圖
synoptic forecast	天气预报	綜觀天氣預報
synoptic hour	天气观测时间	天氣時
synoptic meteorology	天气学	天氣學
synoptic weather observation	天气观测	綜觀天氣觀測

英　文　名	大　陆　名	台　湾　名
synthesis chart of pipelines	管道综合图	管道合成圖
synthetic antenna	合成天线	合成天線
synthetic aperture radar(SAR)	合成孔径雷达	訊號合成雷達
synthetic map	合成地图	綜合地圖
synthetic plan of striping and mining	采剥工程综合平面图	采剝工程綜合平面圖
synthetic stereo images	合成立体影像	合成立體像
systematic distortion	系统畸变	系統畸變
systematic error	系统误差	系統誤差
systematic mapping	系列制图	系列製圖
systeme probatoire d'observation de la terre(法)(=SPOT satellite)	SPOT 卫星	SPOT 衛星
system integration	系统集成	系統整合
systems of sounding lines	设计测线网	測深系統線
syzygial tide	朔望潮	朔望潮
syzygy	朔望	朔望點

T

英　文　名	大　陆　名	台　湾　名
tachymetry	光学测距	光學測距
tactual map	触觉地图	觸覺地圖
tailored legend	专用图例	專用圖例
Talcott level	塔尔科特水准	泰爾各答水準
Talcott method of latitude determination	塔尔科特测纬度法	泰爾各答測緯度法
tangent	切线	切線
tangent distance	切线长	切線長
tangential distortion	切向畸变	正切畸變差
tangential lens distortion(=tangential distortion)	切向畸变	正切畸變差
tangential method	切线法	正切視距法
tangent offset method	切线支距法	切線支距法
tangent plane	正切面	切平面
tangent screw(=slow motion screw)	微动螺旋,正切螺旋	微動螺旋,正切螺旋
tape	卷尺	捲尺
tape clip	尺夹	尺夾
tape correction	卷尺改正	捲尺改正
tape gauge	卷尺测锤	捲尺測錘
tapeman(=chainman)	司尺手	司尺手

英 文 名	大 陆 名	台 湾 名
tape stretcher	拉尺器	拉尺器
tape thermometer	卷尺温度计	捲尺溫度計
taping	卷尺丈量	捲尺測量
taping stool	卷尺台	捲尺台
target	觇牌	目標,覘標
target area	目标区	目標區
target reflector	目标反射器	目標反射器
target road engineering survey	靶道工程测量	靶道工程測量
target rod	觇板式标尺	覘板式標尺
tasseled cap transformation	穗帽变换	穗帽變換
telescope	望远镜	望遠鏡
telescope alidade	望远镜照准仪	望遠鏡照準儀
telescope level	望远镜水准仪	望遠鏡水準器
television map	电视地图	電視地圖
telluroid	近似地形面	地球水準面
temperature correction to taped length	卷尺测距温度改正	量距溫度改正
temperature difference	温差	溫度差
temperature leveling correction	水准温度改正	水準溫度改正
temperature resolution	温度分辨率	溫度解析率
templet	模片	模片
templet assembly	模片组合	模片組合
templet cutter	模片切孔机	模片切孔機
templet method	模片法	模片法
temporal resolution	时间分辨率	時間解析率
temporary bench mark	临时水准点	臨時水準點
terminology of geographical names	地名术语	地名術語
terrain profile recorder	地面剖面记录仪	地面縱斷面記錄儀
terrestrial camera	地面摄影机	地面攝影機
terrestrial gravitational perturbation	地球引力摄动	地球引力攝動
terrestrial meridian	地球子午线	地球子午線
terrestrial navigation	地标导航	地標航行
terrestrial perturbations	地球摄动	地球擾動
terrestrial photogrammetry	地面摄影测量	地面攝影測量
terrestrial phototriangulation	地面摄影三角测量	地面攝影三角測量
terrestrial radiation	地面辐射	地面輻射
terrestrial refraction	地面折射	地面折射
terrestrial spectrograph	地面摄谱仪	地面攝譜儀
terrestrial stereoplotter	地面立体测图仪	地面立體測圖儀

英 文 名	大 陆 名	台 湾 名
territorial planning	国土规划	國土計劃
territorial sea	领海	領海
territorial sea baseline survey	领海基线测量	領海基線測量
territorial waters(=territorial sea)	领海	領海
texture analysis	纹理分析	紋理分析
texture enhancement	纹理增强	紋理增強
thematic atlas	专题地图集	主題地圖集
thematic cartography	专题地图学	主題地圖學
thematic chart	专题海图	主題海圖
thematic data base	专题数据库	主題資料庫
thematic interpretation	专题判读	主題判讀
thematic map(=applied map)	专题地图	專用地圖,主題圖
thematic mapper(TM)	专题测图仪	主題測圖儀
thematic overlap	专题层	主題層
theodolite	经纬仪	經緯儀
theodolite traverse	经纬仪导线	經緯儀導線
theodolite tribrach	经纬仪基座	經緯儀三角基座
theorem of rotation	旋转定律	旋轉定律
theoretical astronomy	理论天文学	理論天文學
theoretical cartography	理论地图学	理論地圖學
theoretical error	理论误差	理論誤差
theoretical gravity	理论重力	理論重力
theory of errors	误差理论	誤差理論
theory of triaxial earth	地球三轴说	地球三軸說
thermal infrared	热红外	熱紅外光
thermal infrared imagery(thermal IR imagery)	热红外影像	熱紅外影像,熱紅外光影像
thermal IR imagery(=thermal infrared imagery)	热红外影像	熱紅外影像,熱紅外光影像
thermal radiation	热辐射	熱輻射
thermal radiometer	热辐射计	熱輻射計
thermal resolution	热分辨率	熱解析力
thermal scanner	热扫描仪	熱掃描器
thermal scanning image	热扫描图像	熱掃描影像
thermal transfer process	热压转印	熱壓轉印
thermometric altimetry	温度计测高法	溫度計測高法
thick lens	厚透镜	厚透鏡
thin lens	薄透镜	薄透鏡

英 文 名	大 陆 名	台 湾 名
three-arm protractor	三杆分度仪	三臂分度器
three-circle goniometer	三圆测角器	三圓測角計
three-dimensional geodesy	三维大地测量学	三度空間大地測量學
three-dimensional network	三维网	立體網
three-dimensional printing	立体印刷	立體印刷
three-dimensional terrain simulation	三维地景仿真	三維地形模擬
three-point fix method	三点定位法	三點定位法
three-point method	三点法	三點法
three-point problem	三点问题	三點題
three separation negative	三色分色负片	三色分色負片
three tripod system of observation	三个三脚架观测法	三個三足架觀測法
three-wire leveling	三丝水准测量	三絲水準儀測量
tidal analysis	潮汐分析	潮汐分析
tidal basin	潮坞	潮塢
tidal bench mark	验潮水准点	驗潮水準點
tidal constant	潮汐常数	潮汐常數
tidal constituent(=constituent)	分潮	因數潮,潮因數
tidal current	潮流	潮流
tidal current chart	潮流图	潮流圖
tidal current table(=current table)	潮流表	潮流表
tidal cycle	潮汐周期	潮汐週期
tidal datum	潮汐基准面	潮汐基準面
tidal day	潮汐日	潮汐日
tidal difference(=tidal range)	潮差	潮差,潮汐差
tidal equilibrium theory	潮汐平衡理论	潮汐平衡說
tidal factor	潮汐因子	潮汐因數
tidal flat	潮滩,潮坪	潮埔
tidal friction	潮汐摩擦	潮汐摩擦
tidal gravitation force	潮汐重力	潮汐重力
tidal gravity correction	潮汐重力改正	潮汐重力改正
tidal harbor	有潮港	潮汐港
tidal harmonic analysis	潮汐调和分析	潮汐調和分析
tidal harmonic constants	潮汐调和常数	潮汐調和常數
tidal hodograph	潮流矢量图	潮流時距曲線
tidal information panel	潮信表	潮信表
tidal inlet	进潮口	潮流口
tidal land	潮间地	海埔地
tidal light	潮汐信号灯	潮汐燈號

英 文 名	大 陆 名	台 湾 名
tidal movement	潮汐运动	潮汐運動
tidal nonharmonic analysis	潮汐非调和分析	潮汐非調和分析
tidal nonharmonic constants	潮汐非调和常数	潮汐非調和常數
tidal observation	验潮	潮汐觀測
tidal perturbation	潮汐摄动	潮汐攝動
tidal pole	验潮杆	潮標
tidal prediction	潮汐预报	潮汐推算
tidal range	潮差	潮差,潮汐差
tidal rise	潮升	潮升
tidal river	有潮河	感潮河
tidal station	验潮站	驗潮站
tidal stream(=tidal current)	潮流	潮流
tidal synobservation	同步验潮	同步驗潮
tidal terrace	潮阶	潮階
tidal theory	潮汐理论	潮汐說
tidal wave	潮波	潮汐波
tide age	潮龄	潮齡
tide gauge well	验潮井	穩定井
tide-generating force	引潮力	引潮力
tide-generating potential	引潮位	引潮位
tidemark	潮痕	潮線
tide-meter	验潮仪	驗潮儀,測潮計
tide predicting machine	潮汐推算仪	潮汐推算機
tide prediction	潮汐推算	潮汐推算,潮信推算
tide reducer	潮汐改正	潮汐改正數
tide register(=tide-meter)	验潮仪	驗潮儀,測潮計
tide signal	潮汐信号	潮汐信號
tide staff	水尺	測潮桿,水尺,水位標尺
tidel table	潮汐表	潮汐表
tidology	潮汐学	潮汐學
tie in	联测	連測
tie point(=pass point)	连接点	連接點,結合點
tilt(=angle of tilt)	倾斜角	傾斜角
tilt angle of photograph	像片倾角	像片傾角
tilt displacement	倾斜位移	傾斜移位
tilt observation(=oblique observation)	倾斜观测	傾斜觀測
time distance	时距	時距
time interval	时间间隔	時間間隔

英 文 名	大 陆 名	台 湾 名
time meridian	时子午线	時子午線
time receiving	收时	收時
time signal	时号	報時信號
time signal in UTC	协调世界时时号	協調世界時時號
time zone	时区	時區
tint	浅色调	淡色調
tinted [hill] shading(=wash drawing)	地貌晕渲	地貌暈渲
tint screen	平网	平網
TM(=thematic mapper)	专题测图仪	主題測圖儀
tolerance	限差,容许误差	公差,容許誤差
tombolo	连岛沙洲	連島沙洲
tonal value	色调值	色調值
tone	色调	階調
tone modification	色调修整	階調修整
top and bottom heading method	上下导坑法,上下导引法	上下導坑法
TOPEX/POSEIDON(T/P)	托帕克斯卫星	托帕克斯衛星
top mark	顶端标志	頂端標誌
topocentric coordinate system	站心坐标系	地形中心坐標系統
topographical triangulation	小三角测量	三角圖根測量
topographic base film	测量底片	測量軟片
topographic correction	地形改正	地形改正
topographic cycle(=geomorphic cycle)	地形轮回	地形輪迴
topographic database	地形数据库	地形資料庫
topographic deflection	地形垂线偏差	地形偏差
topographic deflection of the vertical (=topographic deflection)	地形垂线偏差	地形偏差
topographic gravity anomaly	地形重力异常	地形重力異常
topographic gravity correction	地形重力改正	地形重力改正
topographic gravity reduction	地形重力归算	地形重力歸算
topographic infancy	地形幼年期	地形幼年期
topographic map	地形图	地形圖
topographic map of mining area	井田区域地形图	井田區域地形圖
topographic map of urban area	城市地形图	城市地形圖
topographic map symbols	地形图图式	地形圖圖式
topographic mass	地形质量	地形質量
topographic maturity	地形成熟期	地形壯年期
topographic old age	地形老年期	地形老年期

英 文 名	大 陆 名	台 湾 名
topographic planimetry	地物测绘	地物測繪
topographic plot	地形绘图	地形繪製
topographic profile	地形剖面图	地形縱斷面圖
topographic quadrangle	方块地形图	方塊地形圖
topographic region	地形区域	地形區域
topographic signal	地形标志物	地形標
topographic station(=mapping control point)	图根点	圖根點,地形測站
topographic survey	地形测量	地形測量
topography	地形测量学	地形測量學
topological map	拓扑地图	拓撲地圖
topological relation	拓扑关系	拓撲關係
topological retrieval	拓扑检索	拓撲檢索
toponomastics	地名学	地名學
toponymy(=toponomastics)	地名学	地名學
top telescope	顶副镜	頂副鏡
total accuracy of sounding	测深精度	測深精度
total eclipse	全食	全蝕
total length closing error of traverse	导线全长闭合差	導線全長閉合差
total photo orientation	摄影全方位	攝影全方位
total reflection	全反射	全反射
total station	全站仪	全站測量儀
tourist map	旅游地图	觀光地圖
tower	高标	高標
town plan	城镇规划	市鎮計畫
town shape	城镇真形	城鎮真形
T/P(=TOPEX/POSEIDON)	托帕克斯卫星	托帕克斯衛星
trace contour method	等高点法	等高點法
tracing	透写图	透寫圖
tracing digitizing	跟踪数字化	追踪數值化
tracing paper	描图纸	描圖紙
tracing paper method	透明纸法	透明紙法
track	航迹	航跡
track adjustment	航线校正	航道校正
track chart	航线图	航線圖
tracking camera	跟踪摄影机	追蹤攝影機
tracking filter	跟踪滤波器	追蹤濾器
tracking station	跟踪站	追蹤站

英 文 名	大 陆 名	台 湾 名
tracking system	跟踪系统	追蹤系統
track line of sounding	巡航测深	航跡水深線
track station(=tracking station)	跟踪站	追蹤站
traffic map(=communications map)	交通图	交通圖
training sample	训练样本	訓練樣本
trajectory	①轨迹 ②弹道	①軌跡 ②彈道
trajectory measurement	弹道测量	彈道測量
transducer	换能器	換能器
transducer baseline	换能器基线	換能器基線
transducer dynamic draft	换能器动态吃水	換能器動態吃水
transducer static draft	换能器静态吃水	換能器靜態吃水
transfer	横距	橫距
transferring	传送	轉壓法
transformer(=rectifier)	纠正仪	糾正儀
transit	子午卫星系统	子午衛星系統
transit instrument	中星仪	子午儀
transition curve	介曲线,缓和曲线	介曲線,緩和曲線
transition curve location(=spiral curve location)	缓和曲线测设	緩和曲線測設
transit method	中天法	中天法
transit rule	经纬仪法则	經緯儀法則
transit traverse(=theodolite traverse)	经纬仪导线	經緯儀導線
translation parameters	平移参数	平移元素
translocation mode	联测定位法	聯測定位法
transmissivity(=transmittance)	透射率	透射率
transmiting line of sounder	测深仪发射线	測深儀發射線
transmittance	透射率	透射率
transparency	透明稿	透射稿
transparency copy	透明原稿	透射原稿
transparency meter	透明底片架	透明底片架
transparent foil	网纹片	網紋片
transparent negative	透明负片	透明負片
transparent positive(=diapositive)	透明正片	透明正片
transponder	自动回波器	自動回訊器
transtidal wave	超潮波	超潮波
transverse projection	横轴投影	橫軸投影
trapezoidal projection	梯形图幅投影	梯形投影
traverse	导线	導線

英 文 名	大 陆 名	台 湾 名
traverse angle	导线折角	導線角
traverse by angles to the right	右转角导线	右旋角導線
traverse error of closure	导线闭合差	導線閉合差
traverse leg	导线边	導線邊
traverse network	导线网	導線網
traverse point	导线点	導線點
traverse station	导线站	導線站
traverse survey	导线测量	導線測量
traverse table	①小平板仪 ②导线测量用表,坐标增量表	①小平板儀 ②導線計算表
traversing target set	可置换觇标座	可置換覘標座
trellis drainage	格状水系	格子狀水系
trench	海沟	海溝
trial and error method	试算法	試誤法
trial method	试验法	試求法
triangle of error	示误三角形	示誤三角形
triangle of error method	示误三角形法	示誤三角形法
triangular excess	三角形角超	三角形角超
triangulateration	三角三边测量,边角测量	三角三邊測量
triangulateration network	边角网	三角三邊網
triangulation	三角测量	三角測量
triangulation chain	三角锁	三角鎖
triangulation from photographs	像片三角测量	像片三角測量
triangulation network	三角网	邊角網
triangulation point	三角点	三角點
triangulation signal	三角测量觇标	三角測量覘標,三角測量高標
triangulation tower(=triangulation signal)	三角测量觇标	三角測量覘標,三角測量高標
triaxial ellipsoid	三轴椭球	三軸橢球體
tribrach	三角基座	三角基座
tricolor separation	三色分色版	三色版
trig dossier(=trig list)	三角测量成果表	三角測量成果表
trig list	三角测量成果表	三角測量成果表
trigonometric leveling	三角高程测量	三角高程測量
trigonometric leveling network	三角高程网	三角高程網
trilateration network	三边网	三邊測量網

英 文 名	大 陆 名	台 湾 名
trilateration survey	三边测量	三邊測量
trilinear surveying(=resection)	后方交会	後方交會法,三向定位法
tri-metrogon aerial photogrammetry	三物镜航空摄影测量	三物鏡航測
trimetrogon camera	三物镜摄影机	三物鏡攝影機
tri-metrogon photography	三物镜摄影	三物鏡攝影
trim mark	切边标记	切割線
triple difference phase observation	三差相位观测	三差相位觀測
tripod	三脚架	三角架
trolley sounding	悬吊式测深	懸吊式測深
tropical month	分至月	分至月
tropical year	回归年	回歸年
tropic high water inequality	回归高潮不等	回歸高潮不等
tropic low water inequality	回归低潮不等	回歸低潮不等
tropic range	大回归潮差	回歸潮差
tropic tide	回归潮	回歸潮
tropospheric refraction correction	对流层折射改正	對流層折射改正
trough	海槽	海槽
trough compass	方框罗针	方框羅針
true anomaly	真近点角	真近點角
true bearing	真方位	真方向角
true course	真航向	真航向
true ecliptic	真黄道	真黃道
true equator	真赤道	真赤道
true equinox	真春分点	真分點
true error	真[误]差,成果误差	真差,結果誤差
true horizon	真地平线,真水平线	真水平
true meridian	真子午线	真子午線
true place(=true position)	真位置	真位置
true position	真位置	真位置
true solar day	真太阳日	真太陽日
true sun	真太阳	真太陽
true value	真值	真值
truncated corner(=cutoff corner)	截角	截角
truncation error	截断误差	截斷誤差
Tsingtao datum	青岛基准	青島基準
tsunami	海啸	海嘯
tube-in-sleeve slidade	转镜照准仪	轉鏡照準儀

英　文　名	大　陆　名	台　湾　名
tubular compass	管式罗针	管式羅盤儀
tungsten lamp	钨丝灯	鎢絲燈
tunnel	隧道	隧道
tunnel survey	隧道测量	隧道測量
turning basin	掉头区	迴船池
turning plate(=foot plate)	尺台	標尺台
turning point	转点	轉點
twinkling map	瞬间地图	瞬間地圖
two altitudes method	双高法	雙高法[測距]
two-base method of barometric altimetry	双基气压测高法	雙基準氣壓測高法
two-color laser ranger	双色激光测距仪	雙色雷射測距儀
two-color press	双色印刷机	雙色印刷機
two-media photogrammetry	双介质摄影测量	雙介質攝影測量
two-medium photogrammetry(=two-media photogrammetry)	双介质摄影测量	雙介質攝影測量
two-point problem	两点法,两点问题	兩點法
two-way route	双向航道	雙向航路
typal map	类型地图	類型地圖

U

英　文　名	大　陆　名	台　湾　名
UGIS(=urban geographical information system)	城市基础地理信息系统	城市基礎地理資訊系統
ultrasonic depth(=echo sounder)	回声测深仪	回聲測深儀,超音波測深儀
ultraspectral remote sensing	超光谱遥感	超光譜遙測
ultraviolet image	紫外光影像	紫外線影像
ultraviolet radiation	紫外线辐射	紫外線輻射
ultra-wide angle aerial camera(=super-wide angle aerial camera)	超广角航空摄影机,特宽角航摄相机	超廣角航空攝影機,特寬角航空攝影機
ultra-wide angle objective(=super-wide angle objective)	特宽角镜头	特寬角物鏡,超廣角物鏡
unclosed traverse(=open traverse)	支导线,无定向导线	展開導線
uncontrolled photograph mosaic	无控制像片镶嵌图	無控制像片鑲嵌圖
uncovers	干出	不淹,可淹及可涸
under color addition	底色增益	底色增益
under color removal	底色去除	底色去除

英 文 名	大 陆 名	台 湾 名
underground cavity survey	井下空硐测量	井下空硐測量
underground mark	盘石	盤石
underground oil depot survey	地下油库测量	地下油庫測量
underground pipeline survey	地下管线测量	地下管線測量
underground railway survey(=subway survey)	地下铁道测量	地下鐵道測量
underground street	地下街	地下街
underground survey	井下测量	井下測量
underground traverse	地下导线	地下導線
underwater camera	水下摄影机	水中照相機
underwater photogrammetry	水下摄影测量	水中攝影測量
underwater position fixing	水下定位	水下定位
unfocused synthetic antenna	非聚焦合成天线	非聚焦合成天線
ungrained plate	未经研磨版材	未研磨版材
unique solution	唯一解	唯一解法
unit weight	单位权	單位權
universal method of photogrammetric mapping	全能法测图	全能法測圖
Universal Polar Stereographic projection (UPS)	通用极球面投影	世界極球面投影
universal theodolite	全能经纬仪	萬用經緯儀
universal time(UT)	世界时	世界時
Universal Transverse Mercator projection (UTM)	通用横墨卡托投影	世界橫麥卡托投影
unoccupied station	未测站	未測站
unrectified photograph mosaic	未纠正像片镶嵌图	未糾正像片鑲嵌圖
unretouched photograph	未修版像片	未修版像片
unsharpness	模糊程度	模糊
unstable gravimeter(=astatic gravimeter)	无定向重力仪,不稳型重力仪	無定向重力儀,不穩型重力儀
unsupervised classification	非监督分类	非監督式分類
unsurveyed border	未勘测界	未勘測界
unsurveyed clearance depth	估计深度	推定深度
uplifted reef(=bare rock)	明礁	明礁,上升礁
up link	上行线路	上行線聯路
upper circle	上盘	上盤
upper clamp	上盘制动	上盤制動
upper motion	上盘动作	上盤動作

英文名	大陆名	台湾名
UPS(=Universal Polar Stereographic projection)	通用极球面投影	世界極球面投影
up-to-date map	现势地图	最新地圖
urban area map	市区图	市區圖
urban control survey	城市控制测量	城市控制測量
urban geographical information system (UGIS)	城市基础地理信息系统	城市基礎地理資訊系統
urban land consolidation	市地重划	市地重劃
urban land readjustment(=urban land consolidation)	市地重划	市地重劃
urban mapping	城市制图	城市製圖
urban planning	城市规划	城市規劃,都市計劃
urban planning stake	城市规划桩	都市計畫樁
urban renewal	旧城改造	都市更新
urban survey	城市测量	都市測量
urban topographic survey	城市地形测量	城市地形測量
UT(=universal time)	世界时	世界時
UTC(=coordinated universal time)	协调世界时	協調世界時
utility surveying	公共设施测量	公共設施測量
UTM(=Universal Transverse Mercator projection)	通用横墨卡托投影	世界橫麥卡托投影

V

英文名	大陆名	台湾名
vacant lot	闲置用地	空地
vacuum plate	真空晒像框,真空晒版机	真空曬版框
vacuum suction plate	真空吸气版	真空吸氣板
value lightness	明度	明度
vanishing ground	地平合线	地平遁線
vanishing horizon trace	水平合线	水平遁線
vanishing line	合线	遁線
vanishing point	合点	遁點
vanishing point control	合点控制	遁點控制器
vanishing point method	合点法	遁點法
vanishing tide	失潮	消失潮
vanishing trace	合迹线	遁跡線

英 文 名	大 陆 名	台 湾 名
variance	方差	方差
variance-covariance matrix	方差-协方差矩阵	方差-協方差矩陣
variance-covariance propagation law	方差-协方差传播律	方差-協方差傳播律
variance of unit weight	单位权方差	單位權方差
variomat	变线仪	變線儀
variometer	磁变仪	磁變儀
varioscale projection	变比例投影	變比例投影
vectograph	偏光立体像片	偏極光像片
vectograph film	偏振相片	偏極光透明像片
vectograph method of stereoscopic viewing	偏振光立体观察	偏振光立體觀察
vector data	矢量数据	向量資料
vector gravimetry	向量重力测量	向量重力測量
vector image	矢量图像	向量圖檔
vector model	矢量模型	向量模式
vector plotting	矢量绘图	向量繪圖
velociment	声速计	聲速儀
velocity of light(=speed of light)	光速	光速
velocity to height ratio	速度高比值	速高比
venetian blind shutter	百叶窗式快门	百葉窗式快門
Vening-Meinesz formula	费宁-梅内斯公式	維寧-莫尼茲公式
Vening-Meinesz gravity reduction	费宁-梅内斯均衡重力归算	維寧-莫尼茲重力歸算
vernacular	土语	俗名
vernal equinoctial tide	春分潮	春分大潮
vernal equinox(=first point of Aries)	春分点	春分點
vernier	游标	游標
vernier alignment error	游标重合误差	游標重合誤差
vernier calliper	游标卡尺	游標卡尺
vernier compass	游标罗盘仪	游標羅盤儀
vernier level	游标水准仪	游標水準器
vernier microscope	游标显微镜	游標顯微鏡
vernier protractor	游标分度尺	游標分度尺
vernier scale	游标尺	游標尺
vertex	顶点	頂點
vertical	垂线	垂線
vertical aerial photograph	[近似]竖直航空像片	垂直航攝像片
vertical aerial photography	[近似]竖直航空摄影	垂直航空攝影
vertical angle	垂直角,竖直角	垂直角,縱角,高程角

英　文　名	大　陆　名	台　湾　名
vertical axis	垂直轴	垂直軸
vertical bridging	高程加密	高程接橋
vertical circle	①垂直度盘 ②垂直圈	①垂直度盤 ②垂直圈
vertical clearance	垂直净空,垂直间隙	垂直淨空
vertical collimation error(=index error of vertical circle)	竖盘指标差	豎盤指標差
vertical control datum	高程控制基准	高程控制基準
vertical control(=level control)	垂直控制	高程控制
vertical control network	高程控制网	高程控制網
vertical control point	高程控制点	高程控制點
vertical control survey	高程控制测量	高程控制測量
vertical coordinates	垂直坐标	垂直坐標
vertical curve	竖曲线	豎曲線
vertical curve location	竖曲线测设	豎曲線測設
vertical deformation	垂直扭曲,垂直变形	垂直扭曲
vertical epipolar line	垂核线	垂核線
vertical epipolar plane	垂核面	垂核面
vertical exaggeration	垂直放大,垂直扩大	垂直放大
vertical gradient of gravity	重力垂直梯度	重力垂直梯度
vertical hill shading	直照晕渲	直照暈渲
vertical motion	垂直运动,上下运动	垂直動作
vertical parallax	上下视差	縱視差,Y 視差
vertical photography	竖直摄影	垂直攝影
vertical polarization	垂直偏振,垂直极化	垂直偏極化
vertical refraction coefficient	垂直折光系数	垂直折光係數
vertical refraction error	垂直折光差	垂直折光差
vertical sketch master	垂直草图测绘仪	垂直像片草圖測繪儀
vertical stereotriangulation	高程立体三角测量	高程立體三角測量
vertical system of shading(=vertical hill shading)	直照晕渲	直照暈渲
very long baseline interferometry(VLBI)	甚长基线干涉测量	甚長基線干涉測量法
video map	视频地图	視頻圖
viewfinder	检影器,取景器	檢影器
vignetted dots	虚晕	暈點
vignetting	渐晕	色調漸淡法
vignetting filter	渐晕滤光镜	調光濾光片
virtual image	虚像	虛像
virtual landscape	虚拟地景	虛擬地景

英　文　名	大　陆　名	台　湾　名
virtual map	虚拟地图	虛擬地圖
virtual stake	虚拟桩	虛樁
viscometer	黏度计	滯性劑
visibility	能见度	能見度,可見度
visibility acuity	能见敏锐度	能見敏銳度
visible light	可见光	可見光
visible spectrum	可见光谱	可見光譜
vision angle(=visual angle)	视角	視角
vision distance	能见距离	能見距離
visual acuity	视敏度	明視度
visual angle	视角	視角
visual balance	视觉平衡	視覺平衡
visual center	视觉中心	視覺中心
visual contrast	视觉对比	視覺對比
visual flight	目视飞行	目視飛行
visual hierarchy	视觉层次	視覺層次
visual inspection	目测	目測
visual interpretation	目视判读	視覺判讀
visualization of spatial information	空间信息可视化	空間資訊視覺化
visual line(=sight line)	视线	視線
visual magnitude	目视星等	目視星等
visual photometer	目视光度计	目視光度計
visual photometry	目视光度学	目視光度術
visual range	能见范围	視程
visual system response	视觉系统响应	視覺系統反應
visual variable	视觉变量	視覺變數
visual zenith telescope	目视天顶仪	目視天頂儀
VLBI(=very long baseline interferometry)	甚长基线干涉测量	甚長基線干涉測量法
volume scattering	体散射	總散射
voxel	体元	體素

W

英　文　名	大　陆　名	台　湾　名
wall map	挂图	掛圖
Walsh transformation	沃尔什变换	沃爾什變換
war map(=operation map)	作战[地]图	作戰圖
warm color	暖色	暖色
warping of geoid(=geoidal undulation)	大地水准面起伏,大地水准面差距	大地水準面起伏
wash drawing	地貌晕渲	地貌暈渲
wash-off relief map	地貌晕渲图	地貌暈渲圖
water and ink balance	水墨平衡	水墨平衡
water color ink	水彩油墨	水彩印墨
water flow recorder	自计流量计	水流記錄器
water gauge	水位计	水位表
water gap	水口	水口
waterless lithography	无水平版	無水平版
water level	水位	水位
water leveling	水平测量	水平測量
water-proof map	防水地图	防水地圖
water repellent paper	防水纸	防水紙
watershed divide(=stream divide)	分水岭	分水嶺,分水線
water vapor radiometer	水汽辐射仪	水汽輻射儀
wave beam angle	波束角	波束角
wave-built terrace	波成阶地	波成階地
wave-cut terrace	浪蚀阶地,海蚀阶地	波蝕階地
wavelength	波长	波長
wax engraved plate	蜡刻版	蠟刻版
wax impression	蜡版	蠟版
wearing	磨损	穿損
weather buoy	气象浮标	海氣象浮標
weather chart(=synoptic chart)	天气图	天氣圖,綜觀天氣圖
weathering	风化	風化作用
weather tide(=meteorologic tide)	气象潮	氣象潮,氣候潮
web-fed printing	卷筒纸印刷	捲筒印刷
wedge	光楔,楔	光劈,楔

英　文　名	大　陆　名	台　湾　名
wed press	轮转印刷机	輪轉印刷機
weight	权	權,基重
weight barograph	衡重气压仪	衡重氣壓儀
weight coefficient	权系数	權係數
weighted mean	加权平均	加權平均
weight function	权函数	權函數
weight matrix	权矩阵	權矩陣
weight observation	加权观测	加權觀測
weight reciprocal of figure	图形权倒数	權倒數
Werner's projection	威儿纳投影	威爾納投影
west declination	西偏差,西磁差	西偏
west elongation	西距角,西大距	西距角
wet and dry hygrometer	干湿球温度计	乾濕球濕度計
wet printing	湿式印刷	濕式印刷
WGS(=world geodetic system)	世界大地坐标系统	世界大地坐標系統
whirler coating machine(=whirler machine)	烤版机	烤版機
whirler machine	烤版机	烤版機
white ink	白油墨	白墨
white-line print	正像蓝图	正像藍圖
wide-angle aerial camera	广角航空摄影机	寬角航空攝影機
wide-angle camera	广角摄影机	寬角攝影機
wide-angle lens	广角镜头	寬角鏡頭
wide-angle objective	广角物镜	寬角物鏡
wide-angle photography	广角摄影	寬角攝影
widening on curve	弯道加宽	彎道加寬
Wiener spectrum	维纳频谱	維納頻譜
wind direction	风向	風向
windowing	开窗	開窗
wind rose	风频率图,风花,风玫瑰图	風頻圖,風花圖
wind signal pole	风讯信号杆	風訊信號桿
windward tide	迎风潮	上風潮
wing photograph	侧向像片	側翼像片
wing point	联接点	翼點
winter solstice	冬至	冬至
wire drag	扫海拖缆	掃海拖纜
wire drag survey	扫海测量	掃海測量

英 文 名	大 陆 名	台 湾 名
wire sounding	绳索测深	鋼索測深
wire weight gauge	绳锤水位计	繩錘水位計
witness corner(=witness monument)	参考标石	參考標石
witness mark(=witness monument)	参考标石	參考標石
witness monument	参考标石	參考標石
wooden tower	木质标	質高標
working pendulum	运动摆	運動擺
world atlas	世界地图集	世界地圖集
world geodetic system(WGS)	世界大地坐标系统	世界大地坐標系統
wreck	沉船	沉船
wrong-reading,mirror reverse	反像	反像
W&T surveying altimeter	沃天测高仪	沃天測高儀
wye level	活镜水准仪,Y 型水准仪	轉鏡水準儀,Y 型水準儀
WYSIWYG	所见即所得	所見即所得

X

英 文 名	大 陆 名	台 湾 名
xerography	静电复印	靜電印刷
Xi'an Geodetic Coordinate System 1980	1980 西安坐标系	1980 西安坐標系
x-parallax(=horizontal parallax)	左右视差	地平視差,横視差
X-ray photogrammetry	X 射线摄影测量	X 光攝影測量學

Y

英 文 名	大 陆 名	台 湾 名
yacht chart	游艇用图,小船海图	遊艇用圖,小船海圖
yardang	风蚀脊	白龍堆
Y level(=wye level)	活镜水准仪,Y 型水准仪	轉鏡水準儀,Y 型水準儀
y-parallax(=vertical parallax)	上下视差	縱視差,Y 視差

Z

英 文 名	大 陆 名	台 湾 名
Zeiss parallelogram	蔡司平行四边形	蔡司平行四邊形
zenith	天顶	天頂

英 文 名	大 陆 名	台 湾 名
zenith angle(=zenith distance)	天顶距	天頂距
zenith blind zone	天顶盲区	天頂盲區
zenith camera	天顶摄影机	天頂攝影機
zenith distance	天顶距	天頂距
zenith telescope	天顶仪	天頂望遠鏡
zero-length spring gravimeter	零长度弹簧重力仪	零長度彈簧重力儀
zero meridian	零子午线	原點子午線
zero-phase effect	零相位效应	零相位效應
zero point	零点	零點
zero point of the tidal	验潮站零点	驗潮站零點
Zheng He's Nautical Chart	郑和航海图	鄭和航海圖
zigzag route	之字形线路	之形路線
zinc deep etch plate	平凹锌版	平凹鋅版
zinc plate	锌版	鋅版
zodiac	黄道带	黃道帶
zodiacal band(=zodiac)	黄道带	黃道帶
zodiacal belt(=zodiac)	黄道带	黃道帶
zonal harmonic	带谐函数	帶諧函數
zonal rectification	分带纠正	分帶糾正
zone dividing meridian	分带子午线	分帶子午線
zone of trade wind	信风带	信風帶
zone plan	带状平面图	帶狀平面圖
zone plate	波带板	波帶板
zone time	区时	區域時
zoom lens system	变焦透镜系统	可變焦距透鏡組
zoom stereoscope	变焦立体镜	縮放立體鏡
zoom system	变焦系统	變焦系統
zoom transferscope	变焦转绘仪	縮放轉繪儀